国家社会科学基金项目

湖南省哲学社会科学成果评审委员会项目

WANGLUO

WENHUA YU REN DE FAZHAN

网络文化与人的发展

宋元林 等◎著

人民出版社

目录

3

第一章　逻辑的起点：
发展蕴含人与文化的互动

　　人与文化是一对具有高度相关性的对象性范畴。虽然人类最初所创造的文化极为简单，但至今为止历史上仍未找出完全没有文化的人类群体。在大多数人类学家看来，人类学的目的就是理解和研究不同文化，文化的历史与人类的历史是同时发生的，人类的起源就是文化的起源。而19世纪萌生的文化哲学则更是将文化视作关于人的生成、存在和创造发展的人学，主张通过认识人、理解人来认识和把握文化。人与文化的这种密切相关性直接体现在：一方面，文化作为唯一显然的人类现象是人所创造的成果。人作为认识和实践的主体，在认识、改造最初且最具对立性质的对象——自然客体的同时，改造了人自身，并将文化纳入人之对象的延伸领域①。文化既成为人改造自然的产物，又成为人这一主体规定的具体对象，形成人与文化特定的主客体对象性关系；另一方面，人总是生活在不同文化之中的文化存在物。人作为社会历史及其文化创造主体，在接受文化、吸纳文化、传播文化和创造文化过程中生成并发展，文化成为人区别于其他物种的重要标志。因此，可以说，没有人的存在就没有文化，没有文化也没有人的存在。当然，人是在不断发展的，文化也在不断发展，人与文化的这种主客体的对象性关系绝非静止不变，而是始终处于双向性和辩证性的运动过程之中。人就是在与文化客体相互作用的过程中，不断实现着主体的客体化和客体的主体化的统一，共同推动着人类自身的发展和人类社会的进步。

---

　　①马克思说："人是主体，自然是客体"，其中客体的延伸，除了纯粹的自然，还包括了人造物、社会存在与精神事物，文化属于这种拓宽的客体。

一、人在文化进程中的主体性

文化是一个复杂模糊且颇具争议的概念。从词源上说，西语中的"文化"（culture）源自于拉丁语中的"cultus"，通常具有"种植、耕耘、农作"的意思。中文中的"文化"则最初见于汉代刘向的《说苑·指武》："凡武之兴，为不服也，文化不改，然后加诛。"主要指与武力相对应的"文治教化"、"以文教化"、"人文化成"①，强调人伦教化之意。而现代意义上的"文化"逐渐形成于18世纪末尤其是19世纪，指个人的完善和社会的风范，包括文明、宗教、文学、道德或艺术等诸多内容。之后，学者们从人类学、民族学、社会学、考古学、哲学等不同领域出发给予了多达数百种的阐释。目前，国内学术界普遍认可爱德华·泰勒（E.B.Tylor）在《原始文化》中关于文化是一个复杂总体的观点。根据这一观点可将文化作广义和狭义之分，广义文化指人类所创造的一切物质成果和精神成果，狭义文化专指精神成果，而且更突出了文化的动态性。事实上，文化作为一个历史的范畴，必然表现为历久而更新的过程。这一过程的具体形态，学者们曾经作过各种划分，无论是将其划分为石器、玉器、铜器、铁器时代，还是划分为蒙昧、野蛮、文明三个阶段，或是划分为五种社会形态，但从抽象的层面上看，它们都不可回避演绎文化产生、发展和超越的过程。而且，这种过程随着时间的不可逆而呈现出向前的趋向。

虽然文化进程存在独立性，但从本质上讲，文化进程是人主动认识自然、改造自然的结果。人是能动的主体，文化只是受动的客体，文化的产生、发展和超越都以人的存在与活动为起点，以人的发展为归宿。在人与文化的主客体关系中，人始终占据着主导的地位，是主客体关系的真正承担者、发动者与推动者。而人在特定的对象性活动中从自身的主体地位出发以不同方式掌握客体所表现出的功能特性，则被称之为人的主体性，主要包括人的自为性、能动性和创造性。我们正是立足于人与文化这一对象性关系，探讨人的主体性如何在文化产生、发展以及超越的文化进程中得以展现、确认和规定的。

---

① "观乎人文，以化天成天下"（《易传》）。

（一）人的自为性是文化产生的根本源泉

在现代生活中，我们时刻以不同方式"遭遇"着文化，无论是吃穿住行的日常生活，还是抽象思维的创造发明，无所不在的文化现象呈现着每个人的真实存在。文化既以商品、建筑、艺术品等物化成果存在，又以道德、法律、风俗、价值等思维形式而延续，在这与人的生存息息相关的种种文化现象背后，隐藏着一个根源性的问题，那就是文化的产生究竟源于何处？

对于这个问题，古今中外都有回答。神创说或圣创说将文化的起源归于神或圣人所为。在中国古代，普遍流传着女娲抟土造人的神话，说明神创说早在母权制氏族公社的繁荣时期就产生了。而在西方文化的源头，古希腊神话也将充满诗意的生活视作神意的体现，将人类在文化上的一切作为归于神造，视为诸神所赋予[1]。在中世纪，万物差异更被归于神的理智决定和制定，一切事物皆被视为神的意志的体现，文化史也成为了上帝创造人的历史。与神创说或圣创说相对立的另一种学说是自然发生说或模仿自然说，其特点是把文化产生看做自然发生的过程，自然界启迪和教导人类的结果。不论是超自然的神创说或圣创说，还是自然发生说与模仿自然说，都在一定程度上解释了文化的最初产生。然而，二者除了没有摆脱朴素直观的缺陷外，更重要的是忽视了文化发生中最关键的因素，即人类发展的社会本质。如果不能揭示出人与自然界相互作用的中介，最终必然难以揭示文化产生的根本。从最根本的起源上，文化既不是神创造的，也不是自然给定的，而是人类行为方式与生存方式历史积淀的结果，是人类的生存活动和实践方式对象化的结果。因此，可以说，文化产生的真正源泉在于人的"自为"。

所谓"自为"，"自"是相对于主体以外的客体而言的人自己，人是文化产生的必然的唯一主体。虽然我们现在很难确定人类文化发生的具体时间，但确信不疑的是，人类的起源也就是文化的起源。著名哲学家、人类学家蓝德曼曾说："文化创造比我们迄今为止所相信的有更加广阔和更加深刻的内涵。人类生活的基础不是自然的安排，而是文化形成的形式和习惯。正如我们历史所探

---

① 古希腊崇拜多神，如商业之神、农耕之神、智慧女神、酒神、日神、爱神等。

究的，没有自然的人，甚至最早的人也是生存于文化之中。"①维科也在《新科学》中告诫我们，自然和上帝并不能给予人类生存的"诗意智慧"，相反，人类生存的"诗意智慧"来自于自身的活动。人类从自然母体中分离后，凭借自己的能力创建了一个文化世界。人具有承担文化创造者的可能性与必然性，所以人能成为担当文化产生的唯一主体。在漫长的人类演化过程中，人获得了自我意识、语言沟通、双手自由等人类所独有的能力。在马克思看来，人的自我意识以及支配人自己与世界的能力正是人的主体性在文化产生中确立与实现的根据与条件。

"为我"是文化产生的目的。马克思和恩格斯在《德意志意识形态》中说："凡是有某种关系存在的地方，这种关系都是为我而存在的。"一切主客体关系本身都具有对于主体来说的为我性质，这里的"我"指人这一主体。主体总是把自己的存在和发展当作一个自明的前提，从主体方面去理解事物，从自己出发去从事活动，把事物、活动及其结果看做是"为我而存在的"，这是人所特有的生存方式。为我是以主体的存在和活动为起点，以主体的发展为归宿。人与文化对象性关系的确立是人从"为我"的角度进行选择的，文化不是自发地进入人的活动领域的，它不仅取决于自身，还取决于人的能力和需要。人这一主体则以自己的需要和目的作为自身活动的起点、归宿、根据和尺度，并力图使文化按照人的目的与他发生"为我"关系。在功能主义文化学派中，马林诺夫斯基的基本出发点就是文化的功能在于满足人的基本需要。关于需要在人的生存和社会进化中的重要性，许多理论家均很重视。社会心理学家马斯洛曾提出过人的需要是有层次结构的②，而马克思和恩格斯也曾从人的衣食住行、饮食男女等基本生理需要出发展开关于生产和社会关系等人的活动和人的世界的分析。他们在《德意志意识形态》中指出："我们首先应当确定一切人类生存的第一个前提，也就是一切历史的第一个前提，这个前提是：人们为了能够'创造历史'，必须能够生活。但是为了生活，首先就需要吃喝住穿以及其他一些东西。因此第一个历史活动就是生产满足这些需要的资料，即生产物质生活

---

① [德] 蓝德曼：《哲学人类学》，工人出版社1988年版，第260—261页。
② 人的需要从低到高依次为基本生理需要、安全需要、爱的需要、社会尊重的需要和自我实现的需要。

本身，同时这是这样的历史活动，一切历史的一种基本条件，人们单是为了能够生活就必须每日每时去完成它，现在和几千年前都是这样。"①然后，已经得到满足的第一个需要本身、满足需要的活动和已经获得的为满足需要使用的工具又引起新的需要，同时，这种物质生活资料的生产从一开始就伴随着人的增殖。在物质生活资料生产和人自身再生产的基础上，人又产生出交往、合作等新的需要，由此结成生产关系和交往关系，并分化出独立的精神生产领域等。马克思和恩格斯没有直接使用文化哲学的术语，但是他们的确把满足人的需要作为生产活动及其种种社会关系所构成的文化世界生成的基础。从发生学的角度看，人产生的根本途径是超越本能或生物学的自然建立自己特有的一种生存体系，建立自己的文化世界。动物总是停留在依靠本能而自发满足基本生存需要的生存状态中，而人则不同。人在本能上是屡弱的，要生存下去就不得不用超自然的、人为的手段和工具来满足自己的基本生存需要，这就要求人的活动包含自觉性、主动性和主观性的要素，结果导致人不仅用文化创造满足了衣食住行、饮食男女等基本的生存需要，而且超越了基本的生存需要的层面。

人的行为实践是文化产生的手段。马克思认为，在人的实践活动之前或之外，并不存在什么先定的抽象的关系，人并不处在某一种关系中，而是积极地活动，人正是通过自己的行为实践才使自己处在一定的主客体关系之中，而他作为这种关系的建立者和推进者，是其中的主体而不是客体。人的这种能力、作用、地位体现着人性的精华，即人的自为、能动、有目的的活动。马克思和恩格斯在《德意志意识形态》中批评费尔巴哈时曾经强调，人的实践活动这种连续不断的感性劳动和创造，是整个现存感性世界的非常深刻的基础，正是这种创造活动的展开，世界才成为人生活于其中的属人的世界。霍克海默也在《传统理论与批判理论》中谈到，人们所生活居住的周围世界并不是开天辟地就有的，而是人类活动塑造的产物，只是我们平常没有意识到，习惯于把自己当作被动的、被决定的存在罢了。从文化产生的价值角度来看，人对感性对象意义的主动意识特别关键，不论怎样的感性对象只有在对于人具有意义时，人化的自然界才能被创造出来成为社会文化。人与动物的主要不同就在于用能动

---

① 《马克思恩格斯选集》第1卷，人民出版社1995年版，第78—79页。

5

的意识取代了本能,或者说人的本能是被主动意识到的本能。人的意识只有摆脱了天赋的本能并发展为抽象的思维,才能创造出哲学、宗教、法律、文学、艺术等精神文化。然而,人的意识的发展经历了相当复杂而漫长的过程,其中人的行为实践起到了关键性的作用。劳动实践使人类实现了手与脚的分工,头脑逐渐发达并产生发展了思维和表达这种思维的语言。离开人类的社会实践活动,离开在这种实践活动中产生的社会意识以及表达这些意识的语言,理解文化产生就会失去基础。回想人类最初的那些文化形式,原始的诗歌、神话、传说等无一不是在早期的劳动过程中形成的,文学艺术的发生如此,其他文化形式的发生也莫过如此。

(二) 人的能动性是文化发展的推动力量

文化在本质上是永恒变化的,它一经产生就客观存在自身运动发展的内在规律。在整个世界范围内,没有一成不变的文化,任何文化都处于不断生长、变化、衰老或再生之中。由此,文化的变化既包含发达与进化之意,又包含衰落与退化之意。那么,文化的发展变化到底是上升的还是下降的呢? 关于这个问题的相关讨论归结起来,主要有四种理论:一是文化退化理论,认为与时间的不可逆性相反,文化是越来越退步,这在柏拉图、老子与庄子的理论中体现得十分深刻;二是文化俱分发展说,认为文化的发展趋于两个极端:在物质方面,可以说日益进步,但精神方面却日益退步;三是文化循环学说,强调文化的发展,进步与退步都是有限度的,而且不是同时并行发展的,中国人所谓的一治一乱,一盛一衰就属此;四是文化进步学说,文化时时变化,而且时时演进。在这四种理论中,进步学说是解释文化发展的合理学说。因为,从进化的历程来看,文化的发展依赖于自然且作为自然——人类的创造品是自然的伸张与弥补。自然是进化的,当然文化也是进步的。另外,从历史事实来看,日显丰富的文化所显示的进步也显而易见。

随着时间的推移和经济政治的发达,人类文化不断趋于进步。文化的一些基本特征诸如文化习俗、社会结构、符号系统等,经过特征演进嬗传构成一定的文化模式,而这种模式长期、方向性的变化,在一定程度上与历史流程融会,最终演化为由低到高、由简到繁的文化发展规律。今天,当我们一边猜测遥远祖先的原始文化、蛮荒生活，一边感叹自身所处的科技文化、现代生活时，我们清楚这是一个十分漫长的过程。丰富多彩的文化显然不是一下子发明、创造出来的，而是人类长期积累的结果，这其中既包括旧文化的保存，又包括新文化的增加。文化积累是文化进步的基础，人类正是"通过经验知识的缓慢积累，才从蒙昧社会上升到文明社会的"①。在人类初期，没有文化积累的情况下，只是从天然的石器利用中渐渐学会打制简单的碎石器。随着文化积累的增加，文化日渐复杂，物质文化由石器渐渐发展为骨角器、青铜器、铁器等。从这个意义上讲，没有文化一代传一代的积累也就没有文化的进步。而且，文化积累的速度与文化的发展成正比，文化积累越多其发展也就越快。在文化传递中，一方面是将上一代的经验、知识、思想等传给下一代；另一方面，下一代通过自身实践，不断补充、丰富和发展原有经验、知识、技术、思想、理论、方法等，进行新质文化的创造与积累。

肯定了文化的发展是进步的，那么文化进步的推动力源于何处？神学理论将文化进步的推动力归于神的意志，教父哲学中将教会历史等同于文化历史就是如此。另外，自然发展学说则将自然视为文化发展的原动力。然而，不论是以神意还是自然来解释文化进步，都是荒诞的理论，文化发展的动力只有从文化的创造者所处的对象性关系中以及创造者自身精神的内在性中来寻求。人类是他们本身历史剧中的人物和剧作者②。文化作为人类的创造品，其产生源自于人的自为性活动，而文化的进步当然也离不开人力所为，必然是人不断努力实践的结果。所以，文化进步的推动力既不是来自于超自然的神，也不是来自于客观的自然，而是来自于人自身。人作为文化产生与进步的主体本质是实践的存在物，是在改造世界的过程中改造自身的"感性的活动"。人虽然脱离于自然母体，但对外部世界不是消极的适应，人有意识、能思维，具有对外部世界的能动感应，能够积极地认识和创造性地改变外部世界以适应自身发展的需要。人区别于动物的本质就在于人具有自觉的能动性。

人的自觉能动性是创造性智慧和改造世界的巨大力量之源。毛泽东同志在

---

① [美]摩尔根：《古代社会》（上），商务印书馆1983年版，第3页。
② 《马克思恩格斯选集》第1卷，人民出版社1995年版，第147页。

讲到主观能动性时指出,一切事情都得由人来做,"做就必须先有人根据客观事实,引出思想、道理、意见,提出计划、方针、政策、战略、战术,方能做得好。思想等等是主观的东西,做或行动是主观见之于客观的东西,都是人类特殊的能动性。这种能动性,我们名之曰'自觉的能动性'。"①可见,人的能动性是积极主动认识世界和改造世界的能力,它可以表现为意识的能动性与实践的能动性两种基本形式:一方面,人对文化世界的各种信息进行自觉地加工改造,把握文化要素之间的联系,把握文化的本质和规律,并在此基础上预见、预测结果,确定行动目标,选择、制定行动路线方针,统一思想,规范调整行动;另一方面,回到实践中去变成感性活动,变成对象性本质力量的主体性,使本质力量外化到自然界上,外化到感性对象上,创造主体所需要的文化世界。

当然,在任何对象性活动中,人作为主体要自主地驾驭客体、对象,实现自己的目的,并不是件轻松的事。文化是人活动的结果,其形成发展都是人活动的产物,浸透着人的意识,但文化本身仍然是不以人的意志为转移的客观存在,有着自身发展变化的客观规律性。在文化进程中,文化不仅不会自动满足人,而且还会以对人的反作用或反抗而构成主体达到预定目的的障碍。人为了达到预定目的,必须能动地创造性地发挥自己的主体能力和才能,克服客体反作用或反抗的各种障碍,对文化进行不同方式的加工改造,从而创造出主体所期望的结果——物质和精神的产品。这种文化成果是人的活动目的的实现,是人的能动、才能、活动的对象化,也是人的主体性在文化创造的对象活动中的最终实现、表现和确证。前面已经讲到,能动性是主体性特有的基本内容,既表现为目的性、计划性、预见性、抽象性等思想意识的能动性,更表现为直接改变世界使现存世界革命化的实践能动性。那么,人的能动性是如何推动文化进步的?

首先,人的能动性体现为人在一切文化活动中的自觉目的性。凡事都是人有自觉意图、有预期目的的活动,人都是具有意识的、经过思虑或激情行为的、追求某种目的的人。人不是为了适应外部的自然环境,而是通过自己的活动改

---

① 《毛泽东选集》第2卷,人民出版社1991年版,第477页。

变环境来满足自身的需要。哪怕是对环境做最简单的改变,也是有意识有目的的。没有目的意识就不会有人的主体性,人"不仅使自然物发生形式变化,同时他还在自然物中实现自己的目的,这个目的是他所知道的,是作为规律决定着他的活动的方式和方法的,他必须使他的意志服从这个目的"①。目的代表着主体超前的主观欲求,集中体现了主体把自己的本质力量对象化的要求。人类的认识活动和实践活动是人类创造文化的活动,而这些活动又都根源于人类自身发展的需要:一方面,需要是文化认识活动的驱动力。首先,人的需要的多样性导致了认识的多样性,任何事物都有着多方面的质和属性,人们认识某一事物的时候往往不会去认识其所有的质与属性,而只是根据自己的需要去认识某一或某些方面的质与属性。主体不同,需要不同,认识的文化对象也不同,即使同一认识对象,有着不同需要的人其着眼点也是不同的。其次,文化认识在本质上是不同主体的创造活动。对文化的改造,需要人们在获得对文化本质、属性和规律认识的基础上就形成对未来事物的观念,并把自己的需要反映到意识之中。人们在进行改造文化的实践活动之前,活动目的和结果就已经以观念的形态存在于头脑之中了。马克思说:"蜜蜂建筑蜂房的本领使人间的许多建筑师感到惭愧。但是,最蹩脚的建筑师从一开始就比最灵巧的蜜蜂高明的地方,是他在用蜂蜡建筑蜂房以前,已经在自己的头脑中把它建成了……即已经观念地存在着。"②这种关于新事物的观念是一种超前反映,观念地创造一个现实中没有的而为人所需要的理想客体,是在观念上对于对象的再创造,表现了隐藏在现实中的趋势和可能性。它是通过把文化客体的属性和主体的需要在观念上加以联结而实现的。在这里,观念建构起来的理想文化,不仅包含着对现成文化属性、本质和规律的认识,还包含对现成文化所没有的内容的认识。这些内容是根据人的需要,遵照文化发展的规律,通过改变现存文化的规定和形式而形成的。可以说,人类历史上的一切发明创造都是这种认识的结果。另一方面,需要也是文化创造活动的驱动力。人们为了维持自身的生存发展和后代的延续,必须进行生产实践活动,创造出所必须的物质生活资料。饿

---

① 《马克思恩格斯选集》第 2 卷,人民出版社 1995 年版,第 178 页。
② 《马克思恩格斯选集》第 2 卷,人民出版社 1995 年版,第 178 页。

了要找东西吃，冷了要找衣服穿，这是人的一种本能，并不一定要刻意去创造文化。但是作为为满足这种欲望活动的结果，则是我们所说的文化。并且人们并不是以维持生命为满足，而是随着实践的发展其需求欲望也在不断提升。人在自身内在欲求的驱动下向着更深更广的活动领域进军，从而促使文化不断发展。为了日益改善自己的物质生活和文化生活，人们不断提高自己的认识能力和实践能力，创造出愈来愈丰富、愈来愈高级的物质产品和精神产品。人们为了实现自己更高层次的需要，还要进行社会交往活动，结成各种生产关系。为了满足需要，发展生产，人们还在不断通过社会实践调整和改变生产关系和其他社会关系。人类创造历史的过程就是人类需要和满足这种需要的实践发展的过程，从这个意义上，一部文化发展史就是人类需要的发展史，人类需要的提高，促使人们认识和实践的发展，促使人类创造能力的发展，也促进了人类文化的进步。

其次，人的能动性体现为人在一切文化活动中所作的选择。在人与文化的对象性活动中，面对外部世界纷繁复杂的事物，人们不可避免地会采取疑问、研究与选择的态度。人们通过主体性功能的发挥，能够自主决定对具体文化的掌握方式和使用方式。这种能动性表现在人对于文化采取什么行动、采取什么方式行动等问题上具有选择的自由，而不是处于被动和盲目。这种能动性表示人们并不是完全被动地接受现行文化的影响，而是可以通过主动选择认识文化的本质规律，根据人自身合乎规律的要求能动地改变现行文化。前面曾详述过人的实践活动和认识活动都是有目的的，人为了满足自身需要而去选择、设定特定的文化对象，即作为主体目标的客体。具体说，当主体对客体的选择、变革适当时，就能够达到人们预期的目的。如果主体的实践活动和认识活动对客体进行毫无目标地采纳或对客体考虑不当，就不可能达到主体的预期目的。当然，人的文化认识与文化实践活动的目标选择是多种多样的，存在不同体制、模式、方式、道路，也存在丰富多彩的民族特点和传统。然而，正是人们不同的选择使文化的发展呈现出多样性和丰富性。文化是一个开放性系统，它在发展过程中始终存在两种力量：一是维持稳定恒久的力量，一是进行创造变化的力量，这两种力量经常处于抗衡与摩擦之中。由于每一代人的实践活动所面临的问题不同，其必然依据自身的价值要求对传统文化进行选择、取舍、优化和改造。每一代人在继承前辈文化遗产的同时，必然要对其进一步优化，不断扩大已有的物质成果，改造现行的各种典章制度、行为规范，更新价值观念，从而形成新的文化传统。所以，我们看到，文化在历史长河中同时表现出保守的因素和变革的因素，是保守与变革的统一，是连续中的发展。

另外，人的能动性还体现为文化创造活动中显现的创造、调整、组织等能力。人类文化有继承性与创造性两个基本特性。人对文化的创造需要从主观要求、爱好、兴趣出发进行一定的价值选择，面对客观的文化规律和条件，人可以表现出巨大的能动性。规律和条件是联系在一起的，人们虽然不能违背客观条件和规律所提供的可能，但是却可以在一定条件下改变现有条件，创造新的条件以达到文化创造的主动。与此同时，在文化创造的过程中，人时刻以自身的尺度和方式承担和衡量主客体相互作用的后果，随时检验相互作用的过程和结果是否符合自身需要、目的、能力等，并依据这种检验来作出适当调节，使主体与文化的关系始终处于相互调适中。另外，人的能动性还体现在把文化构成各种必要因素组织整合起来，使它们作为整体的因素按主体所设定的目的、方向协同地发挥功能，形成适合主体需要的文化。

（三）人的创造性是文化超越的重要条件

一般来讲，文化发展总是通过文化模式的生成、危机、转型和创新展开，在宗教、艺术、伦理、科学、哲学等具体文化形式上扬弃而实现。从动态过程来看，文化发展表现为内容上的继承与创新，价值实现上的不断超越。任何文化都不可能是绝对完美的，它在特定历史条件下总存在着这样或那样的缺憾，文化的自由本性所预设的终极价值与具体文化之间永远存在着一定差距，而这种差距恰好为文化的自我超越提供了可能与必然。所以，我们看到，文化的发展总是指向某种目的，这种目的不是指向过去或现在，而是指向理想的未来。从这个意义上讲，文化超越本质上是一种文化创新，是文化对自身不合理实然状态的批判与否定。具体讲，文化一方面舍弃自身中那些不合理的要素，另一方面引进或创立新的要素，从而达到对现有不合理文化要素、结构和程序不同程度的改造与创新。由此，文化超越的实质使我们不由得联想到它与文化先进性之间具有的内在关联性。按照马克思主义理论，就人类的本性及社会演进的必然趋势而言，社会有先进与落后之分，相应地文化也应有此分殊，先进文化是相对于落后文化、腐朽文化而言的文化。文化超越就是要不断超越实然，创造更为合理、更为优越的先进文化。

当然，文化作为客体，它无法靠自身实现这种从实然到应然的跨越。文化超越离不开一个重要的前提，那就是主体创造性活动的参与。超越作为自然运动本身并没有什么价值属性，它只有在与人的实践活动结合起来时才有可能成为一种价值运动形式。作为文化主体的人，其实践活动中所体现的创造性实质上就是一种超越性，这是主体活动的根本特点之一。从文化先进性的创造能力来讲，人的创造性是对本能与自然的超越。人作为自然之子永远不可能脱离自然而生存，但人之为人的基础并不在于自然和本能，而在于人对自然的超越和人的文化创造。早在 17 世纪，法国思想家帕斯卡尔就在《思想录》中用诗化的语言揭示了人的脆弱与伟大："人只不过是一根苇草，是自然界最脆弱的东西；但他是一根能思想的苇草。"①而蓝德曼也指出，正是人在自然本能方面先天存在缺憾，才需用后天的创造来弥补先天的不足。人超越本能与自然建立文化世界，而文化也因人的实践本性显现出自由与创造的本质。在《1844 年经济学哲学手稿》中，马克思提出人的活动具有双重尺度的著名观点，人总想按自己固有的尺度来认识和支配客体的规律，以追求和达到自由自觉的创造性活动。因此，文化本身所具有的内在自由和创新性，其最本质的规定性就体现在人对自然和本能的扬弃中，而且它包含着人凭借理性进行创造活动和自由行为的可能，人不再像动物那样凭借本能自在地生存，而是获得了自由和创造性的空间。

就文化超越的实质而言，人的创造性体现为理想对现实的超越。主体在与客体发生对象性关系的过程中，客体始终作为一种客观因素和客观条件制约、限定和决定着主体的活动。客体对主体的制约性、限制性和决定性是受动客体的属性。与此相应，人这一主体不囿于这种制约、限制和决定，而总是力图超越这种制约、限制和决定。人总是基于自我的需要、理想目的和尺度来追求他所认为应当的即理想的东西，并力求使客体按照人的尺度存在和发展变化，因

---

① [法] 帕斯卡尔：《思想录》，商务印书馆 1987 年版，第 157—158 页。

而，它在这里着眼的是理想性。著名的文化学家索罗金就指出："人所以能完成最伟大的发现、发明与创造，主要由于人是超意识的大创造者，是具有理性的思想家，是诉诸经验的观察者与实践者。"①在文化哲学看来，文化无论以什么形式出现，在本质上都是人的精神的外化，是人的理想的实现。在人类早期，虽然进化中的人还不可能将自身与自然界完全区分开来，但已具有了超越当下有限生存条件的欲望，这使活动带有明确的目的性。尽管他们常以满足最切近的物质和精神生活的欲求为目的，但一定程度的自觉意识和计划性使活动本身具有了超越现行的意义。外在的超越是以内在的超越为前提的，人的精神可以实现自身的超越，憧憬现行所没有的美好事物，人的内在的超越通过不断的实践活动而对象化为外在的超越。

列宁指出，人的意识不仅反映客观世界，而且创造客观世界。人并不是把外部感性世界的自在事物现成地拿来，而是在适合于人的需要的基础上，通过创造性的活动创造具有满足人的生存和发展需要的理想对象和对象世界。人的创造性活动是一个复杂的过程。首先，人们在实践中通过感觉器官选择、接受事物信息，并传输到大脑，经过大脑的过滤、筛选、加工制作，获得关于特定事物的本质及其规律性的认识，使事物转化为观念形态的东西。接着，根据之前的认识，作出评价、判断和决定，并预见未来，确定活动的目标，设计新事物的蓝图，制订实现活动目标的计划方案等。然后，再按计划进行实践活动，采取一定的手段和方法，调整和改造客观对象，产生前所未有的新成果，实现人们的预期目的。整个活动过程，一方面要根据客观的现实条件，遵循作为活动对象的事物的客观尺度，另一方面又要按照人自身的需要和满足需要的现实力量，把主体的内在尺度运用到对象上去，统一两种尺度进行创造。

回顾人类从愚昧野蛮到现代文明，人类文化走过了漫长历程。主要文化以替代和延续的方式实现着发展，前者以批判为特征，后者以继承为特征，文化超越则是批判和继承的结合：批判落后文化，扬弃其中糟粕，继承其中精华，经过吸收、互补、整合过程，形成新文化。值得强调的是，这种整合并非简单

---

① [俄] 索罗金："整合哲学的信念"，《危机时代的哲学》，台湾志文出版社1985年版，第139页。

而没有原则的调和折衷,而是主体辩证综合的创造。随着经济全球化步伐的加快,特别是现代传媒技术的飞速发展,当代文化的开放性特征尤显突出。在文化不断超越现有,追求文化先进特质的进程中,我们一方面要克服抱守残缺、夜郎自大的思想,注意吸收借鉴;另一方面要注意反思批判,正确面对强权政治、霸权主义以及形色各异的价值观所带来的巨大压力和挑战,增强文化辨识力和批判力。只有这样,文化才能不断实现自我超越,呈现出海纳百川、吐故纳新的先进性。

二、文化促成人的发展

人在文化进程中所体现的自为性、能动性与创造性的本质属性,是人在与文化这一对象性关系中的主动地位得以显现的有力根据。然而,客体也并非完全处于消极被动状态。作为主体认识、实践和评价的对象,客体具有自身独立的结构、规律和规定,拥有着与主体性相对应的属性,往往体现为对象性、自在性和制约性的客体性。在人与文化的动态性关系中,文化客体的存在与发展同样呈现出与人这一主体发展异向的态势。实质上,文化作为人的本质力量的对象化,理所当然也会对人的发展产生这样或那样正面或负面的作用。然而,就整个人类文化漫长的征程而言,文化的历史性使其可以成为人类总体不断进步的重要表征,而就个体发展而言,文化的整体性则使它对于人的发展具有种种促进功能。

(一) 文化是人的本质力量的对象化

自然环境因人的活动印下理性的印迹,逐渐进入"人化自然"即文化的世界。无论是诸如文物古迹、科技生产等实物形态的物质成果,还是道德法律、文学艺术等符号形式的精神成果,文化的生成无疑都是人为的产物。可以说,与人和自然的先天因素相比,文化是人的自觉的或不自觉的活动的历史积淀,是历史凝结成的人的活动的产物,所有文化都是人的社会实践活动及其成果的表现,其存在模式和发展变化也正体现着人的本质力量的对象化。

马克思在《1844年经济学哲学手稿》中把人的本质力量称之为主体能力,

指人的活动的独立性和自主性。他对类本质的揭示是从动物与人的本质区别开始的，"一个种的全部特性、种的类特性就在于生命活动的性质，而人的类特性恰恰就是自由的有意识的活动"①。在他看来，人与动物的本质差别关键在于人是自由自觉的类的存在物，而构成人的独特的类本质活动实际上就是实践。实践就是自由自觉的活动，是它规定着人的本质的活动。为了进一步说明人的类本质，马克思在《手稿》中提出了人的活动的双重尺度。动物只是按一种尺度来活动，即按照维持其生存的直接的本能的需要来活动，但人却既能按任何一种外在尺度又能按照美的内在尺度来实践创造，这就意味着人在实践活动过程中具有作为主体所握持一切物种外在尺度以及人自身所固有内在尺度的能力。人的这种主体能力，使人能将内在力量与对象性质辩证结合起来考虑并运用于对象性活动过程中，从而生产出既合主体目的，又合客体规律的新产品。这种活动是人类能动的类的生活，从根本上解释了动物为什么不能改变自然界提供的生活环境，只能消极改变自己的存在形态以适应环境，而人类却可以超越自然所提供的现成的环境和条件，不仅能按照事物的自然效用来利用自然物，而且能改变事物的自然形式，创造出自然界本来没有的而为人所需要的物品。归根结底，原因在于人具有其他生物所不具有的自由自觉活动的类本质力量。

人类自由自觉的活动是具有目的性和理想性的，目的与理想集中体现了人要把自己本质力量对象化的需要。对象化就是把人的本质力量从主体的观念存在方式转化为客体的物化存在方式的过程，这一过程能使那些动态表现出来的本质力量以静态的形式转化到实践结果中去，并凝聚体现在诸如各种物质文明、精神文明成果中。在黑格尔看来，文化的发生是人类劳动的结果，是人的内在本质力量的对象化。因为，人类一旦有了需要便与自然结成一种实用关系，面对自然事物强有力的对抗，人类需要发明各种工具，以达到超越单纯自然事物的目的。"随着对象性的现实在社会中对人说来到处成为人的本质力量的现实，成为人的现实，因而成为人自己的本质力量的现实，一切对象对他说来也就成为他自身的对象化，成为确证和实现他个性的对象，成为他的对象，

---

① 《马克思恩格斯选集》第1卷，人民出版社1995年版，第46页。

而这就是说，对象成了他自身。"①从现实过程来看，人类就是在改造自然不断满足自身需要的同时，逐渐将自然转化成"自己的作品"，从而形成适合于人类生存发展的文化世界。与此同时，人所创造出来的这个文化世界又反过来成为人自身发展的条件和手段，人们利用这些条件和手段进行新的对象化活动。随着实践的不断发展，人所指向的对象越来越多，范围越来越大，内容越来越深刻，文化世界也就越来越丰富，人自身需要也就越来越丰富满足。所以，当我们把人类改造自然、创造文化的历史活动看做人在对象性活动过程中"自由地与自己的产品相对立"的文化创造时，人就是"按照美的规律来塑造物体"。

当然，人的实践活动是以社会的形式存在和展开的。在与大自然进行抗争的过程中，由于人自然本性方面的孱弱，不能不以集体行动来弥补个体能力的不足，从而使群体联系日益密切、广泛，逐渐形成人类的社会联系并建立起社会组织机构、制度，形成人类社会。与此同时，人在改造自然、改造社会的过程中也改造着人自身。人类的认识能力不断提高，主体意识不断丰富，人自身不断得到改造，活动的能力、方式和手段也不断得到提高和改造。基于自由自觉活动的现实基础上建立起来的人化自然、人类社会以及精神世界共同构成了人所赖以存在的文化世界。因此，全部社会生活在本质上是实践的，实践将人的目的理想与外在的世界连接起来，通过将主观观念对象化为客观的物化形式，一方面扬弃了主体的纯粹主观性，另一方面扬弃了客体的自在性，不断再创造出对象和自身。当然，在任何时候，人总是作为具体主体在一定时空界域内自主将文化作为客体，形成具体的主客相关联的结构，并通过能动的创造性活动以对自己有用的形式来掌握文化，创造出能够满足自身需要的文化对象。正因为如此，人才有可能通过创造活动的对象性结果反观创造主体自身，使自由创造性、社会性、目的性等人之为人的根本特性呈现出来。正如马克思所说："工业的历史和工业的已经产生的对象性的存在，是一本打开了的关于人的本质力量的书。"②

---

① 《马克思恩格斯全集》第42卷，人民出版社1979年版，第125页。
② 《马克思恩格斯全集》第42卷，人民出版社1979年版，第127页。

（二）文化是人类进步的重要标识

文化是人的本质力量的对象化，这为进一步阐述文化对人的发展的确证性、创造性找到了最有力量的根据。马克思融会了文化与社会历史的创造和历史性证明，在《手稿》及其早期著作中提出"自然向人的生成"。对此可以理解为，人的生成与存在是由生活、实践的过程和结果决定的，只有在社会中，在按照美的规律塑造物体的实践活动过程中，人的自然存在才能成为文化的存在。人类正是依靠自身所特有的自主能动的本质功能，才创造出了自己活动的世界，造就了灿烂的文明、巨大的财富、惊人的科技和作为万物之灵的人本身。可以说，所谓世界历史不外是通过人的劳动而诞生的过程。

反过来，从文化哲学的角度来看，离开人所创造并生活于其中的文化就不可能真正理解人的生存发展过程。文化的起源是从人类能够制造工具那天开始的，它作为人类社会发展的产物，一开始就是一种社会现象。历史并不是什么简单自然时间之流，而是指现实文化世界的形成发展、盛衰沉浮。文化作为人类自己创造自己的历史过程也无可辩驳地证明，人的创造活动是一种动态的历史活动而非静态的存在。人通过文化活动超越自然本性的限制，改变自身的被动状态，主动地面向外界，而且还通过文化这一特殊符号形式、物化形式承载着人类自身的历史。在这一动态过程中，人的自为性、能动性、创造性不断在过去、现在和未来的文化中得以展示，从而清楚地再现出人的存在并非主观的意志自由，而是征服自然性后获得的真正自由。因此，一旦离开具体文化就无所谓真正的人类历史可言，也无所谓对人的真正理解。进一步讲，文化作为与人类存在和发展密切联系的社会历史现象，时刻都体现和担负着人类历史发展和历史创造的目的和要求、成就和命运、价值和选择等。因为文化，人的活动才成为追求人的存在价值的活动，文化创造才成为人类文明发展的动力源泉。而且说到文化的理想与价值，显然不是仅仅徘徊于抽象的精神活动之上，它要求人现实地对待和解决人与自然、人与社会、人与人之间的矛盾，通过解决这些矛盾真正实现人的存在价值。回顾整个人类历史发展，物质文明与精神文明的创造、传播和教化，使人类经历了从原始文明到奴隶封建制、资本主义所有制基础上的文明，进而到社会主义文明、生态文明的建立。在这个漫长过程中，可以说，人类文明状态的提高与人类本质力量的扩展成正比，文明创造在本质上不断增强和扩展着的人类本质力量，与它的对象化活动范围、内容的扩展以及与文化创造物的质和量无限增加是相一致的。当然，在这个过程中，人与文化的同构关系显示出较复杂多样的形式，其中文化创造是积极解决人与文化相关问题的途径。赫尔德明确提出，文化的进步乃是历史的规律，文化的发展是人类在前人的基础上不断再创造的过程。文化与人类历史发展结合起来证明人的自我创造是一个历史运动过程，人类的生存发展史也就是人类的文化史。如此一来，文化的本质以及文化的社会历史性特征就在一定程度上使之具有了推动和标志人类进步的功能。

　　人类在历史活动中进行两种生产，一是人类自身的生产即种的繁衍，二是生活资料即食物、衣服、住房以及为此所必需的工具的生产。从人自身的生产来看，文化进步促进了人数量与质量的同时提高。这是一个显而易见的事实，医学的进步、营养食品的增多，人均寿命越来越长，战胜疾病的能力越来越强，死亡率随之降低，人口也就自然增加起来。另外，文化进步不仅促进了人口数量的增长，还促进了人口质量的提高。无法想象，现代人与遥远的古人相比，在对自己身体的了解与控制方面，或在对自然、人自身所了解和改造的能力方面前进了多远？

　　不断创新和发展的文化从未停止过自己探索的步伐，必然导致人类生存方式的改变。事实上，人们很少用文化指谓人之具体的、有形的、可感的、不断处于变化之中的创造物，而更多的是用它来指称文明成果中那些历经社会变迁和历史沉浮而难以泯灭的、稳定的、深层的、无形的东西。具体讲，人们很大程度上把文化看做历史地凝结成的稳定的生存方式。人的生存方式是广泛的，不仅涵盖衣食住行、日常生活，而且还涵盖了人类历史活动领域、生产活动领域以及高智能的科学技术领域等。但综合种种概括起来无非三大领域或三个层次：一是以解决人与自然矛盾的物质生产过程所创造的物质文化，这包括人类物质生活资料和生产资料，也包括科学技术的应用成果、生产工具，以及我们平常的衣、食、住、行所用等等；二是以解决人与社会矛盾的社会交往管理所形成的规范制度文化，具体包括各种社会制度、政策、规范等等；三是以各类观念认识和未来构想为主线的各类精神文化，例如艺术、宗教、信仰等等。

首先，从人类生活所必需的物质生产来说，人类的进步显而易见。早期先民对自然、人自身了解非常有限，他们发现并制造简易石器工具使之优于其他动物，进而逐渐利用发明的工具改善自己的生活条件和生态环境。火的发现和使用成为人类物质文化发展的一个里程碑，有了工具和火，人类便扩大了采食、捕猎的范围，改变了饮食习惯。人类进入文明时代后更加速了物质文化的繁荣，尤其在17、18世纪之后，自然科技的革命带来了生产方式的巨变，人类在短短的数百年间创造了令自己都吃惊的物质财富。如今，随着20世纪现代科学技术的突飞猛进，人类更是进入到了"网络信息"时代。日益发展的文化为人类提供了充足丰富的物质资料：在吃的方面，最初是茹毛饮血，如今却有享之不尽的人间美味；在穿着方面，从衣不蔽体到发明蚕丝、帛布，再到羊毛、棉纱、人工造丝，人类的穿衣不断经历着从质地到理念的翻天覆地的改变；在住的方面，最初是居于山洞野处、简易居所，而如今却无论从材料、技术，还是从设计、装修上，进步速度都是革命性的。而且，人们还跨越了肉体与地理的局限，发明了汽车、轮船、火车、飞机，尤其是兴起于20世纪的网络通讯，更是使世界成为了一个地球村，极大地扩展了人们自由活动的空间。

其次，在种的生产与物质生产过程中，人类必然形成一定的社会组织。而与之相关的社会制度指的并不只是一种社会存在的表现形式，而是与人类文明的进程相联系，表达并促进人类进步的形式。马克思、恩格斯认为人类制度的发展呈现出由低到高的态势，社会组织从血缘家庭、母系氏族、父系氏族发展为部落、种族、民族、国家，其制度文化也越来越丰富、完备。根据生产方式的进步，社会制度可划分为原始社会、奴隶社会、封建社会、资本主义社会、共产主义社会几个阶段。在越高级的社会制度中，生产力与生产关系的解放程度越高。于是，社会制度文化的发展也成为人类进步的重要表征。

再次，精神文化的发展也标志着人类的进步。人们在改造客观世界的同时，也改造着自身的主观世界。不可否认，随着人类前进的步伐，人类的意识领域也在日益丰富。人类的视野从未如此开阔，理性的诞生不仅打破了旧时的神话，而且科学的触角也越来越伸向未知的世界，人类越来越成为自己的主人。在精神领域的其他方面，从原始的风俗、雕刻、绘画发展到精制的工艺、装饰以及科学、技术、文学、艺术、道德、法律等等，同样留下了人类艰难创造的足迹。人们今天正是通过寻觅这些足迹来认识自身发展的心路历程的。

总之,文化方方面面的显著成就充分显示了人类进步的历史足迹,这是人类前行的信心之所在,也是人类继续前行的快乐之所在。就一个民族而言,发展离不开文化的支撑。国民之魂,文以化之;国家之神,文以铸之。文化的力量已深深熔铸在民族的生命力、创造力和凝聚力之中,成为国家和民族的灵魂,成为国家民族品格的标记。当今世界,文化与经济、政治相互交融,与科技结合日益紧密,在综合国力竞争中的地位和作用日益突出,文化的强盛与否越来越成为衡量一个国家综合实力的尺度。在复杂的国际环境中,要赢得国际竞争,不仅需要强大的经济实力、科技实力和国防实力,同样需要强大的文化实力。

(三) 文化在人的全面发展中的功能

"人"是一个多重含义的复合概念,既可指人的一般,也可指人的个别。文化哲学中讲人的发展,是指人所有东西和属性的发展,即人的全面发展。人的全面发展是就人的发展的范围而言的,它与人的片面发展、畸形发展相对立,是每一个现实的个人摆脱各种内在的和外在的限制,在社会关系中,能力、素质、个性等诸方面获得普遍提高和协调进步,可以体现为人的不同需要的合理满足、人的身心健康的协调、情感与理智的平衡、物质与精神的同步发展、个人与社会的和谐等诸多方面。人作为理性的存在,总是希望完善和发展自我,使自己成为多才多艺、全面发展的人。

文化是人的创造和使用对象,但它并非完全处于被动。它一经产生就有一定的独立性和稳定性。马林诺夫斯基指出:"文化是包括一套工具及一套风俗——人体的或心灵的习惯,它们直接的或间接的满足人类的需要。一切文化要素……一定都是在活动着发生作用,而且是有效要素的动态性,要求文化的功能研究为主。"① 作为历史积淀下来的群体所共同遵循或认可的行为模式,文化是人的活动及其文明成果在历史长河中自觉或不自觉地积淀或凝结成的集体习惯。文化的这种集体性或整体性,往往对于个体的存在具有先在的给定性或

---

① [英] 马林诺夫斯基:《文化论》,中国民间文艺出版社 1987 年版,第 14 页。

强制性，这就为文化在个人的全面发展中发挥种种功能提供了可能。

1. 文化的塑造功能

著名的哲学人类学家蓝德曼指出："文化创造比我们迄今为止所相信的有更加广阔和更加深刻的内涵。人类生活的基础不是自然的安排，而是文化形成的形式和习惯。正如我们历史地所探究的，没有自然的人，甚至最早的人也是生存于文化之中。"①可以肯定，没有人的存在就没有文化，同时，我们还可以肯定，没有文化的存在也会没有人。因为，我们任何人都必然生活在一定的文化当中，而且正是人所具有的巨大学习能力与可塑性，使其能够通过文化的影响和塑造不断趋向于完善。

《易经·系辞上》说："观乎天文以察时变，观乎人文以化成天下。"这句话说明了文化创造与人的创造是协同一致的：文化与人相互映射、相互蕴涵、相互塑造。文化就是人化，是人的理想和能力的显现，是人类运用自己所创造的符号形式展示和传播文化价值意识。另外，人化又将这些意识和观念"教化"为人的普遍性存在的规定性，成为对人的身心智慧的塑造。作为人的主体性的表征，文化创造不仅面对外部的客观世界，而且面对人内在的主观世界，在塑造和建构文化创造物的同时，文化不仅是社会存在的表达，而且还塑造着人的思想、价值、行动，甚至情感。人可以作为文化创造主体与客体的统一，通过文化创造塑造理想的人格，调动人的内在意志和能动的创造性，从而形成无限的自我创造。

诚如文化内容的宽广，文化对人的塑造也是多方面的。其中，文化的价值导向对人的心理、精神和基本人格的奠基作用是十分巨大的。许多人类学家从文化整体模式方面强调文化的精神价值，关注文化对人的心理、人格的影响与塑造。文化作为一种社会整合力量和教化力量，无疑对该社会的人的影响是巨大的。尽管文化并非先验给定的存在，但它所给予的人的形象却具有普遍性。例如，文化对于人的个体和整体性格的形成起重要作用。我们平常所说的民族性格或称国民性，实际上是一种社会集体心理状况，集中反映了这个集体代表文化的特征。对于不同时代、不同民族的文化，映射在民族性格和个体人格上

---

① ［德］蓝德曼：《哲学人类学》，工人出版社1988年版，第260—261页。

的东西是不同的，好的文化可形成好的民族性格和人格。因此，身处于某种文化中的个体，其人格不可避免在具体方面反射出所属文化传统的内涵与特征。例如，我们可以根据某人在个人与社会矛盾的处理上，判别他的文化价值取向。一般来讲，东方文化比较侧重社会整体价值，而西方文化则往往侧重于个人价值。值得一提的是，在开放的社会中，文化对人的性格、人格、观念、行为等各方面的塑造，不可能只是来自一种文化，相反，往往是多种异质文化综合塑造的结果。

2. 文化的濡化功能

文化是以人文教化天下，基本的使命是立人。通过文化的积淀与教化，人有效协调人与自然、社会及自我的关系，培养健全的、充分发展的社会的人。文化对于人的塑造，在于自立、自强、自尊、自信等文化心态的确立以及人文主义社会氛围的生成。文化对人身心环境的塑造，不是通过激进、突变、强制的途径，而是采取渐变、渗透、濡化的方式进行的。

文化在本质上是整合的，每种文化特质使之形成一种具有内在统一精神和价值取向的文化模式，这种文化模式自觉地把每一个体的行为包容于文化整体之中并赋予它们意义。作为历史凝结成的稳定的生存方式，文化所代表的生存方式总是特定时代、特定民族、特定地域中占主导地位的生存模式，它自发地熔铸在总体性文明的各个层面以及人的内在规定性之中，实实在在地左右着人的各种活动。文化的这种功能往往以道德、宗教、艺术、教育、社会交往等各种生活内容，通过家庭启蒙、社会心理、社会舆论、学校教育、新闻传媒等各种手段，向整个社会和民族传播和教化，对处于其文化涵盖中的人进行思想方法、行为方式、评价方式等各方面的规范，使之潜移默化地带有此种文化的特征。文化的核心是价值理念，特定文化的价值引导为人的发展指明方向与目标。现代文化的复杂性使人的发展具有多重价值取向的特征，人正是在这多种意义上存在和生成，又在这多种意义上认识、创造的。通过文化教化持续的熏陶与塑造，人逐渐形成与特定文化价值之间的相通。对文化而言，"文化遗传基因便如曲调、思想、妙语、时装以及制陶和建筑工艺等，在基因库内繁殖，或模拟，从一个大脑传到另一个大脑，从而造成由内到外的，由宏观到微观的，从社会到个人的，从心理到生物学的等广泛无边的文化环境。文化遗传基因生命力之强，它具有永恒的魅力……"①而对于个人而言，通过文化学习和复制，人脑成为传承文化的容器，或者说成为文化广泛传播的领域。文化之流源源不断地进入这块境域，以潜在的方式却十分深刻地影响着人们的认识与行为实践。

3. 文化的调节功能

文化的各种特质在历史的积淀中整合成某种统一的行为规范体系，为个体提供了特定时代公认的、普遍起制约作用的行为规范。把文化理解为普遍的行为规范，实际上就是特别强调传统、习惯、习俗等自在的行为规范的作用。文化对于人来说不仅是一面直观自己行为及其后果的镜子，而且还以其对人的客观作用直接给人带来实际后果以引导人调节其行为。

文化是群体的和共同的行为规范体系，明显具有超越个体的整体性。如果只有一个人想某个问题或做某件事，那么这个行为代表的是个人习惯，而不是一种文化模式。因为凡是被认为是文化思想和行为的必然是被某些人共同享有，即使不被共同享有，只要大多数人认可，也可以被视为文化的观念和行为。文化的整体性使它成为限制个人行为变异的一个主要因素，对个体的思想行为具有强制的调节功能。蓝德曼认为，动物的行为是靠其父母培养，而人的行为则是靠人自己曾获得的文化来支配的。人们如何饮食繁衍，如何说话行动，如何穿衣打扮，都是基于已有文化的影响。所以，法国著名社会学家埃米尔·涂尔干强调，文化是我们身外的东西——它存在于个体之外，而又对个人施加着强大的强制力量。在生活中，我们往往很难感受到文化的这种强制性，因为在大多时候，我们的所思所言所行都已潜移默化地自觉地与文化模式保持了一致。只有当我们试图反抗时，文化的强制性才显现出来。这就是为什么对于特定的文化中的个体来说，如果违背其所生于斯长于斯的文化，必然会陷入困境、遭受谴责的原因。文化作为个体的行为规范体系，几乎涉及我们生存的所有方面，而且它在不同历史背景下发挥作用的方式也是不同的，既可以是自在自发的文化规范体系，也可以是自由自觉的文化精神。一般来说，自在自发的行为规范体系和自由自觉的文化精神会以某种方式并存着，人们不可能完全凭

---

① [美] 霍夫施塔特、丹尼特：《心我论：对自我和灵魂的奇思冥想》，上海译文出版社1988年版。

借其中的某一方面。当然，在不同文明时代，这两种行为规范体系的比重往往是不同的。通常，越是传统社会人们的行为越是受自在自发的文明规范的支配；而越是现代文明的社会，人们的行为则更多受到制度法规等自觉文化精神的影响和制约。显然，这种侧重的变化本身正体现出文化与人的双重进步。

4. 文化的提升功能

人的发展要求人不断扬弃现存对象原有的规定性，指向未来赋予对象以新的规定性。文化是人在实践与精神的开掘中建立的，在这种开掘的同时，人的理想不断得以深化、提高和完善。可以说，文化是对人的发展本性的表达，体现了人对理想的诉求。文化总是将人生活的现存置于否定性的关系之中，总是以理想的尺度评价现实，以历史的尺度反思现实，以真善美统一的尺度反省现实。文化表达了人一直努力想在更高的水平上重新创造自己的真实意愿。

文化对人的理想意义的体认，印证着文化汇聚了人追求理想的价值，从而使文化成为对人的全面发展具有提升功能的系统。马林诺夫斯基在谈到文化功能时曾指出，是文化的出现将动物的人变为创造的人、组织的人、思想的人、说话的人以及计划的人。如果说文化首先满足人类最基本的需要，使人类获得生存自由的话，那么文化的另一价值就在于，它为人们构设了一个理想世界，对它的向往让人们满怀激情与希望，从而化作不断提升自我的动力。而且，人所创造的理想世界不仅指明了人类活动的价值取向，更成为一面镜子，使人们从中看到自己的现状与未来，察觉到现实的差距，以便通过不断的创造来逐渐缩小这种差距。列宁曾说过，世界不能满足人，人通过自己的行动来改变它，设定理想便是这个行动的一个步骤。显然，理想世界对人的发展具有提升力，因为它蕴涵着文化价值和意义。正是在这种"提升"、"升华"、"超越"的意蕴中，我们理解了人的理想不是自然而然的、原初的，而是需要反复修炼、持久追求的，领悟到人的理想需要不断创造、不断丰富。

三、人在与文化相互规定中升华

人在本性上具有与其他生物不同的超越特质，人的这种超越特质可以体现在对现存的外在世界和内在世界、物质世界和精神世界的否定上。人通过这种对不满现存的不断否定呈现出自身上扬的运动态势，呈现出人所特有的能动发展过程。当然，从人的文化本性来理解人的超越本性，任何人的上升发展都不可能离开"人与文化"这一统一的关系来探讨。因为自人与文化相互形成对象性关系起，无论从客观的实物形态，还是从主观的观念反映，人与文化确定的主体、客体身份，使二者始终在统一的整体中相互给予对方自身的规定。如前所述，人的主体性使人能够通过实践、认识形式，从物质和观念上接触、影响和创造文化，从而在文化身上显示和直观自身的本质或本质力量，实现自身的发展。同时，文化也在人身上映现着自己、实现着自己。人的认识与创造活动不是任意的，它在认识和创造文化的同时，必然受到来自文化的种种限制。文化作为人认识、评价和创造的对象，也有其相对独立自在的结构、规律和规定，它的存在和发展也表现出对主体目的之异向态势，并由此影响、规定和改变着人的发展方式和趋向，成为主体需要通过努力才能驾驭的力量。因此，关于人的本质的感性的和现实的生成和发展问题，无非是文化与人的互动过程，以及人对文化的适应性和创造性的表征。人要达到自己的发展目的，就必须按照或适合文化尺度来进行实践改造活动，具体在接受文化、吸纳文化、传播文化和创造文化过程中不断超越现存、发展自身。

值得注意的是，当论及人的发展问题时，发展的主体指的是个人，即集类存在物、社会存在物和个体存在物于一身的具体个人。而发展的对象与内容，从根本上则是指人的本质力量的提升。马克思认为，人的本质是丰富的、多层的，可以体现在人的需要、劳动、能力、社会关系以及个性等许多方面，并且这些方面相互联系、相互依赖、相互促进，形成统一体。追求人的发展实际上就是在一定社会关系中，通过生产劳动历史地实现需要、发挥能力和表现个性的人，以一种全面的方式，也就是说，作为一个完整的人占有自己的全面的本质。人是如何在与文化相互规定中升华发展的？我们将分别从人的社会特性、个性以及类特性三方面的发展进行探讨。

（一）文化与人的社会化

现实的人存在和发展的根据首先存在于人的现实关系之中。马克思指出，人的本质并不是单个人所固有的抽象物，在其现实性上，它是一切社会关系的总和。我们每个人都生活在具体的社会关系之中，这包括政治、经济、文化等社会生活方方面面的关系。人的本质时刻受这些关系的规定，尤其是受生产关系、经济关系的规定。人的各种活动都在社会关系中展开，也在不同程度上表现着人的社会本质。人们通过对外在世界和自身力量的把握，造就社会文化和文明，并以此不断确证内在的本质力量。文化作为人的创造物，也是人凭借社会形式的劳动进行创造的结果，因而同样也具有人的社会本质的特征。而且文化作为人的社会活动的产物，有自身的特定结构和运行规律，可以跨越时间、空间和地域，成为人们共同分享的普遍规定。

文化的独立性、整体性必然使它对个人的发展具有反作用。马克思指出，人类在本质上是生活实践于由人自己创造的社会环境里，并且在这里受到了熏陶和教化。从个体的认识发生来说，每个人的思想、感情、性格、行为等特征都不是先天就有的，而是社会化的结果，也就是说，生物的人或自然属性的人按照一定社会文化的要求被教化为社会人、文化人。在现代社会中，人们越来越认识到，人类恰恰生活于实践于自己的创造物积聚而成的环境之中，而且正是这样的世界，决定着自己作为人的生成和发展。对于生活在一定社会环境和文化环境中的个人，无时无刻不受到一定社会文化的教化与陶冶，思想、感情、性格、行为等不由自主地印下特定社会文化模式的特征。文化不仅培养人的习性和气质，更为重要的是指导人的价值取向和行为取向。每个人在社会群体中都扮演着各种不同的角色，而在群体中是什么身份、地位、应该有什么样的行为规范，都是由社会环境、文化环境界定的。一个人要成为社会成员，要进入到社会中生存和活动，就必须使自己的行为符合社会规范，而这只有经过社会文化的教化才有可能达到。风俗、习惯、道德以及乡规礼教，使人懂得什么能够做，什么不能做。而文化对于个人的心理、品德、性格的教化则是最深层次的社会化。总的来说，一个人越接受先进文化的教化、高深文化的教化，其自然性越小，社会性就越大。

对于每个人而言，社会整体的和谐与平稳是个人发展的必要条件与本质要求。然而，社会的和谐与发展需要每个社会成员去建立与维护。文化是人的社会化的重要变量，通过文化对人的塑造、濡化、调节与提升功能的发挥，人身上自然或不自然地烙上社会整体规范的印迹，从而使自然人变成具有共性的社会人融入到集体社会中去。实质上，文化的教化功能就是让个体懂得并遵守社会整体的规则，以引导个体在具体社会实践活动中与他人、与社会的关系达到和谐。一个人只有接受了社会文化的教化，才能真正成为懂得为人之道的社会人和文化人，才能在社会中确立自己的身份和地位，扮演好特定的社会角色。另外，从个体超越自身的有限性考虑，人的社会化还促进了人的超越与发展。每个人都是具体而有限的，但人的本性却又渴望超越有限。个人要实现克服自身的有限，否定自身现存，就需要以开放的状态与外界发生联系，并通过接受外界的刺激与帮助才能返身自我实现发展。从本质上讲，社会关系是人的现实本质，或是人的本质的现实性表现。个人的全面性不是想象或设想的全面性，而是他的现实关系和观念关系的全面性，社会关系实际上决定着一个人能够发展到什么程度。因此，在其本质意义上，人的全面发展实际上也就是人的一切社会关系的全面发展。人的社会化过程促使个体从封闭走向开放，通过与其他人、其他事发生广泛的社会联系，人得以不断突破有限，走向无限。

社会关系不断发展，文化在人的社会化过程中持续发挥着作用。马克思之前的思想家们都没有意识到社会关系，尤其是生产关系对社会变化的决定作用，他们总体上脱离实际生产，企图寻找超越社会永远不变的人。而在马克思看来，那种与生俱来的永恒不变的理想人性是不现实的，人的产生、生存、发展，每一步都离不开具体的社会关系，尤其是生产关系。当今世界，随着文化发展、文化交流、文化传播的日益丰富与迅速，人的各种关系由贫乏变得丰富，由封闭变得开放，由片面变得全面，并且得以协调和谐发展。尤其是生产力的普遍发展和交往的普遍性成为个人全面发展的基础。因此，人们在大力发展生产力的基础上还必须积极参与各领域、各层次的社会交往，在普遍交往中形成丰富而全面的社会关系，而且还必须全面地占有和联合起来共同控制这种社会关系。只有这样，单独的个人才能摆脱各种民族局限和地域局限，与整个世界的物质和精神生产发生实际联系，也为利用全球生产的积极成果来丰富和发展自己、为自身成为"世界历史性的、真正普遍的个人"提供可能。

（二）文化与人的个性化

现实中的个人不仅是一般的社会成员，具有社会历史的普遍性，而且是具有个性以及积极性、创造性的社会成员，具有不同于其他个体的差异性和特殊性。从哲学角度理解人的个性，是指作为具有个人具体的、独特的主体性。简而言之，也就是人的主体性的个体表现。个别性、独特性是个性的外在特征，而构成主体性的能动性、自主性、为我性等则是个性的内涵核心和本质特征。人的个性就是人的"独特性"与"主体性"的统一。哲学还从人类发展规律的视角来考察人的个性。在马克思看来，人的个性的全面发展是人的全面发展的综合体现和最高标准，"自由个性"是人类社会发展的最终目标和最高成果。

人与文化环境之间存在着一种双向的运动：个性的人创造个性文化，而个性文化也创造人的个性。个性文化是一定地域、一定民族、一定社会所形成的具体的、历史的、完整的文化统一体，或者叫文化整体。个性文化是文化共性与个性的统一，可以说，所有文化都是个性文化，世界上并不存在没有个性的文化统一体或文化整体。通过个性文化的考察可以充分展现人类文化的多样性。然而，人类文化的多样性以及文化选择、文化创造和继承、文化交流和涵化等自身运动规律，通过个性文化的生成、发展和衰亡以及个性文化之间的联系，才能充分展示出来。我们每个人都不是一个封闭的存在，各自都生活在特定的个性文化当中，而不同的个性文化与人的个性发展始终存在着密切的互动。

首先，人对文化的创造过程本身就是人自身个性化的过程。社会文化环境作为个人选择创造的产物，是属于凝结和体现了人自身内在本质力量的人的他在，人的发展作为自身本质力量对象化的过程，表现为文化环境的不断生成与完善，并由此而表现了人通过自己对象化活动方式对自身文化环境进行塑造的主体客体化运动。人类文化中各式各样的个性文化都离不开文化发展的两个基本特点：一是创造性，二是继承性。一方面，任何个性文化都是以文化选择为前提的，在面对浩如烟海的已有文化中，需要选择何种文化面向未来。只有在选择继承现有文化成果的基础上，才能不断创造、不断发展；另一方面，创造首先要有选择，任何创造性的文化选择总是以继承已有文化成果为基础的。事实上，任何积极的有价值的文化选择本身就是一种创造，继承从来都是有选择的，但选择又不能不以继承为前提。然而，无论是文化创造还是文化继承，都是我们每个人从自身需要出发，从自身爱好、兴趣出发，进行价值选择、价值创造的结果。正是无数各色各样的个人对文化富有个性的选择和创造，促进了形形色色的文化个性的整合，并最终形成了同一个人类共同体的文化同一性，这种同一性又有别于一切其他人类共同体的文化同一性、统一性，因而形成了特殊的文化统一体、文化整体。可以说，个性文化是无数个人个性选择和个性创造整合的结果。离开个性文化的发展，人自身的个性发展就无从确证，在文化选择和创造个性文化的过程中，人自身的独立个性得以实现、印证和发展。

其次，个人在创造文化的过程中怎样发挥其主体作用，取决于他们自主性与创造性得以发挥的条件。文化一旦形成会反过来作为制约人自身发展的前提，对人的个性发展进行强化与塑造，这是由文化普遍具有的教育濡化功能决定的。在现实生活中，人与人在思想观念、语言行为等方面时刻表现出彼此相异的独特性。从文化的角度来讲，这是因为每个人所处的文化环境不同造成了他们个性上的差异。不同文化环境的培育使生活在某一特定个性文化环境中的人，潜移默化中具有了这一文化整体所培育的个性特征。至于同一文化整体中的个人与个人为什么也存在个性差异，原因是现实生活中的每一个人都不可能只受到一种个性文化的影响，他可能同时受到多种个性文化的塑造，也就是说他可能同时或不同时地处于各种个性文化编织的网络中。尤其在今天这样一个信息多元化的社会里，文化的交流与传播之快之广，足以让我们每一个人都接受到在我们现实视野之外更多个性文化的冲击和影响。结果是，文化发展呈多元化发展趋势，人们的个性发展也日益呈现出多元化的态势。

由此，在人的个性发展过程中必然包含人与文化相互塑造、相互促进的运动趋势。正是在这种主体客体化与客体主体化相互促进的统一过程中，人一方面将自己生存发展的需要、目的、愿望、能力等本质力量对象化到文化中去，将对象塑造为更加符合自身发展本质的个性文化环境；另一方面又以开放性态势在个性化过程中不断吸取有利于自己个性发展的各种积极因素，使自身的存在特性及其本质结构不断得以塑造、完善和发展。人的个性与个性文化的相互塑造、相互促进都是在个人社会现实活动中内在进行，并通过人的这种现实活动构成二者相互协调发展的和谐关系。

（三）文化与人的自由自觉

在与文化互动的人化过程中，个人不断与社会获取和谐，也不断丰富和完善个性的自己。这说明，任何人都不是给定、静止的存在，而必然要经历从实然到应然的升华过程。从人的发展角度理解人，归根究底就是要突显人不断超越自我、实现自我、追求自由的生命特性。黑格尔提出自由主体性原则，认为人的进程就是使自己成为主体的过程，主体的本质就在于自由。在许多场合马克思也曾明确指出人的发展不仅应当是全面的，而且应当是自由的[①]，并且结合经济形态的发展将人的发展划分为"以人的依赖关系"、"以物的依赖关系"和"自由个性"三个阶段。在最高的自由个性阶段，恩格斯指出："人终于成为自己的社会结合的主人，从而也就成为自然界的主人，成为自身的主人——自由的人。"[②]这里所谓自由的人，不仅摆脱了对人的依赖，而且摆脱了对物的依赖；不仅成为自然界的主人，而且成为社会关系的主人。可以说，成为"自由的人"是人的发展的理想，也是激励个人提升、不断超越的最根本的内在动力。

人的自由发展是就人的发展的自主性而言的，是人作为主体自觉、自为、自主的发展。自觉是相对于盲目，自为相对于自在、自发，而自主则相对于被迫、强制而言。黑格尔说："自由的真义在于没有绝对的外物与我对立"[③]。人的自由活动使人成为自己活动的真正主人，能够根据自己的意愿和需要，自主地选择自己活动的内容和方式，并达到活动的预期目的和效果。可见，人的自由发展是个人充分自由、自主而又各具自身独特个性，能动地进行选择并支配自己行为，以实现自己的独立自主性、自由自觉性和积极创造性，形成更高、更全面的能力，在社会中充分自由地展示自己、发展自己。

当然，在人类文化的历史进程中，人的发展的自由自觉总是不充分的，总要受到各种主客观条件的历史性限制和各种自发性因素的限制。人的发展是从不自由到自由，从不甚自由到比较自由的过程。如果把人的发展置于文化世界中，通过文化来加以考察的话，我们发现，文化是与人的自由自觉发展紧密相关的重要条件之一。恩格斯说："文化上的每一个进步，都是迈向自由的

①恩格斯经常把全面发展和自由发展联系起来，称之为"每个人的全面而自由的发展"、"自由的全面发展"。

②《马克思恩格斯选集》第3卷，人民出版社1995年版，第760页。

③[德] 黑格尔：《小逻辑》，商务印书馆1980年版，第115页。

一步。"①也就是说，人的自由的获得，是在文化不断由落后走向先进的过程中实现的。文化创造以人本身的发展和解放为主要内容和最终目的，人们在对存在环境认识和改造的过程中，不断发现、掌握、利用其中的规律性创造属于自己的文化世界。文化创造反映了人类探索认识、掌握和运用客观必然性的过程，也促使人们在实际行动中获得自由。当人类与文化陷于矛盾，通过文化创造的途径能够找到方向，走出困境，获得自由。当人类改变了存在的文化环境，掌握和利用自然规律和社会规律之时，人的解放和自由全面发展的人的理想就会实现。

如何理解文化发展与人的本质发展所具有的这种内在一致性？劳动实践是理解文化创造与人的发展的唯一钥匙。劳动是积极的、创造性的活动，人的内在本质体现为劳动的自由创造性。在《资本论》中，马克思指出劳动是人的发展的客观基础和动力，也是理解人的发展现实条件的关键。在人与世界具体的、历史的关系中，作为实践主体的自为性、能动性和创造性都可被看做人的内在本质，其表现也同人的本质力量的发展水平与发挥程度密切相关。

人的发展的真正内涵是人在将自己内在本质力量对象化过程中不断占有自己的本质。人的内在本质是自由性和创造性，而这种内在本性总要表现于外，通过特定的社会形式和社会关系得以实现。不实现或不落实于特殊形式的自由性和创造性是抽象的自由性和创造性。人的自身发展的过程也就展示为人通过社会实践将内在的需要、意志、愿望和才能等本质力量对象化或外化，不断占有自己的本质而成为自己对象物的主人。而作为人的自由自觉活动对象化的结果，文化世界成为"打开了的关于人的本质力量的书"，文化以自己特有的形式、风格、规律和态势表征着作为文化创造者的人类的存在，人们通过文化的反观实现和确证、体验和认识自己的内在本质。

静态的文化是人的作品，动态的文化则是人的实践活动本身。静态的文化是文化创造的凝结，是每一次新文化创造的基础，动态的文化则是文化的创新，人的生命活动就是在静态的文化和动态的文化的互动中不断发展的。蓝德曼曾说："所有这些以及作为宗教、艺术、科学等较高层次的领域，在人类天

<hr>

① 《马克思恩格斯选集》第3卷，人民出版社1995年，第456页。

性中并没有强制性的标准。所有这些就是'文化',而文化这一概念的定义就是由人类自身的自由创造性加以创造的。这就是人类赋予文化多样性的原因。文化因人而异,因时而异,但人在创造文化的同时,人也创造了自己。"①文化创造是物化的过程,最佳效应是合规律性与合目的性的统一,作为文化创造主体的存在,在文化创造的过程中,一方面需要表达自己新的意愿、价值,另一方面还要考虑文化积淀以及文化规律对人的创造的种种规定。当然,所有文化的形成和发展都围绕人、为了人和指向人,都是以人的本质力量的充分实现为目的,服务于人作为主体的自我形成、自我批判、自我超越和自我实现。所以,人们在实践创造的过程中,可以通过吸纳和选择文化本身以及文化与人相互作用客观过程中的规律、知识和经验,使自己在这种不断占有自己本质的过程中进一步使自己的本质结构得以更新、丰富和完善。由此,我们看到,基于实践的能动创造既包含着人作为主体的自我创造和自我发展,也包含着文化的本质和意义,它不仅在于人创造"对象世界",更在于通过创造提升人作为主体的价值和生存之境界;不仅在于人的本质力量外显与对象化,更在于人的本质力量的形成与发展。

可以肯定,人的本质发展与文化创造的活动、过程及其结果密不可分。人的本质不是自然而然与生俱来的,而是通过创造性的活动在自己创造的文化环境中自我生成的。更进一步讲,人创造文化就是创造自身,而人创造文化的过程也就是人自我实现、自我完善的过程。人的存在以文化创造为内容和意义,萨特曾以主观性的阐述揭示出人存在的创造性意义,认为人只有在自主选择的文化创造中才能形成自己的本质。而卡西尔也在《人论》一书总结处写道:"作为一个整体的人类文化,可以被称作人不断解放自身的历程!"从实践角度看,实践不曾停滞,文化的创造与人的发展就总处于未完成的状态,人的完整性也总是相对的。通过实践创造,人的自由也随着文化的自由而不断增加。人与文化不断超越现存实现提升,人通过摆脱本能的控制而获得自己,达到某种程度的意志自由以及意志自由的实现。

---

① [德] 蓝德曼:《哲学人类学》,工人出版社1988年版,第7页。

第二章 时代的强音：
网络文化改变人类世界

　　网络的兴起和日益普及，不仅改变着人类世界的生存方式、实践方式和交往方式，而且由此所形成的时代强音——网络文化对传统文化的巨大冲击，正逐步改变着网民的行为方式、思维方式、价值观念和精神风貌。从发展哲学的角度讲，这一网络文化，作为人类网络生活基础的精神升华，其基本的内容和形式必然会随着网络技术的发展而发生种种哲学反思。网络技术的迅猛推进和网络文化的即时传输，极大地缩短了知识和信息的流播时间和更新周期，深刻影响和改变着人类的经济生活、政治生活、文化生活和社会生活的各个方面，全面展示了网络文化这一新生事物所具有的强大而持久的内在生命力。

一、网络文化的哲学叩问

与互联网络的出现相伴随，一种全新的文化形态——网络文化呈现在世人面前，这是现代技术和文化现象的一次世纪性融合联姻，形成了人类文化发展史上的新景观。既然网络文化作为一种新文化出现在人类面前，就有必要对它进行深层的学理阐释和实证分析。

（一）何谓网络文化

从本义上讲，文化有物器、制度和观念三个层面，其核心是观念或价值观。作为人类社会生产和生活方式现象的反映，它从来就不是孤立地存在的，必然要通过各种各样的方式表现出来。同时，文化又不是"个体性"的，而总是体现为"社会性"的。因而，不具有传承性的事物就无法成为"文化性"的东西。网络社会的迅速发展，催生出人类新的文化形态——网络文化。它以其开放性、实时交互性和受众主导性等独特优势迅猛地传播和发展起来，作用于广大网民，使人类活动的自由度和潜能获得了前所未有的喷发，进而改变着人类的整个世界。那么，到底何谓网络文化呢？

历史地看，如果说电脑的产生使数字开始负载思想、具备了一定的逻辑推理能力的话，那么，网络价值观则使这种能力扩展开来并影响到社会生活的方方面面，从而形成一种特有的新文化现象，即所谓的网络文化。这一新文化产生的物质基础是计算机与通讯技术的融合，主体力量是驾驭电脑并活跃在网上的具有相当文化素质的人，核心应是网络社会的价值观，或者说是由于网络所带来的新的思想意识观念的总和。事实上，如果翻开人类信息交往的历史，就不难看出，其实人类每一次信息交往的质的飞跃都是信息载体和交往方式的变革。这一点，从语言、文字、书法到数字，从造纸术、印刷术到以电波、电磁波方式发送的电报、电视、广播再到以数字为交往方式的电子计算机网络和电子信息通讯，莫不如此；而且当前网络信息交往方式发展的影响远没有局限在形式方面，它正全面而深刻地改变着人类文化世界的整个面貌。可见，这种网络文化，不仅是一种文化观念，而且是一套技术实体和网络制度，本质上就是建立在 Internet 基础上的一种不分国别、不分民族与人种的信息文化。它以虚拟的赛博空间为主要传播领域，以数字化为基本技术手段，是人、信息文化、网络技术三位一体的产物，蕴含着网络技术、网络制度和网络观念特别是其中的价值观。或者说，它作为人类社会发展到信息时代的结晶体，是人类在网络这个特殊的文化世界里进行工作、交往、学习、沟通、休闲、娱乐等所形成的生活方式及其所反映的价值观念和社会心理等方面的总称。

应当指出，网络文化作为一种新文化的出现，决不是无源之水、无本之木。一方面，它既几乎渗透到传统文化的所有层面，又是对传统文化的一种颠覆和重构。网络文化作为各国家民族文化超越于世界文化一体化的手段和形式，本质上不是一个国家所独有的现象，而是一种渗透所有民族文化的超文化现象。网络文化的名称，实际上隐含着世界文化的内涵，是连接各个民族文化的媒介和桥梁，或者说它所产生的新思维、新观点、新模式等正在消解国家和民族的界线，具有世界性的文化背景和价值意味。另一方面，网络文化基于传统文化又打破了传统文化的框架，演变成新文明的集合，将网民的创造通过网络文本体现出来，从而使之成为一个互联与共享的文化世界。一般说来，信息是形成网络文化的本质因素，网络则首先把文化与信息相互之间关联起来，网络文化概括了置身网络社会的人的思想政治、道德观念、行为模式、科学艺术、教育理想等精神财富。在网络文化的生长过程中，有硬件和软件的支持，也不断有人在做理解与适应网络发展方向的努力，而最重要的基础则是赋予网络生命的"比特"——信息。网络行为不再是简简单单的"信息"采集，还有"信息"的交付与共享，并因此衍生出新的"比特"。传统媒介的局限性已经成为人类文化传播的障碍，而网络文化及其传播技术的出现则提供了信息互动共享的平台，使地球变成一个小小的村落——"地球村"。进一步讲，网络信息技术又为孕育和发展网络文化提供了肥沃的土壤。因为传统的人类文化在电脑网络中，以信息的包装方式被数字化，并经过电脑网络媒介继续传播与存在下去；随着电脑网络的发展及延续，人类不但成为传统文化的承继者，也成为新的文明的创造者[①]。正是在此意义上，有学者概括地称之为"当代文化与感性革命"[②]。

---

①金振邦：《从传统文化到网络文化》，东北师范大学出版社 2001 年版，第 34—35 页。
②齐鹏：《当代文化与感性革命》，文化艺术出版社 2006 年版，第 3 页。

作为一种新兴的文化形式，网络文化除具有文化的一般特点外，还具有自身独有的鲜明特征。一是网络文化是一种世界性的文化，具有体系的开放性、内容的广泛性和主体的虚拟性特征。互联网本身就是网络之间的连接，既无开端也无终点，各种文化能够在此得到充分的展现和有效的交流。这种交流，既可能形成所谓的"文化入侵"，也使网络文化融合了不同国家和民族的文化特征，其开放性本身保证了网络文化的新陈代谢，使网络文化拥有了无限的生机和活力。网络文化内容广泛，包容了社会主流文化、居次要地位的亚文化和背离现存秩序的反文化，显现着不同阶段、不同民族、不同地域文化的共生共存。从经济、政治、科技到体育、影视、音乐等无所不包，系统的文化意识、文化思想与混沌的文化心理相互渗透与并存，文化精华与文化糟粕交织缠绕，东方文化与西方文化的互相共容与抵御。在网上，信息接受者可以不受任何外在的约束，而根据自己的意愿和好恶来自由地接触任何一种思想文化。同时，与现实交往中的主体角色之来往的直接、真实和稳定不一样，网上交往主体的性别意识、年龄意识、身份意识被淡化，社会身份的限制被消解，网民扮演的是一种虚拟的角色，这使交往者地位上相对平等、行为上大胆直接，但易导致角色交往的随意性和责任感的缺乏①。

二是网络文化是一种与传统文化截然不同的文化，具有实时、交互和受众主导的特征。网络用户既是信息的浏览者和接收者，又是信息的提供者和发布者，就是说，任何人在任何时候、任何地方向任何一个人提供和获取信息正在成为现实，甚至任何一个人在网上办报、办刊乃至建立网上电视和网上出版社的客观技术条件都已经具备。网络文化除具有报刊、广播、电视等传统媒介文化的功能外，更具有实时、互动、跨境、跨民族文化传输的特点。传统媒介的管制规则不再适应网络媒体的发展，信息的开放共享已成为时代进步与社会发展的必然趋势。

三是网络文化是一种改变人类生存方式的文化，具有浓厚的政治、经济或商业色彩。20世纪后期以来，随着科学技术的迅速发展，人类社会信息化进程明显加快，世界经济结构正在从本土型向国际型、从单纯依赖于物质资源向

---

① 胡德池：《网络时代的宣传思想工作》，湖南人民出版社 2003 年版，第 156—157 页。

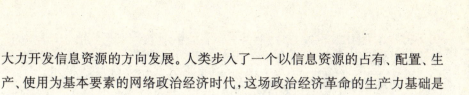

大力开发信息资源的方向发展。人类步入了一个以信息资源的占有、配置、生产、使用为基本要素的网络政治经济时代,这场政治经济革命的生产力基础是计算机的网络化和通信技术①。15年前,在美国权威经济杂志《商业周刊》排行榜上叱咤风云的还是日本的大银行、瑞士的食品制造商等,当时的微软只以33亿美元的市场价值排在第539位。1999年度全球1000家资本最雄厚的企业中,美国软件业微软公司则以市场资本总额4072亿美元拔得头筹,而工业时代的不少企业巨子却排在其后。据美国国际数据公司公布的报告,2002年全球基于电子信息网络的经济规模达到9500亿美元。此外,美国已有数百万户家庭通过网络享受到了电子现金服务。从诸如此类的现实情况也可以看出,网络文化是一种改变人类生存方式的文化,具有浓厚的政治、经济或商业色彩,显示出强大的文化生产力、优越的文化软实力和旺盛的文化生命力。

(二) 网络文化如何拓展人的存在方式

21世纪是网络发展的世纪,网络文化的崛起不仅和网络技术有关,而且日趋关系到人类自身的生存。因为人是历史性、现实性的存在,也就是历史地、现实地变革自己和重塑自己的存在,这就使得任何一个可以称之为时代性的变革,从根本上说都是人的自我变革与重塑,也就是人的存在方式的变革;或者反过来说,没有人对自己的历史性、现实性的变革与重塑,即没有人的存在方式的变革,也难以称之为时代性的变革。人类之所以能在时代性变革的意义上把新的时代称作"网络时代",从根本上讲就在于网络文化正在深刻地变革和重塑人自身,深刻地改变和拓展着人的存在方式。所谓人的存在方式,是指人类存在和发展的活动、组织、行为、方式和特征等的总和。一般而言,人的存在方式主要包括生存方式 (生产方式和生活方式)、交往方式、组织方式和思维方式。那么,网络文化如何拓展人的存在方式呢? 简言之,作为人类20世纪后半叶的创造物,网络文化主要是以计算机技术和通信技术的融合为物质基础,以发送、接收裹挟着一定价值观的信息为核心,以衍生人类对自身价值、生活方式、交往方式、思维方式等等的反思来不断拓展和延伸人的

---

① 李钢、王旭辉:《网络文化》,人民邮电出版社2005年版,第17—18页。

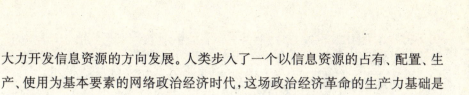

存在方式的。

1. 网络文化拓展人的生存方式

人的生存方式是生产方式和生活方式的统一,其中生产方式包括生产力和生产关系。这里所讲的生产力有广义和狭义之分,广义的生产力指人征服和改造自然的物质的和精神的、潜在的和现实的各种能力的总和;狭义的生产力指人类在生产过程中与自然界之间的关系,是人类控制、征服和改造自然的客观物质力量。马克思主义哲学认为,生产力是由劳动者、劳动资料、劳动对象以及参与社会生产和再生产过程的其他物质技术要素所构成的一个复杂系统。包括文化尤其是网络文化在内的科学技术力量在当前生产力发展中起着日益重要的软实力作用,它已渗透到劳动者、劳动资料、劳动对象和生产管理等生产的各个因素之中,转化为物质生产力。生产力诸要素是构成生产力的物质前提,但它们必须以一定的方式结合成为一个有机的统一体,才能成为现实的生产力。生产力和生产关系的统一,构成社会的生产方式,生产力作为其中最活跃、最革命的因素,是人类社会发展的最终决定力量。而生产关系则指人类在物质资料生产过程中所结成的社会关系,是生产方式的社会形式。这一原理,马克思、恩格斯早在1846年合写的《德意志意识形态》一书中就基本确定了下来,并在1847—1848年合写的《共产党宣言》中得到了展开。生产关系是一切社会关系中最基本的关系,是社会的经济基础,包括生产资料的所有制形式与生产资源、生产资料和生产过程的配置、管理和经营的形式以及不同社会集团在生产中的地位和相互关系、产品分配形式等。这几个方面相互联系、相互作用,形成有机的整体。

网络文化拓展人的生产方式,具体表现在以下几个方面:一是促使生产方式的人本化和劳动者的智能化。与传统生产方式相比,网络生产方式对劳动者的综合素质的要求不断提高,这种生产方式的人本化要求劳动者既要具有一定的生产经验和劳动技能,更要有智力素养和知识水平,同时能不断更新自己的知识、掌握最新的网络文化信息,从而使劳动者作为"知识人"或者"网络文化人"而成为网络社会的主人。二是促使生产资料的信息化和虚拟化及生产范围的全球化。在农业社会中,生产资料主要为自然物质和材料,工业社会则为能量和动力,信息社会又增添了新的生产资料即网络文化信息知识。网络文化在全球范围内的应用大大推进了世界产业、贸易和金融的全球化，使世界各国生产方式的生产、流通、分配和消费各环节突破物理时空的界限而日益连为一体。三是促使生产过程的直接化和网络化以及生产竞争的灵捷性和合作化。如果说农业生产方式是直接生产方式，工业生产方式是社会化的迂回生产方式，那么，网络文化条件下的生产方式则是在更高程度上的网络化的直接生产方式。表面看来，网络文化条件下的生产方式把工业生产方式的迂回路径重新"拉直"，实质上是对农业直接生产方式的否定之否定。生产竞争的灵捷性实质是大工业的网络信息化战略，其合作化是指在全球化大背景下企业间合作多于竞争，良性竞争多于恶性竞争，在提高经济效益的同时，更加注重社会效益和环境效益。四是促使产品市场的虚拟化和社会化及分配制度的知识倾向性。网络文化条件下的生产方式是以市场经济为基础的，从市场、企业和用户的微观层面看，网络空间可以被视为一个新型的超级虚拟市场，它为数量众多而分散的微观经济主体提供了一个便捷、低成本的交易场所，而且这一场所不再受物理时空条件的限制。网络市场的社会化则意味着网络市场已扩展到整个现实的和虚拟的社会，只要具备一定的平台、一定的用户群，任何社会场所都可以成为产品流通和交换的场所，这已没有疑义。应当指出，在规范的网络文化背景里，知识产品收益是一种制度性分配，与知识的先进性、创造性和专利性紧密相连。最新的知识信息可以获得巨大的商业利润，因而促进了知识的创新，缩短了新知识的半衰期。由于社会生产必须建立在可持续发展的基础上，这就导致了分配制度向知识产业、知识劳动者和知识价值的倾斜。

生活方式是关于人满足生存和发展需要而进行的全部活动总体模式和基本特征的范畴，而网络生活方式则是网络文化背景下以网络生活为基础的人类全部生活活动的总和。以网络信息技术为代表的新科技革命对人的生活方式产生了革命性的影响。对此，比尔·盖茨说："在未来的10年内大多数美国人和世界上其他国家的很多人将生活在万维网生活方式中，对他们来讲，借助于网络获取信息、学习、娱乐和通信将成为一种习惯。这将同现在我们拿起电话与别人交流或从产品目录订购货物一样自然。网络还将用于付账单、管理财务、同医生联络和处理商务等事情。同样自然的是，无论您在任何地方，您还可以通过一个或多个小型无线连接设备同您的电子业务保持持续联系并进行实时处理。"①网络生活方式的结构，包括网络生活主体（网民）、网络生活客体（包括网络生活资料和网络生活时空）、网络生活中介（信息和知识）以及网络生活样式等。

网络文化拓展人的生活方式，概括地讲，主要表现在：其一，灵活工作与在家办公。在网络文化条件下，工作与休闲、工作与家庭、日常生活与非日常生活的界限逐步消解。工作将逐步从谋生手段转变为实现自我发展与自我满足的一种需要。"所有这些电子新发明——电子邮件、共享屏幕、电视会议和电视电话——是我们克服物理性隔离的办法。等到这些东西变得十分普及时，不但我们的工作方式会改变，而且我们的工作场所与别的任何场所之间的差别也会随着改变。"②这样，传统意义上的工作消失了，人们进行远程工作代替了在办公室里面对面的工作，由临时工作人员和兼职雇员组成的随时应聘团队成为员工主流，标志着独立的就业方式的出现。其二，寓教于乐与终身学习。网络开启了让人们重新审视教育和学习的大门，教育将不再局限于学校之内，每个工作单位都可能成为学校，将进入"自己教育自己"的时代。网络上出现的"远程教育"、"网上大学"、"网络课堂"等是人们进行自我教育和学习的新文化形式，并成为人们谋求自身发展的终身性事业。其三，数字化娱乐与生活艺术。中国互联网络信息中心调查显示，有32.8%的人上网的最主要目的是休闲娱乐，仅次于获取信息（46.2%）；在经常使用的网络服务（多选题）方面，多媒体娱乐和网上游戏分别占7.8%和14.7%；在经常查询哪方面的信息（多选题）方面，休闲娱乐信息占41.7%，次于新闻（70.9%）和计算机软硬件信息（44.7%）而居第三位。这就说明，网上娱乐是目前中国网民网络文化生活的主要内容之一③。与传统娱乐方式相比，网上娱乐方式具有全球性、交互性、多元化和个性化、娱乐需求的多样化以及娱乐产业和娱乐产品的数字化等特点。因此，"我们已经进入了一个艺术表现方式得以更生动和更具参与性的新时代，我们将有机会以截然不同的方式，来传播和体验丰富的感官信号。因特

---

① [美] 比尔·盖茨著，蒋显璟等译：《未来时速》，北京大学出版社1999年版，第109页。

② [美] 比尔·盖茨著，蒋显璟等译：《未来之路》，北京大学出版社1996年版，第191页。

③ 常晋芳：《网络哲学引论：网络时代人类存在方式的变革》，广东人民出版社2005年版，第155页。

网将成为全世界艺术家展示作品的世界最大的美术馆,同时也是直接把艺术作品传播给人们的最佳工具。"①其四,安居乐业和以消费为乐的时代。"安居乐业"一直是人类的生活理想之一,网络文化为这一理想的实现提供了坚实的基础。网络文化条件下家庭的作用和地位将重新受到重视、得到提升,主要表现在:网络技术在家庭的普及将极大地打破工作、休闲、娱乐与学习之间的界限,人们可以在家工作、学习乃至交往;以电脑为代表的各种现代信息化家用电脑进入家庭,将大大提高人们的日常生活水平和质量;住房本身日益智能化和信息化,人们将更加重视家庭在伦理、归属和情感方面的价值。同时,网络技术把生产与消费直接联系在一起,使生产与消费更加适应和匹配。消费结构呈现出多层次化趋势,需求层次不断提高,知识和信息消费成为消费的主流。其中网上购物作为电子商务的重要环节发展迅猛,其业务流程主要是:顾客上网进入网上商店;浏览商品目录进行选购;填写购物订单;支付货款,网上支付或银行转账或交货时支付;商店送货上门,完成交易等。其五,虚拟旅游与网络医疗。网络技术的发展和应用使旅游业如虎添翼。网络文化特有的跨时空、低成本和多媒体形式等优势,吸引了许多相关机构争相开设旅游网站。"虚拟旅游"的实现,使人们足不出户就可以直接享受到旅游的种种乐趣,虚拟旅游的技术基础是虚拟现实技术。人们戴上专门的头盔和眼镜,就可以再现三维空间的真实景象,具有比立体电影更好的特殊效果,实现足不出户却有"身临其境"之感。网络文化的发展,也使人们对健康问题更加关注。网络医疗的出现和发展为解决健康问题提供了根本途径;医疗网络技术、生物技术工程的应用可以提高正常医疗过程的质量,降低费用,大大提高工作效率;医疗服务的电子化和智能化,为创立网络医疗体系奠定了坚实的基础;医疗物质资源和人力资源的网络共享和互动,将打破医疗的地域性和专业性界限;网络医疗将消除医生和病人的界限,打破医院和医生对医疗服务的"垄断",使医生和病人之间有可能建立起真正互动式的良性关系。诸如此类的表现,从本质上说,使网络文化条件下的生活方式具有全球化和普遍化、生活主体的个性化和知识化、生活资料的信息化和共享化、生活价值的多元化和提升化及生活环境的整体化与和

---

①陆俊:《重建巴比塔:文化视野中的网络》,北京出版社1999年版,第180页。

谐化等特点。

2. 网络文化拓展人的交往方式

交往方式指人在生产和生活交往活动中形成的人与人、人与社会的关系方式的总和。人的交往方式、交往时空范围受到交往工具和通讯手段的制约。正如生产工具的变革是生产方式变革的历史性标志一样，人的交往工具的变革也可以看做是交往方式变革的历史性标志。"不同的媒介赋予了不同的时间和空间。不同的轮子决定了人所能拥有的不同的时间和空间，决定着人与人交往的方式。"①

借助于网络技术及其文化，人的交往方式主要有：电子邮件、公共网络交流平台、网络聊天、文件传输与远程登陆、网络调查、网络搜索与浏览，等等。基于此，说网络文化拓展了人的交往方式，从其主要影响也可体现出来：一是拓展了交往时空，开辟了新的交往时空。相对于传统文化下的交往方式，网络文化拓宽了人的交往空间，赋予人的交往以全新之内涵，深刻改变了人与人、人与社会的各种交往关系。二是提高了人的交往能力和水平，加速了社会发展的进程。人类交往活动的成本在很大程度上决定着人类社会的规模和人类认识世界的能力。网络文化促进交往方式所导致的人的交往成本的迅速降低，极大地提高了人的交往能力和水平。当然，在网络文化交往过程中，随着社会发展的孤立状态被打破，民族历史开始向世界历史转变，从而大大加速了社会发展的进程，特别为处于较低发展阶段的国家和地区提供了"赶超"甚至"跳跃"发展的契机。就目前我国而言，大力发展信息网络，以信息化带动工业化已经成为基本的经济和社会发展战略。三是促进了人类的经济基础和社会结构的变革。网络文化与人的交往方式的变革，为生产力的迅速变革提供了必要条件，促进了新型生产关系的产生和发展，促进了社会经济基础的变革与整合。事实上，物质生产的水平决定着社会关系和社会结构的性质和形式；社会关系和社会结构的性质和形成又反作用于生产方式的水平。而人的交往方式是社会关系和社会结构形成和发展的基础。网络文化背景下人的交往方式作为社会交往的一次重大变革，必然促进社会结构的深入变革。四是推动了人类文化价值的变

---

① 吴伯凡：《孤独的狂欢：数字时代的交往》，中国人民大学出版社1998年版，第315页。

革与整合，促进了人类文化的交流与融合。网络文化交往打破了国家和民族地域的界限，不同的风俗习惯、历史传统、价值观念、生活方式在网上交汇、碰撞、竞争，不仅为本民族的世界化提供了一个广阔的舞台，而且为人类文化的多元融合提供了可能契机。

就网络文化对人的交往方式的深度拓展而言，人的交往方式变革将出现如下趋势：交往主体不断趋于个体化和多元化；交往客体和交往中介趋于复杂化和网络化；交往的具体模式不断走向开放化和交互性；从交往方式的时空特性看，人类交往方式的发展不断突破物理时空的局限，开始创造出全新的"信息空间"、"网络空间"；从交往方式的物质载体看，逐渐从单一媒体转向多媒体，现代网络媒体已经集成了文字、声音、图像、动画、视频等多种媒体的数字化，未来可能再次走向一体化。

3. 网络文化拓展人的组织方式

组织方式一般是指人的社会组织形式和发展方式。20 世纪中叶以来，西方发达国家开始进入"信息社会"。20世纪90年代因网络的高速发展又成为未来"网络社会"的雏形。相应地，网络文化促进社会组织方式发生了深刻的变革。奈斯比特把从等级制度到网络组织作为"改变我们生活"的第八个新方向："等级制度无法解决社会的种种问题，这迫使人们互相进行交谈，而这就是网络组织的发端。"[①] "现在，我们进入了第三个变化阶段：从部门和职能式的'命令—控制'型组织向知识和专家式的以信息为基础的组织过渡。我们可以想象（也许只是模糊地）这个组织是个什么样子。我们可以辨别出它的一些主要特征和需求，我们能指出价值观、结构和行为方面的核心问题。但是实际创建以信息为基础的组织的任务仍然摆在面前——它是对未来管理的挑战。"[②] 网络组织大体可分为三种类型：一是传统组织的网络化，如政府的网络化与电子政务、网络企业等；二是新型网络组织，包括各种网络经营者和网络管理者；三是泛化的网络组织，如各种虚拟社区等。如果说第一种网络组织还明显带有

---

① [美] 奈斯比特著，梅艳译：《大趋势：改变我们生活的十个新方向》，中国社会科学出版社1984年版，第196页。

② 卡什著，刘晋等译：《创建信息时代的组织：结构、控制与信息技术》，东北财经大学出版社2000年版，第107页。

传统组织的痕迹（物理化的实体形式），那么后两种网络组织则是真正意义上的网络组织，它对传统物理和地理意义上人的组织方式作了重大开拓和发展。

网络文化拓展人的组织方式，概括地讲，主要体现在：一是推动了组织规模的全球化、个性化和组织结构的网络化。网络背景下全球化的网络组织，超越了国内与国外、个人与行业、内部与外部之间的界限。个性化是指网络组织因为环境和目的的不同而具有自己的个性特点，不再是工业时代的标准化，同一组织的形式也不再是固定不变的，而且随着环境和目的的变化而不断改变着自己的形式。同时，网络文化推动组织系统功能更加完善、结构更加复杂；组织对内对外的开放性增强，组织与组织之间、组织内部的交流日益频繁；以有机性代替了机械性等。二是促进了组织管理的扁平化、直接化和组织关系的人本性。网络文化及其技术的广泛应用使中间管理阶层日益成为多余，网络文化组织信息源不是高度集中与唯一的，而是分散的多样的，多层少点的金字塔结构被少层多点的扁平结构所代替，组织各职能部门之间的联系更直接更透明。同时，与传统组织的团体本位、权力本位不同，网络组织是以人为本，更加重视个人的能力、技能、创造力，正是因为这一点，网络组织才能保持活力和竞争力。在此意义上网络组织的人本性是非常突出的。三是发展了组织中信息联系的直接性、交互性、组织决策和运行的灵活性和柔性以及组织方式的动态性、开放性。网络组织内部的人流、信息流、物流和资金流的联系是直接而交互的，信息传递渠道纵横交错，消除了权威等级结构链对信息结构的约束和对信息资源的垄断，也消除了不同部门、不同个人之间的信息割据和封锁。由于组织结构的网络化和扁平化、组织规模的小型化及组织信息联系的直接性、交互性，使组织决策和运行在对内和对外两方面具有高度的灵活性和柔性。灵活性是指组织对内对外适应环境变化的应变能力和内部的创新能力，柔性是指不同的激活或适应需求变化的能力。其实，网络文化本身就是一个动态的、开放的系统，网络组织的外部环境——社会也是一个动态的、开放的系统，因此，网络文化推动人的组织方式由过去以功能分工为导向转变为以"流程规制"、"网络文化"为导向，构成一个非中心化的、动态的网络组织。

4. 网络文化拓展人的思维方式

思维方式是同人的一定的历史时代、实践发展水平和科学文化背景相联系的，是社会发展各种思想文化要素的综合反映。它既是人的各种思维要素及其结合按一定的方法和程序表现出来的相对稳定的定型化的思维样式，也是人的主体观念性地把握客体，即人的认识的发动、运行和转换的内在机制和过程；它一般表现为结构、要素、功能和方法的统一。历史地看，人的思维方式的发展是阶段性和延续性的统一。在网络文化背景下，人的思维方式虽然是对工业信息时代思维方式的继承与发展，但它已具有一些新质的特征，使以往一些思维方法、思维模式具有了更强的现实性和可操作性，尤其重要的是，网络文化式的思维方式是一种未定型的、正处于不断发展变化中的新生事物，它更多的属于未来。这一点，正如摩尔所说："如果大脑可以用同样的方法像电脑那样连接起来，那就再也没有理由认为它们不能够，每个大脑在继续是独立个体的同时又是一个无限强大的思维器官的一个组成部分，那么我们就会达到完美的境界，宗教、艺术、政治和进化都得到保障和繁荣。那就是说，整个人类只有一个大脑，理解一切，预见一切。"①

历史上，德国哲学家黑格尔曾经把人的思维发展史比作"圆圈"，认为人类思维方式的历史阶段发展是一个又一个圆圈不断肯定—否定—否定之否定、螺旋式上升的过程，对此，无产阶级革命导师列宁认为这是一个"非常深刻而确切的比喻！！每一种思想＝整个人类思想发展的大圆圈（螺旋）上的一个圆圈"②。人类正是从原始时代混沌的、自发性的整体思维中间经过不断演化、分化为主客体二元对立思维，现在已经发展为包括多元主体、客体、中介等多元互动的网络文化思维方式。这种网络文化对人的思维方式的拓展，主要表现在：其一，在思维主体和思维整体结构方面。从以集（群）体性为主到以分立的个性独立为主，现在发展到建立在个体独立性基础上的多元联合；而且主体—客体之间的关系经历了这样的过程：从一定整体混沌到二元分离对立，已发展到多元整合与互联。其二，在思维时空和思维要素方面。在时间性维度上，由面向过去到面向现实再到面向未来；在空间性维度上，由封闭走向区域开放再走向全球化开放；同时，知识和信息在思维要素中的地位和作用不断加强，

---

① ［美］摩尔著，王克迪等译：《皇帝的虚衣：因特网文化实情》，河北大学出版社1998年版，第203页。

②列宁：《哲学笔记》，人民出版社1993年版，第207页。

知识、信息与情感、意志、价值等要素之间越来越具有系统整合性和互动性，而且知识和信息在网络社会各领域的地位和作用越来越大。其三，从思维方法及思维方式与人类其他认识和改造世界的方式的关系来看，网络文化条件下各种具体的思维方法日益丰富和复杂，且不同方法之间的互补和互动日益频繁，它在两个向度上不断推进人的网络文化思维发展，即向思维的纵深层次的深化和向人类整体存在层次的泛化，从而拓展了人的思维方式，推动人自身的发展。

（三）网络文化怎样构建虚拟的主客体关系

主客体是一对密不可分的关系性存在。这一点，马克思和恩格斯的经典表述是："凡是有某种关系存在的地方，这种关系都是为我而存在的；动物不对什么东西发生'关系'，而且根本没有'关系'；对于动物来说，它对他物的关系不是作为关系而存在的。"①"关系"的存在是客观的、普遍的，因为整个世界就处于普遍联系和永恒发展之中。但是，要使"关系"作为"关系"而存在，就必须以"中介"的存在为前提，就必须通过中介的沟通来联结主体和客体的关系。事实上，主体作为一个社会性、历史性和文化性的存在，是以现实的具体精神活动、文化活动为中介而构成的主体对客体的关系存在。这种作为人的生命活动的中介，从两大方面沟通了主体和客体的关系，即以语言和文化的世界为中介。世界在人的意识之外、又在人的语言之中，同时人是一种文化存在，又能超越其所是的存在。因此，主体与客体的关系，是以人的语言信息构成的世界图景、文化的世界图景为中介的。这一点，在网络文化构建虚拟的主客体关系时，也是如此。

1. 网络文化中的网络主体

网络文化构建起虚拟的主客体关系，其中的网络主体就是所有网络的创建者、维护者、经营者、管理者和使用者，包括个人和组织，统称为"网络人"。从个人来看，根据网络主体的不同作用和地位，大致可分为五类网络人：网络创建者和维护者，即在技术层面创建和维护网络运行的人员；网络监管者即在

---

① 《马克思恩格斯选集》第1卷，人民出版社1995年版，第81页。

社会政治和法律层面监督管理网络的人员；网络经营者即在社会经济层面从事网络企业和商务经营、创造经济效益的人员；网络研教者即在文化思想层面从事网络理论研究、教学和宣传的人员；网络使用者即最大多数的使用各种网络服务的普通人。从组织来看，网络组织（作为群体的网络主体）是网络人（作为个体的主体）与网络客体（网络的软件硬件）之间的中介和桥梁，包括网站、网络监管机构、IT产业组织、虚拟企业、虚拟社区等。当然，这里网络的区分也是相对的，同一个体可能兼有数种不同身份，同一个体也可以在不同的时间、地点具有不同的主体身份。

由于网络主体分为不同的个人和群体，加上网络本身的特征，使网络主体的行为更具有显著的自发性和混乱性。不过，就像表面上毫无规则的分散运动背后却隐藏着规律性一样，表面上自发的、混乱的网络行为背后也隐藏着一般规律性。概括地讲，网络主体在网络行为中具有如下特点：人格的个性化、范围的全球性和超限性、身份的多样性和模糊性、方式的交互性和虚拟性、价值的多元性、情感的泛化和强化、思想意识的社会化和网络化以及能力的创造性等[①]。事实上，无论是何种主体，都是主客体相互关系中的主体，也只有在这种相互关系中，主体才能确证自身、发展自己。实际上，考察网络文化背景之下的网络主体状况，还必须到网络文化构建的主客体的相互关系中去。这些相互关系包括人与自身、人与人、人与社会、人与自然等不同形式，其中前两者又可称为主体间性，后两者又可以称为主客体间性。所谓网络主体间性，是指不同网络主体间的关系特性，即"我"、"你"和"他"以及"我们"、"你们"和"他们"的关系特性。这一点，犹太哲学家马丁·布伯在《我与你》和《人与人之间》等著作中，以"我—你"关系为基础建立了一种"相遇"哲学，"我—他"关系是主—客体之间的工具性、手段性关系，而"我—你"关系应是以"爱"为核心的"相遇"性关系，人应该不断地超越"我—他"关系而达到"我—你"关系的境界。这一学说虽然有基督教之神学意味，但对于重建当代主体间性有一定的启示意义。从表象上看，网络似乎只是把电脑和电脑联为一体，

---

① 常晋芳：《网络哲学引论：网络时代人类存在方式的变革》，广东人民出版社2005年版，第80—83页。

网络之间的联系表现为网上信息互动的形式,然而,网上任何信息都是来自于操纵网络的主体——人。"在这个意义上,互联网所实现的就不是人(主体)与网(客体)的认识关系,而是人(主体)与人(主体)的关系。而这种主体之间的关系所构成的主—客体关系,就不再是传统意义上S-R关系,而是一种新型的双向的互动、互补关系,即一种以互联网为中介的新型的认识关系。"① 可见,人与人、人与社会、人与自然的关系如何,即主体间性与主客体间性的状况如何,很大程度上取决于个人对于这些关系的认识,及时反思和反省这些关系及其观念,可以及时调整这些关系,使之在瞬息万变的网络环境中达到最佳状态,达到人的主体地位、社会的进步和人与自然的和谐。

当然,应当指出,网络文化构建虚拟主客体关系中的网络主体,也正面临着人性与物性、个性与共性、一元与多元、自由与控制等一系列矛盾和困境。为此,解决网络主体之全面发展问题的一个重要措施与方法就是主体能力和技能的培养与提高。具体言之,在知识能力方面,要能认识到全球信息资源和服务的范畴和使用、理解网络信息在解决难题和基本生活问题方面的作用,理解网络信息运行的管理体制及渠道等;在技能技巧方面,要能对通过使用信息发现工具获得的重要网络信息进行反馈,要通过将网络信息与其他渠道联结来运行网络信息使之提高速度,或者提高在某些特殊情况下信息的价值,要使用网络信息分析和解决与工作和个人相互性的决策以取得全面提高生活质量的服务②。因此,要解决网络文化构建出的主客体关系中的主体困境,实现人性和社会全面发展的理想目标,关键在于每个人健全的现代性人格的培养,在于每个人自觉合理的全面参与和贡献。

2. 网络文化中的网络客体与中介

网络文化构建起虚拟的主客体关系,其中的网络客体是指被网络主体认识和改造的对象,包括网络的结构、网络的硬件和网络的软件等。网络的结构由实体、系统、层及协议等四个要素构成。"实体"的理解非常复杂,这里仅指能完成某一特定功能的程序;"系统"指包含一个或多个实体且具有信息处理

---

① 孙玉祥:"'网络时代'与人的存在方式变革",《求是学刊》2001年第1期。
② 美国信息研究所编,王亦楠译:《知识经济:21世纪的信息本质》,江西教育出版社1999年版,第206—207页。

和通信功能的物理整体；"层"指在系统中能提供某一类服务功能的逻辑构造；"协议"指在系统中两实体间完成通信或服务所必须遵循的规则和约定。总体上讲，网络客体的组成元素类似于蜘蛛网，分为网络节点（又可分为端节点和转发节点）和通信链路（又可分骨干网和支网），网络中节点的互连模式称为网络的拓扑结构，在局域网中常用的拓扑结构有点对点结构、星形结构、环形结构、总线形结构和网状结构等。网络的硬件包括服务器系统、通信与传输介质和网络设备三部分。其中服务器系统由客户机、服务器和中间件等三部分组成，网络中常用的传播介质有同轴电缆、双绞线、光纤、空间电磁波（红外线和微波等）等，网络设备则包括网卡、集成器、中继器、网桥、路由器、网关、调制解调器等。网络的软件包括网络操作系统、通信软件、网络应用软件、网络软件开发工具、群件等。信息作为网络的中介，是网络文化构建起全新网络主客体关系的桥梁和纽带，网络主体对网络客体的把握和在客体中的行为都是通过信息的创造、传播、获取和消费而完成的，而网络客体对于网络主体而言，其价值并不在于其实体形态，而在于它是创造、传播、获取和消费信息的工具和载体。作为网络中介的信息，一般具有共享性、交互关系性、过程性、数字化和虚拟化等特性。实际上，网络能使物质资源在全世界范围内得到合理的配置和利用，以减少浪费、提高利用率，更紧要的是，网络使最大限度的开发和利用非物质资源——信息资源成为现实，从而在实际上扩大了可利用资源的总量。当然，从理论上说，信息资源是无限的，信息资源与传统土地、能源、水等物质资源的最大区别就在于非稀缺性。但是，由于人类开发和利用信息资源的能力有限，目的也是特定的，因而，人类能够开发、驾驭和利用的信息资源总是有限的。这就使得在全球范围内，信息资源的配置很不平衡，尤其是发达国家在网络信息的开发、创造、配置、流通中占有绝对优势，这种"数码鸿沟"或"信息差距"现象有愈演愈烈之势。

网络文化主体是网络信息的创造者和交流者，由于人的主动性的提高，创造能力和交流能力的增强，使网络信息的创造交流活动日益丰富和频繁。网络工具的方便性与易用性使信息创造的成本和门槛大大降低，原则上人人都可以成为信息的创造者、发布者和接收者，但另一方面，由于网络信息流动的"不对称法则"，网络文化主体在信息交流中的地位和作用也受到一定的挑战。因此，适度的信息交流可以丰富人的知识，一旦超过这个限度，那就只有交流没有信息了。这一点，著名哲学家海德格尔早在1967年就天才般的预见到了，他说："也许历史与传统将平稳地顺应信息检索系统，因为这些系统将作为一种资源以满足按控制论方式组织起来的人类的必然的计划需求。问题是思想是否也将在信息处理业中走完它的道路。"①面对这些问题和困境，我们决不能因噎废食，而应奋发进取、提高我们的能力，以尽可能做到：努力创造有价值、有意义的优良信息，锻炼我们的独立思考能力，提升判断和鉴别能力，建立有效的社会监控机制以防止不良信息的泛滥，大力加强网络文化的培育，全面提升全民族的精神文化素质。为此，奥奇斯提出了一系列的发展信息技能的目标：理解在一个民主社会中信息的作用和能量，理解信息格式和内容的多样性，理解信息组织的标准体制；培养从一系列体制和各种格式中重新获得信息的能力，培育为不同的目的而组织和掌握信息的能力②。

二、网络文化的实践合理性追问

实践的观点，是马克思主义哲学原理中一个首要的基本的观点。马克思和恩格斯指出："从直接生活的物质生产出发来阐述现实的生产过程，把同这种生产方式相联系的、它所产生的交往形式即各个不同阶段上的市民社会理解为整个历史的基础，从市民社会作为国家的活动描述市民社会，同时从市民社会出发阐明意识的所有各种不同理论的产物和形式，如宗教、哲学、道德等等，而且追溯它们产生的过程。这样当然也能够完整地描述事物（因而也能够描述事物的这些不同方面之间的相互作用）。这种历史观和唯心主义历史观不同，它不是在每个时代中寻找某种范畴，而是始终站在现实历史的基础上，不是从观念出发来解释实践，而是从物质实践出发来解释观念的形成。"③这一科学实践观或科学的实践与理论相统一理念的确立，是马克思和恩格斯实现哲学史

① Martin Heidegger, *Preface to Wegmarken*, Frankfurt：Klostermann,1967,P2.
② 美国信息研究所编，王亦楠译：《知识经济：21世纪的信息平台》，江西教育出版社1999年版，第200—201页。
③《马克思恩格斯选集》第1卷，人民出版社1995年版，第92页。

上伟大革命变革的关键之点，也是马克思主义哲学原理的精髓所在。这种基于实践合理观或实践合理性问题的研究，不仅是实践理论研究的逻辑进程使然，也是人类实践所产生和遇到的一些紧迫问题在理论上的必然反映。其中的"合理性"问题，历史上康德、马克思、韦伯等人均有论述，这里含有"合乎理智"、"有理由、有根据"、"合乎需要"等意思。根据无产阶级革命导师恩格斯的理解，"合理性"至少包括两个方面：一是指合乎必然性和客观规律性；二是指合乎人的理性化要求即合乎道理与事理的统一。一般来说，康德讲"实践合理性"通常是指人类道德实践领域中表现出来的一种理性，其与"理论理性"、"纯粹理性"相对应；在韦伯那里，工具理性则与理论理性相对应，价值理性与实践理性相对应。按照辞典的解释，常见的与实践合理性相对应的英文是"practical rationality"，直接译成中文是"实践（的）合理性"。我们融合康德、韦伯等人的思想，认为"实践合理性"的存在主要有"工具合理性"和"价值合理性"两种典型的形式。在网络时代，我们探究网络文化的实践合理性，当然也可以从不同视域来展开分析，这里仅从工具合理性和价值合理性这两种典型的形式来探讨网络文化的实践合理性问题。

（一）作为工具合理性的网络文化

网络是信息传递的载体，是现代科学技术飞速发展的产物。网络不仅是一种传媒技术与社会现实，而且是一种文化现实即一个新兴的文化形态，就是说，网络文化是文化本身以网络的形态存在和发展的，人无时无刻不生活在文化之网中，进而成为人类文化发展的网络化形态的最典型体现。"工具合理性"是德国大哲学家韦伯使用的分析范畴，它所关注的是非人格化的逻辑关系，并以可计算的效率（效益）为主要追求目标，拒绝一切价值考虑的介入，具有判断标准的"条件性"和追求结果的"功利性"等特点。那么，作为"网络的文化"或"文化的网络"，其工具合理性或应用性该如何表现呢？这里，着重从传媒信息和跨文化两个价值视角来探讨作为工具特征的网络文化。

1.传媒信息视域中的网络文化

网络文化建立在互联网技术的产生和发展基础上。这种以网络技术为基础、以光导纤维为骨干的双向大容量和高速电子数据传输系统是一个当代最新技术结合在一起的信息网络，它把所有通信系统和网络信息系统连接起来，融合了现在的计算机联网服务、电话和有线电视、无线通讯系统的所有功能，传递文字、声音、图像或三者结合的多媒体信息，是一个具有广泛服务功能的超级信息服务网，把家庭、学校、商店、图书馆、博物馆、办公室、实验室、医院、印刷、建筑、运输、工业设计和制造等机构及其资源连接起来，使人类能充分利用信息、通信和计算机方面的丰富资源，通过人与人的协调工作和对文字、数据、声音、图像、影像及多媒体的存取、产生、储藏、处理、传输和接收，极大地改变人与人之间的交往交流方式。距离、方位和时间将因网络传媒文化的介入而消失。概括地讲，这一传媒信息文化对传统社会信息文化从时空上的根本工具合理性改变，主要表现为：

一是网络信息文化交流系统的交互性和协同性。所谓交互性，指网民在网络信息文化交流系统中发送、传播和接收各种多媒体信息文化表现为实时交互操作方式。信息由信源通过卫视、电话、计算机三条通道到达信宿，而反馈信息能及时地通过电话、计算机网反馈到信源，从而实现了远程双向信息传播。同时，与现有的广播、电视等单向性传输网络不同，它是一个双向交互式的网络，用户不仅是一个信息文化资源的消费者，而且还是一个信息文化的生产者和提供者。协同性是指在计算机及网络环境下网民共享信息、协同完成任务的信息文化性质。多媒体计算机技术的发展，使网民以计算机为工具来表示、收集和处理多样性信息文化的能力大大提高，为协同工作准备了信息文化前提。计算机互连、互操作，构成了实现协同工作的基础结构；计算机系统的结构发展道路，是沿着单机单用户—单机多用户—多机系统—计算机网络—计算机互连、互操作和协同工作这样一种方向进行运作的。

二是信息文化交流的多媒体综合性和实时性。信息的采集、存储、加工、传输都是通过不同的媒体来进行，把不同媒体、不同类型的信息采用相互兼容的接口统一进行管理，即将它们存储在同一文档中，并能从一种形式转换为另一种形式，系统对不同媒体信息能自动地转换，因而能推动信息形式的多样化。它不仅能改善现存各种信息系统的性能，而且必将开拓很多新的应用，使科学计算、事务处理、管理和控制与网民的生活、娱乐、学习结合为一个整体。同时，基于这种信息文化高速传递的特点，可使网络中的多媒体系统的音频

（Audio）、视频（Video）信息成为与时间相关联的连续媒体，因此，多媒体技术具有提供信息文化实时传递的特性。

三是信息文化系统的智能性、开放性和信息交流范围的广泛性。具备大量信息的、满足相应要求的、高性能的、与任务相适应的、智能度高的计算机系统，可以为社会提供各种各样复杂多变的信息文化服务。与封闭的传统计算机相比，开放式网络允许不同厂家、不同型号、不同操作系统的计算机共存于同一网络之中，允许不同网络相连，通过网络协议传输数据，保护现有信息文化资源。网络的开放性使用户在全球的网络范围内，共享所有分散的信息资源，传递信息文化。同时，由于构成网络的分布在各单位、各地区乃至全国的局域网或广域网被联结起来，如果真正做到网络到户，整个世界将成为一个巨大的信息文化交流整体。另外，由于卫星通信系统有不受地理条件限制，组网灵活迅速，通信容量大、费用省的特点，网络社会信息文化交流系统的地理覆盖面将大大超过传统社会信息文化交流系统的覆盖面。

四是信息文化资源的分散性和共享性。资源的分散性是指系统中各种资源的物理分布和逻辑分布，在地理上和组织形式上都是分布型。由于网络媒体技术采用了比传统处理方式更为先进的数据处理、记录、存储和传输方式，它将所有的声音、文字、图像都转化为数字化信号，经过高密度存储和数据压缩之后，可大大提高存储量，将不同媒体信息资源分散存储于不同的地方，即网络上的各个节点的客户服务器上（系统中的多种媒体信息文化资源可以在一个服务器上，也可以分散在不同的服务器上）。一般说来，系统都是基于客户机/服务器模式（Client/Server），采用开放系统模式（Open System）。系统中很多节点的客户共享服务器上的信息文化资源。通过高速、宽带网络互连成分布式系统，用户可以共享各种不同媒体信息文化资源。这样，世界各国的科学家或专业人员通过网络信息文化建立联系，使他们有可能在自己的原工作地点，针对某一国家或世界性的问题，参加同一个项目的研究或专业小组，对各种不同问题快速做出反映并寻求对策，使人类的知识技能得到充分的利用，以真正发挥网络文化的工具合理性的价值效应。

2. 跨文化视域中的网络文化

在跨文化交往与传播过程中，网络文化的传播交流正面价值效应是主要的，应当肯定，但也往往夹带着大量的信息垃圾、虚假信息，而且信息泛滥、缺少规范，不尊重、不保护知识产权和个人隐私的现象也时有发生，这就使得网民心烦意乱，严重浪费了他们的时间和精力，影响其决策效率和工作效果。因而，跨文化交流传播网络要想拥有信誉、声望和权威性，就必须保证跨文化网络信息的质量，即真实、客观、及时且有价值，这对我国网络文化信息能否成为国外人士了解中国的主要渠道也是至关重要的。为此，要注意做好以下几点：

一是文化内容要及时更新。互联网没有国界。如果本土网站满足不了本国网民对信息文化的需求，他们都可以端坐家中而"走出国门"、直接链接国外的网站，可见网站对其信息文化源的内容进行实时更新成了最起码的要求，而信息完整、传播及时、能对国内外网民在第一时间做出反应的网站获得的不仅是访问率，还有广告份额和声望。因此，担负着跨文化交往与传播中国文化重任的网站应及时更新其传播的内容，以获得高访问率，成为外国人了解中国和中国文化的主要途径。

二是文化信息要兼容民族性和世界性。从文化信息传播角度看，中国过去被世界上其他国家和民族视为一个神秘的国度，吸引国外受众的通常是武术、气功、阴阳八卦甚至相术等我国传统文化中的神秘文化，这在一定程度上误导了外国人对中国文化的理解。其实，以往在对外信息文化传播中，我们过分强调越是民族的就越是世界的，不重视消除东西方文明的隔膜，不能用世界性的语言讲述中国文化，这就使得中华文明难以走向世界。因此，跨文化网络信息传播必须从吸收、借鉴、融合和创新各民族的文化入手，寻找中外文化融合的契合点，着眼于东西方文明的平等对话和共存双赢。从网站的风格角度看，网页的设计尤其是主页的设计是一个跨文化交流网站的门面，它如同书籍的装帧设计，是在中外众多同类产品中能否吸引受众、引起受众注意的关键。当前，我国跨文化传播网站的页面设计风格基本上是模仿国外网站，缺乏自己的个性特色。因而我们认为我国对外跨文化网络信息传播应在"中国"二字上下功夫，让中国网站的风格在符合国际潮流的同时能具有中国民族特色。因为没有民族性，世界性就缺少了根基。

三要遵守现实社会规范的约束。曾经有人描述网络社会仿佛是一个巨大的自由市场，这是一个表面现象，实际上这个市场并不拥有绝对的自由，因为它不仅受到已出台的有关网络管理的政策、法规和法律的约束，受到网络自律行为规范的限制，同时还受到某些现实社会规范的限制。在跨文化网络信息传播中，文化传播尤其应注意不要违背某些现实社会规范，否则易于引起国际社会的争端甚至导致国家的政治危机。在这里，我们应该重视并遵守国际法中有关国际文化传播的如下原则：一是各国在传播信息方面享有平等的主权；二是传播媒介不能用于侵略战争；三是传播媒介不能用于干涉他国内政；四是各民族在传播信息方面享有民族自决权；五是和平解决传播信息方面的纠纷；六是散布种族优越、种族仇恨的思想，或煽动种族歧视应受到国际法的制裁；七是直接或公开煽动灭绝某一民族、种族、部落或宗教群体应受到国际法的制裁；八是歧视妇女的传播违反国际法；九是国际间有一定限制的信息自由流通，信息自由流通受法律限制，等等①。

　　四要给受众以准确定位及把握小众化趋势。准确的受众定位，不仅是传统大众传播业成功的基本要素，也是跨文化网络信息传播要注意的重要问题，这主要是由网络传播受众小众化的特性决定的。尼葛洛庞帝在《数字化生存》中说过，在信息时代中大众传媒的覆盖面经历了从大到小的变化：一方面传播媒体拥有越来越多的受众，其传播的辐射面也更宽广，另一方面针对特定受众的传播变得越来越细、越来越专。同时，随着网上文化信息量的激增，网民面对泛滥的信息越来越不知所措，这时跨文化网络信息传播为各类受众提供专门的信息和服务是十分必要的，而且在确定受众定位时要关注两个方面的问题：一是传播者与受众在文化背景、感情基础方面存在巨大差异，因而传播者不能简单地把国内文化信息传播的内容、形式的方法套用在跨文化网络信息传播中。二是多数上网者受过良好的教育且收入较高，而我们投资跨文化网络信息传播的主要目标之一就是打入外国主流社会，为此，通过网络跨文化交流的信息内容应具有较高的品位；语言要规范，避免庸俗化；应重视客观事实，避免过早下结论性话语。此外，外国受众的个性化意识非常强烈，他们不轻易迷信他人或大众传媒的说法，因而跨文化网络信息传播者应更加重视受众的定位问题，

---

　　①田胜立：《网络传播学》，科学出版社2001年版，第90—91页。

力求使自己的网站在内容、风格等方面具有独特性，最大限度地提供个性化服务。

（二）作为价值合理性的网络文化

按照德国哲学家韦伯使用的范畴理解，"价值合理性"主要指出于对某些伦理的、审美的、人格的、宗教的或做任何其他解释的、无条件的、固有价值的信仰所决定的意义，它与成功的概率、希望无关，具有判断标准的"价值性"和旨归上的"不确定性"等特点。把科学技术与人文价值置于同一范畴内予以关注，曾经长期被人们有意或无意地忽视。其实，科学技术既然作为人的一种活动、一种实现人的目的性的存在，其精神特质与价值理性是不能被人为剥离的，科学技术本身就是一种文化哲学。尤其是随着现代科学技术日新月异地发展，其社会功能越来越强大，科学技术的价值合理性问题也愈加凸显出来。基于此，以互联网技术为代表的网络信息技术的社会功能已远远超出其技术层面。在当代人看来，它不再仅仅是一种单纯的技术价值理性的产物，而且为人类创造了一个全新的世界，它所负载和辐射出的价值合理性如平等、多元、分权、民主、共享、兼容、自由、开放等已被越来越多的人们所认同和首肯。这里仅从网络精神和信息共享与开放价值两个视角来探讨网络文化的价值特征问题。

1. 网络民主精神

网络文化不仅本源地蕴含着丰富的平等与民主的价值理念，而且前所未有地为平等和民主的价值追求提供了真实的平台。平等与民主作为一种价值理想是全人类共有的，但在历史的时空中却只是少数人的专利，对多数人来讲缺乏分享这一价值理想的通道。实际上，这种仅作为"专利"的平等与民主并非人类所追求的，因为缺乏普及性和全球化基础的平等与民主算不上真正的平等与民主。虽然互联网发展还不成熟，其社会价值合理性功能还远未发挥尽致，但我们已欣喜地看到，它为人类平等与民主价值理想的实现提供了无限的可能性。那么，何谓网络精神，或者说网络蕴含着、负载和辐射出什么样的人文精神价值呢？美国未来学家托夫勒在其著作《第三次浪潮》中，把工业时代（即第二次浪潮）的特征归结为标准化、专门化、同步化、集中化、极大化和集权化这六个相互联系的法则。在他看来,第三次浪潮——信息时代则具有与之迥然不同的特征,即多样化、综合化、异步化、最优化和分散化。美国著名数字化启蒙大师尼葛洛庞帝则概括出数字化生存的四大特质:分散权利、全球化、追求和谐和赋予权利,认为比特的存储和传输是完全不受地理限制的,网络加快了全球化的进程,在数字化世界里,过去不可能的解决方案却将变成可能。当政治家们还在背负着历史阶段的沉重包袱前进时,新的一代正在从数字化的环境中脱颖而出并完全摆脱了许多传统的偏见;过去的地理位置相近是一切友谊、合作、游戏和邻里关系的基础,而现实的孩子们则完全不受地理的束缚;数字科技可以变成一股把人们吸引到一个更和谐的世界之中的自然动力,使人们看到了新的希望和尊严。尼葛洛庞帝之所以如此乐观,是因为他认为数字化生存具有推动人类发展"赋权"的本质。"数字化生存所以能让我们的未来不同于现在,完全是因为它容易进入、具备流动性以及引发变迁的能力。"①

　　而业内人士和学界专家尽管从不同的出发点来探讨这些问题,但他们大多数把网络精神归结为平等、自由、民主、多元化、分权、兼容、共享等方面,居其核心的则是平等和民主,其他精神可以由此衍生而来。应该强调的是,这些精神并不是互联网独有的,但网络使这些精神从"虚拟"逐渐走向"真实"。这些精神作为人类漫长历史的价值追求,作为人类艰苦奋斗的价值目标,多少带有一些"虚拟"性。有趣的是,这项以"虚拟性"著称的网络技术给人类发展的这些理想带来了更多的"真实"性,互联网使这些价值理想变得更为具体。人们不禁惊叹,"虚拟"性和"真实"性在互联网世界达到了如此完美的结合。当然,这又与网络技术和互联网构架的特征有着密切的关系,同时也与社会文化精神的某种文化因子遇上适宜其生长的互联网环境而迅速生根发芽乃至快速成长等因素有关。就是说,这些精神有的是互联网内生的,有的是互联网外生内长的。这种技术与社会文化精神的交融正是现代科技文化精神发展的基本模式。在这种模式中,社会文化精神的这种文化因子孕育了技术文化发展的不可缺少的文化精神基因,技术及技术文化内生的文化因子与社会文化精神所产生的强大共振与共鸣,使网络技术所蕴含和负载的文化精神因子不能逐渐放大辐

---

① 〔美〕尼葛洛庞帝:《数字化生存》,海南出版社1996年版,第271页。

射至整个社会文化精神上，从而使二者交相辉映、互相促进，共同汇入人类文化精神发展的长河。进一步讲，从技术和人文两个方面看，互联网建立的最原始动因是为了信息资源共享和信息互动。因为要交流信息，就要求使越来越多的计算机能够互联。要使更多的电脑能够互联，这个网络就必须保持开放性，只有向全世界开放，向不同类型的电脑开放，才能让越来越多的电脑能够联网。要做到这一点，就必须保证网络的兼容性，尤其对未来的电脑要具有足够的兼容性。互联网的互联性表明网络在任何时候都应具有互联性，即不能因为网络的局部断线而导致网络的崩溃，亦即互联性的丧失。这就要求网络上的电脑在网络中的地位应该是平等的，不能因为某些电脑的失灵导致整个互联网的瓦解。这种地位的平等意味着网络局部的断裂不会导致整个网络的崩溃。因而要保持这种互联性，网络应该是无中心的，更没有拥有最高权限的中心，从而使网络具有分权的特征，或称为具有民主的特点。互联网建立的初衷是为了让人们能方便地交流文化精神，而建成的网络的互联性又恰好能很好地使信息资源互动的梦想成为现实。可见，互联网在技术层面上所具有的平等性、民主性、互联性、兼容性等特点与社会文化精神因子的有机结合，共同打造了"互联网之魂"即网络精神①。

2. 信息共享与开放价值

关于网络信息共享价值，也许可以从万维网的发明者蒂姆·伯纳斯-李那里得到启示。伯纳斯-李发明万维网的初衷就在于他对于万维网的信息共享价值理想的追求。他说："我对万维网抱有的理想就是任何事物之间都能潜在联系起来。正是这种理想为我们提供了新的自由，并使我们能比在束缚我们自己的等级制体系下得到更快的发展。"②与古登堡的印刷术、贝尔的电话以及科尼克的无线电报相比，伯纳斯-李所创造的万维网在还没有达到它的最初形式之前就已经确立了它的独一无二性，这种独一无二性与他的价值取向密切相关，因而在万维网的缔造者那里，信息共享是网络价值合理性的内在特质，正是这种信息共享精神使万维网成为独一无二的伟大发明，或者说万维网的魅力

---

① 李伦：《鼠标下的德性》，江西人民出版社 2002 年版，第 79—81 页。
② [英] 蒂姆·伯纳斯-李：《编织万维网》，上海译文出版社 1999 年版，第 1 页。

就在于其信息共享。前面提到，创建互联网的动因是为了使网民能够共享信息资源、获取网络文化价值，互联网的后来发展一直秉承着这一理念，其中的价值合理性也就不难破解了。

同时，互联网也是一个开放性的信息价值系统，这种开放性并不是人为规定的，而是网络信息共享的初衷内在规定和要求的。为达到这一价值的要求，网络采取了分布式结构和包切换的传输方式，这为网络信息资源的开放性提供了技术上的保障。美国国家研究委员会（NRC）编辑的《理解信息未来——互联网及其他》一书对"开放的网络"下了一个定义，"开放的网络"是指可以进行各种类型的信息服务，这些信息"可以来自各种类型的网络服务机构，而且，这种连接应该是没有障碍的"①。从这个定义不难看出网络信息的开放性在网络价值系统建构上主要体现在两个方面：一是对用户和提供信息服务者开放，一方面网络用户只要遵守必要的网络协议，就可以很方便地联入网络，当然，如果用户愿意的话也可以随时离开。另一方面，网络是一个"信息海量"的环境，这就需要有大量的信息服务提供者，因而网络在技术上为提供信息服务者提供了一种开放性的接入环境和信息发布、传播的平台，学术信息或商业信息提供者在这里都可以找到用武之地。二是对提供网者和未来的改进开放。互联网是世界上最大的电脑网络，除此之外，还存在大量局部的、单独的网络。互联网对这些网络也是开放的。只要他们遵循少量的网络协议就可以联入互联网而成为其中一部分。同时，互联网是一个成长性的网络，只有对未来实行开放才能使互联网成为一个真正信息开放的网络。因此，互联网对未来和可能新增的各种服务提供了一个开放性的平台，正是这一平台使互联网得到迅速发展并呈现出勃勃生机。

可见，互联网作为一个信息开放的网络，不仅表现在使用了路由器网络设备，使用了"包切换"的传输方式，网络中的电脑能够通过 ICP/IP 等协议接入到互联网，而且主要表现在这些技术方式所要达到的效果是"开放"，即技术目标是"开放"，也表现在互联网对网络价值主体的开放，表现在活动其中的价值主体具有开放意识和开放的价值理性精神②。

---

① 郭良：《网络创世纪——从阿帕网到互联网》，中国人民大学出版社1998年版，第170页。
② 李伦：《鼠标下的德性》，江西人民出版社2002年版，第84—85页。

59

（三）网络文化工具合理性与价值合理性的统一

从人类文化整体而言,它要实现工具合理性与价值合理性在实践层面上的统一。在这一点,网络文化也是如此。从历时性角度看,网络文化是一种属于"先进文化的发展方向"的文化发展新浪潮;从共时性角度看,网络文化还处于一种亚文化的"边缘"和"支流"的实践地位。随着网络信息技术的迅速发展及其在社会生活各领域的广泛渗透,网络文化必然从"边缘"走向"中心",由"支流"成为"主流",展现出网络文化强大旺盛的工具合理性与价值合理性在实践层面上的统一本质。一般地说,网络文化的内部结构分为四层,即主体——网络文化信息及其意义,客体——网络的"硬、软件"和协议,中介——通过网络平台传输的信息及其意义,价值——由网络而形成的人们的新价值观和生活方式等;它的外部特征则主要包括四个方面:一是网络的形成和发展本身有一种内在的文化动力和文化支柱,即人类内在预设的文化需要和文化精神推动着网络向前发展;二是网络产生了各种新文化现象,形成了自己独特的文化业态,如网络科技、网络教育、网络经济、网络政治、网络组织、网络语言、网络文艺、网络思维、网络价值等;三是网络中蕴含着独特而丰富的文化价值和文化精神;四是网络中特有的文化价值对其他文化形态产生或多或少、或大或小的冲击和影响,促进着其他文化业态的变革。

这里以文学艺术为例,略予阐述。网络文化的发展为传统文艺的转型提供了不可多得的契机,更促成了新文学艺术形式的产生。一方面,网络消解了文艺创作者、欣赏者和批评者之间的界限,文艺的门槛大大降低,人人都可以成为文学艺术家。网络为各种不同的文艺体裁(如小说、诗歌、书法、戏剧、绘画、音乐、电影、舞蹈、建筑等),不同的文艺思潮、流派、风格(如现代主义、后现代主义、浪漫主义、现实主义等),不同的文艺主体(如文艺创作者、欣赏者和批评者)提供了广阔的舞台、丰富的手段和全球性的市场,为各种文艺作品的全球性传播提供了数字化、网络化的手段,既使网络文艺的工具合理性与价值合理性在网络实践层面上实现了统一,也使不同的网络主体、体裁、思潮、流派之间在价值世界中互相交流、互相影响、共同繁荣。另一方面,更为重要的是,网络促成了网络新文艺形式的产生,主要有网络文学、网络影视、网络音乐、Flash动画等。网络文艺的结构打破了传统文艺的单向线性结构和固定形式，不再按时间顺序叙述和空间顺序展开，而是"超链接"式的，任何一部分网络信息都有无限丰富的可能性，一中见多、多中见一，从而在网络文艺生态新的行为方式和交往方式构建过程中形成新的网络文艺模式与业态。

"网络革命是一场科技战、商业战，更是一场文化战，是一场看不见硝烟的争夺21世纪经济发展制高点的综合战。"①这表明网络文化之工具合理性与价值合理性在实践层面上的统一性是显而易见的。概括地讲，主要表现为：一是网络信息技术促进了新文化网络系统的形成，促进了全球文化交流。一方面，网络本身就是在人类信息时代的一种文化创造物。网络技术实质上就是文化领域的产业革命，具有浓郁的工具合理性与价值合理性在实践层面上相统一的特点，且正在促进先进的文化网络系统的形成。文化网络系统与网络文化系统熔物质产品与精神产品于一炉，能通过各种设备和媒介向人们提供集文、声、图、像于一体的并能进行动态交互作用的丰富多彩的信息，人类将享受到前所未有的丰富多彩的文化生活。另一方面，数字化的网络通信使文化产品以光速传播。过去的文化产品传播受各种条件限制，速度慢、易受损、难保存，而现在随着文化网站、网上博物馆、网上图书馆、网上音像馆等的开发与建设，任何有价值的文化作品都能得到快速、有效、广泛的传播、复制和储存，从而成为世界性的文化财富。同时，网络文化使人类突破了时间和空间的局限，进行更直接的、跨文化的交流，扩展和深化了人与自然、人与社会以及人与人之间的联系与交往，且将这种文化交流提升到信息化、知识化的水平，从而使文化交流展现出新的境界、层次和业态。因而，网络文化实践合理性也使个人的思维、观念和价值得到充分完整的发挥并真正成为全人类的思维、观念和价值的一部分，为更高层次的全人类文化发展奠定了基础。网络文化还是一种低污染、高效能的生态文化和绿色文化。在网络文化实践合理性主导下，人类将日益消除与自然界的对立，实现全球性的和谐有序的生存和发展。二是网络文化促进了个人与社会价值取向的转变，其网络语言丰富和发展了人类语言的内容形式。网络文化的实践合理性最深层次的表现在于价值取向的转变。而个人价

①罗伊：《无"网"不胜》，兵器工业出版社1997年版，后记。

值与社会价值之间的矛盾是人类文化价值的基本矛盾之一,二者之间的张力和矛盾推动了人类文化的不断超越和发展。在网络文化的实践合理性中,这一对矛盾主要表现在个人隐私与社会监控之间的矛盾。显然,合理的个人隐私权需要得到有效保护,而且网络文化从本质上是鼓励个性化的,但社会安全和社会监控又是社会存在和发展的前提,也应该得到保证,这样两者之间就会产生一定的冲突。在网络社会中,这种矛盾非常突出,一方面,个人隐私得不到完整有效的保护,另一方面,社会监控又显得无所适从。这样,网络文化价值存在着人与物、一与多、内与外、分与合、虚与实、真与假、理与情、新与旧、公与私等要素之间的张力,构成了一系列悖论和困境。要解决这些问题需要采取政治、经济、技术、社会、法律、伦理等多种手段,如改革不合理的国际政治经济秩序,建构具有适应性和灵活性的网络社会结构,发展具有人性化的新技术,建构和完善网络法律规范,建构具有现代网络精神的网络伦理,培养健康、全面的网络人格等。同时,网络语言作为网络文化的重要组成部分,主要分为网络专语、网络简语、网络俗语和网络术语等四类。网络语言的实践合理性,蕴涵工具合理性与价值合理性在实践层面上相统一的特色,具有明显的以人为本、言简意赅、日新月异、幽默风趣等特征。具体言之,网络语言并非冷冰冰的机器语言,而是非常生活化和人性化的,它是利用技术化的形式来表达人性化并贯穿于网民的网络生活、网络交往和网络思维活动之中。由于人们的网络语言交流是通过电脑屏幕进行的,而电脑屏幕的大小较固定且人们说话的时效性强,这就要求人们的语言言简意赅。于是,一些常用的英语句子的简化已到了无所不用其极的程度。而且,网络语言从产生之时起就没有定型过,也没有完全统一过,而是在不断推陈出新、优胜劣汰中发展的。许多新用语是你方唱罢我登场、各领风光三五月,只有那些简便实用、健康文明、幽默风趣、大众化的词才能真正进入网络语言词典。事实上,非正规的网络语言正在越来越多地被收入各种正规词典,成为主流文化的一部分①,推动着网络文化工具合理性与价值合理性在实践层面上相统一的发展。

---

①常晋芳:《网络哲学引论:网络时代人类存在方式的变革》,广东人民出版社2005年版,第293—294页。

三、网络文化内在生命力的现实考察

20世纪90年代以来，以微电子和计算机技术、网络和通信技术、软件和系统集成技术等为主要代表的网络信息技术突飞猛进，网络文化不断发展，对世界各国的经济、政治、文化、科技、军事、社会等各领域产生了深刻影响，呈现出蓬勃向上的旺盛生命力，从根本上改变着整个世界的面貌。当前，人类正积极开发潜藏在物质及其运动中的巨大网络文化资源，并利用网络技术改造和调整经济结构，并因此极大地增加了各个国家和网民的财富，如网上银行、网上交易、网上信息服务等电子商务蓬勃发展，各国经济与国际经济的联系更加紧密，相互影响更为直接；电子政务建设不断加快，促进了政务党务公开和电子政务党务等建设，提高了政府政党办事效率和管理水平。对社会来说，网络文化作为一种前所未有的科技带来的行为文化革命，大大影响和改变着网民的生产方式、工作方式、生活方式和竞争方式，一种新型的社会形态——网络社会初步形成。

（一）网络文化之经济生命力的现实考察

"互联网络以及它们日后的改进型，不论它现在叫什么，或者将来叫什么，都将使世界发达国家的生活模式发生变化。这一点是不容忽视的。许多人认为，自从70年代末低成本的计算机产生以来，所发生的变化实在是太巨大，太令人震惊，也太让人难以应付了。也许真的是这样。"①事实的确如此。网络文化席卷全球，推动着全球经济领域发生着一场巨大而深刻的革命运动，它使地球变小，市场的距离缩短，生产、销售、消费之间的隔膜消失，网络技术及其文化的产生已经成为全球最大的龙头产业和支柱产业，并且以其旺盛的生命力冲击着传统经济产业，各个国家对网络文化的经济控制力已经成为国与国之间综合国力竞争的焦点。因为作为新兴产业，网络文化的快速发展为各种新技术的涌现提供了大量机会，新技术将越来越多的资金吸引到风险投资基金中，

---

① ［英］雷·海蒙德著，周东等译：《数字化商业》，中国计划出版社1998年版，第5页。

而风险投资基金大批进入网络技术领域,也对网络新文化观念的产生和新公司的出现起到了积极有效的推动作用,创造了大量的社会需求、拉动着世界经济全球化的迅猛发展。

1. 网络文化催生全球的产业革命

网络及其文化带来的是一场世界全局性的大变革,全面改变着人类通讯、商业运作、娱乐、休闲等方方面面。它既摧毁了一批传统产业,又引发了一批新产业,既对传统产业不断进行改造,又促进新兴产业与传统产业的融合,还直接催生了网络产业——它带动了一场经济全球化全新的产业革命。

(1)网络文化淘汰和改造一批传统产业,带动了一批新行业并促进新旧产业融合。一方面,网络文化形成的网络经济,使经济全球化逐步带动世界连成一体,既可以减少中间费用,使产品直达消费者,又拉直了以往迂回的经济模式。这就意味着现有的经济运行机制和经济管理体制都将发生根本性的变化,一大批现有的行业将萎缩或消失,它们既包括一些中间商和批发商,也包括类似邮政业之类的传统信息产业。另一方面,网络经济的迅猛发展不等于完全消灭传统产业,不是对传统产品和产业的代替,而是改造,即重新调整它们的生产方式和运行方式,充分发挥网络经济的倍增效益。通过改革和调整,大多数行业会因网络的发展而获益,交通运输业可在线售票、贸易公司可瞬间给全球各地客户下定单、农民可在网上即时查询农资和种子等行情、制造商可随时查询市场行情调整产品种类以最大限度减少库存、服务业更是可在网上开发各种服务项目……一句话,在网络社会里,传统行业都将带上网络化、数字化、信息化的烙印并以全新文化面貌和经营方式出现,真可谓网络无限、商机万千。同时,由于网络经济的形成,在现实生活中可以想象的职能和行业都将搬到网上重新塑造,网络及与网络有关的基础设施、网络硬件软件、网络服务等行业,都是网络文化催生出来的全新商业模式,是过去从未有过的。这些新兴行业正迅速成长和发展起来,已经开始取代传统产业成为新世纪经济全球化发展的支柱产业。而且,网络文化以"四两拨千斤"的效果更快速地摧毁传统产业模式及其原有产业界线,促成了全新的融合经济,原有的泾渭分明的产业界线纷纷被打破,网络业、电信业、硬软件业、出版业甚至娱乐业都在构成新的文化融合,形成行业趋同的倾向,业内公司可以同时既是合作伙伴又是竞争对手。通讯、家电、娱乐等相关产业既通过功能外延或兼营方式向媒介领域渗透，又通过兼并、收购、全球一体化等途径直接进入传媒领域来经营，形成一批跨行业多领域的融合产业。

（2）网络文化在全球范围内催生全新的网络产业。这一新产业的诞生，是网络文化引发的产业革命中最重要的事件。仅从目前已经能够付诸实施的技术和服务而言，网络产业所涵盖的主要内容包括：一是网络基础设施业。网络文化发展的基础是高速、宽带、可靠、廉价的电信基础设施。二是网络接入设备业。在网络基础设施建好以后，能否让用户简单方便地接入网络就成为网络经济建设取得成功的关键所在。一般而言，网络接入有两个层次，即机构（公司）本地网的接入和消费者终端的接入。三是网络内容提供业。其任务是以普通消费者担得起的价格、用实时和在线服务等方式在任何时间和地点、以任何格式和媒体向用户提供其要求的、内容符合法规标准的数字化信息。四是网络增值服务业。主要为现有的各种产业实现在网上展开增值业务的目标而提供技术、装备和服务的行业以及由于实施网上增值服务而诞生的新型增值服务行业等两个部分组成。同时，网络产业作为网络经济催生的全新高科技产业，它具有经济规模巨大、增长极为迅速、平等竞争和充满机遇的环境、全球化的市场以及高新技术密集等特点。因此，网络产业已成为信息产业中最具活力的领域，是各国国民经济发展的制高点和新的经济增长点。这样一来，如果说信息产业是中国新世纪适应经济全球化的支柱产业，那么网络产业将是这个产业中的核心部分①。

2. 网络文化深刻改变个人的经济生活和企业的发展命运

首先，网络文化深刻改变了个人的经济生活。网络文化与个人经济生活的关系体现在三个方面：一是作为劳动的个人在网络时代将面临着挑战和新的职业选择；二是作为创业者的个人在网络时代将有巨大的发展机会；三是作为消费者的个人将享受网络文化带来的更现代化的经济生活。就个人职业选择来看，网络文化的发展加速了职业的更新换代，在砸碎传统职业结构的同时，又为人类迅速创造出许多新的职业。在网络上流行的一句话"宁管网站，不当总

—————————
①张远鑫：《一网打尽》，哈尔滨出版社 2000 年版，第17—20页。

统"，就体现了这一点。有关学者根据全球网络经济发展趋势和人们的职业选择标准，认为网络文化发展会提供如下新职业：一是网站策划师。即立足于整个网站创意，包括内容、技术、名称等全方位的策划、组织、设计和网页设计所形成的高智力人才职业；二是 WEB 工程师，又称互联网工程师、网络工程师。一般指与网络相关的或从事网络技术的专业技术人员；三是电子商务工程师。即企业进行电子商务运作系统设计、通过网络开展电子商务活动以及维护网络运行的专业人才；四是网站分析师和网上编辑等。与新职业的诞生相对应的是传统职业的没落，即那些不能适应网络经济需要的个人将会面临失业的危机，具体有三种职业人员，即中间商或批发商、银行证券业职员以及"绿色天使"邮政服务人员等。此外，尽管许多传统职业仍然存在，但其所需的技能和运作方式已经发生了巨大改变，个人只有与时俱进、不断学习提高才能适应网络经济发展的需要。就创业者个人来看，网络文化发展所展现出的巨大发展空间使人们越来越不满足于从事非网络文化行业，获得一份固定的薪水了，而是更多倾向于在网络文化世界里个人创业。目前，在网络上投资是各个行业里最大的投资，网络产业集中了更多的优秀人才，只要人才集中之处就不断会有创意，网络文化世界里充满了个人创业的冲动。事实上，网络已经是当今世界最大的富翁制造工厂，提供了成千上万个创业机会，只要有一双洞察商机的眼睛、一双能听八方的耳朵，利用网络经济的全球性、易通性、快速性，勤于钻研，勇于创新，独辟蹊径，就可以如鱼得水，创造出属于自己的财富，成就一番属于自己的事业。就个人消费来看，"网络新人类"（E-consumer），既可以无论何时、何地高效灵活地开展经济工作，也可以在需要的时候安全、快捷地进行信息存取和交易，其生存、生活方式会由于网络化变革而更加舒适、方便且更具个性化。这一变革对个人消费的真正意义在于：网络经济特别是电子商务的发展引发了网民经济意识的转变，伴随转变而来的是信息交流方式、教育方式、购物方式和娱乐方式等的变化，而这些变化又会反过来推动网络经济特别是电子商务的进一步发展，从而影响到个人消费的不断变革和发展。

其次，网络文化深刻改变了企业的发展命运。网络及其网络经济的迅速发展，正在改变企业的主要经营模式和市场竞争的游戏规则，网络经济则是全新商业模式的重构核心，借助网络文化产业理念可以实现旧有模式难以比拟的一切，如更好地获取客户信息、降低交易成本，从而降低产品的价格和有形资产的包袱，提高运作的经济效率和管理速度，同时与客户建立更紧密的关系，构成了现代企业的核心竞争力。概括起来，网络文化改变企业发展命运主要体现在三个方面：一是提升企业形象。当今世界，改善企业形象是网络文化给企业带来的一个最直接的影响。目前来看，改善企业形象，使其成为一个先锋的、高科技型企业是建立企业网址的最具说服力的理由。其实，历史上没有任何媒体能如网络文化般将企业形象如此完整、及时和低成本地发布出去，还为企业提供国际宣传媒体使之得益于国际宣传，进而树立起产品、品牌和企业自身的国际形象；企业通过网络文化迅速得到信息反馈，就可以了解最新的市场动态和动态市场，参加各种国际商业组织，开展同行之间的交流，进而建立起广阔的客户群体。二是促进企业的营销。网络文化对于企业营销的作用是全方位的，主要表现在：产品宣传和广告促销；收集市场信息；改善客户服务措施，吸引新客户，留住老客户；降低运作成本；快速实施国际市场战略等。网络文化以其推动全球经济一体化之交互性、即时性、大容量等特点，成为企业进行产品宣传最好的载体。在重组企业之间的营销渠道和交易方式上，网络文化可使商业伙伴建立新的商业关系，通过网络文化实现电子贸易、购买、销售和交换商品、服务和信息等。三是改善企业内部管理。网络文化对于企业内部管理来说是一场新的革命。因为网络文化不仅改变了管理组织和信息传递方式，使企业组织由金字塔变为扁平型，原先起上传下达作用的中层组织逐渐消失，高层次决策者可与基层执行者直接联系，而且增强了管理能力，使网络经济信息逐步成为企业管理的战略手段。当然，它的功能已不只是简单地提高管理水平，还将通过其经济管理的科学化和民主化全面地增强管理功能。

3. 网络文化创造商业神话

网络文化推动着网络商业飞速发展，孕育出一个又一个商业"神话"。貌不惊人的比尔·盖茨成为当今世界首富，身居陋室的杨致远一夜之间成为亿万富翁。洛克菲勒、卡内基、通用汽车等老牌公司几十年、上百年积累的财富，在网络化背景下只要十几年、甚至两三年就能够轻松达到。网络文化突破了传统经济的发展方式和经营理念，正在创造一种全新的商业模式，诞生出一批新的网络创业精英。这些网络创业神话缔造者的财富，往往可以在短短几年时间内完成成千上万倍的升值,在企业还没有盈利之时,创业者却已经跨入巨富的行列。美国《财富》杂志披露了美国四十个在四十岁之前就已经拥有巨款的富豪,清一色的和网络有关。无独有偶,美国《商业周刊》也评出互联网最具影响的25人,认为网络正在改变世界每一项产业的竞争环境,正在改变整个社会,他们包括帝国建造者、创新者、网络银行家、网络建筑师、远见者和规划者,他们都是勇于冒险、挑战传统、探索未来、敢作敢为的人①。

在这里应当指出,随着网络文化的兴起和普及,当代中国也正在崛起一批新的知识英雄,正创造着一个又一个网络创业神话。诚如新浪网总裁王志东所言:"知识与价值在这里找到最直接的联系……将造就出几十个百万富翁。"搜狐信息技术公司创始人、总裁张朝阳也说:"洛克菲勒、卡内基家族的财富都是几十年、上百年积累的结果,微软用了十几年,而现在网景、Yahoo都是两三年就积累起来了。今年创造亿万富翁的过程已经比十年前缩短了10倍。"这些网络创业神话的创造者,正是凭借对网络文化这一新生事物本能的热爱和高度的知识敏感而成为中国网络经济时代的弄潮儿的。

(二) 网络文化之政治生命力的现实考察

20世纪90年代以来,任何与因特网及其文化有关的字眼,在全球重要媒体中都占有越来越重要的地位,并由此衍生出一种新型的政治现象——网络政治(Network Politics,Cyber Politic 或者 Politics on the Net)。这一基于网络文化而形成的网络政治主要由三个层面组成,即虚拟空间的政治现象——虚拟政治、虚拟政治对现实政治生活的深刻影响及现实政治主体对虚拟政治能力的反作用等。网络及其文化的兴起对政治制度、政治过程、政治权利、政府管理、政治文化和国际关系等都带来了深刻的影响,其中网络文化对政治制度的作用突出表现在它正在改变政治民主的内容和形式,对国家政治秩序与政治稳定格局的重构功能显著,对政府管理发展与创新功不可没,对政治文化及当代国际政治关系的影响也是多方面的,展示出强大的网络文化政治生命力。这里,仅以网络文化对政府管理和传统政治思想展示出的强大生命力为例,予以展

---

① 张远鑫等:《一网打尽》,哈尔滨出版社 2000 年版,第 35—36 页。

开论述。

1. 网络文化对政府管理的极大影响

在当今世界网络文化迅猛发展的条件下,各国政府作为政治发展的重要主体究竟应当扮演什么样的角色? 根据当前世界网络文化对政府管理的极大影响以及政府管理对网络政治经济文化的推动作用,各国政府管理者应扮演战略策划者、投资者、政策制定者、法律和制度的提供者和保障者、产权的维护者、整合者和表率者等积极角色。当前, 网络文化加速了政府信息化,且以网络信息技术为基础建构电子化政府 (E-government), 已成为各国政府再造的战略性措施,其实质是政府利用网络文化和通信技术,更好地履行其职能,更有效地达成政府管理目标,更优质地为公民提供服务。主要表现在提高政府组织的反应能力和政策制定的质量,提升政府对内对外沟通的效率,扩大公民参与实现政治民主,保证政府向公民提供更快捷的服务,促使政府工作更加透明和公开化, 提高政府工作的效率, 更加有效地利用和节约政府财政资源等方面。

首先,就网络文化与政府管理信息服务而言,政府应在做好网络文化发展规划、加强网络文化应用的同时,注意处理好网络文化建设中"路"、"车"、"货"之间的辩证关系,使三者真正健康、协调发展。任何国家的政府在建设网络文化信息资源基础设施时,直接的目的都是为了使社会能快速有效地获取、使用网络文化资源,利用网络文化信息创造财富,实现经济增长和知识创新。因此,政府在开展网络文化建设时,一方面要尽量为社会公众和企业提供有效、及时、充足的网络信息,发挥其网络文化信息服务先锋的作用,另一方面要积极利用政策导向来促进网络文化信息资源的有效开发和利用。其次,就网络文化与政府行政管理人员来说,一是网络文化减少了政府行政管理工作人员面对面时各种不良人际关系的产生,但同时也减少了人际互动而引发的心灵与心灵的碰撞和情感的交流,集体观念越来越淡薄,群体联系纽带越来越松弛,导致行政组织的凝聚力下降;二是政府行政管理人员的工作方式发生变化,主要表现为从体力操作型向知识智能型转变,从职能部门分工型向综合多能型转变,从被动型向主动型转变等;三是促进政府行政管理人员的全面发展,主要体现在:网络文化进入管理工作流程使智能化的工作延伸人的体能、人员素质全面提高以及人的地位趋于平等化等①。再次，就网络文化与政府管理组织结构来讲，一是网络文化使政府管理组织结构形态由金字塔型层级结构向扁平型网络化结构发展，使得中间管理层萎缩甚至取消，管理幅度增宽，更利于激励人的全面发展，引发更多的团队合作；二是政府管理组织规模逐步减小，甚至一些例行性和常规性的组织工作越来越多地出现无人化操作和管理；三是政府权利结构趋于更多的分权；四是政府组织信息结构由纵横方向向网格化、交互化的方向发展；五是政府组织动力结构由控制型向参与型和自主型转变；六是政府行政组织办公出现虚拟化倾向；七是政府组织内部要求更多的技术和专家系统提供支持，强调以知识和人才为中心的管理工作，更强调发挥行政组织专家学者的智囊作用，甚至连组织本身都被看做是"学习型组织"，以要求组织成员不断获取知识和增进能力，发挥组织或团队的提升功能和整合效应。

2. 网络文化对传统政治思想的巨大作用

与传统媒介传播的政治知识信息不同，网络传输的政治知识信息具有迅速、交互、图文并茂等特点，网民凭借浏览器只要用鼠标在其所需的图标上轻轻一点，就可将其带入一个全新的政治文化天地；而且网络文化中各种政治专业知识库、各种政治论题讨论会、大量的共享政治信息，满足着政治专业领域各种层次用户的政治知识信息需求。事实上，网络文化覆盖面之广，为全球不同形态、模式的政治思想提供了更广阔的发展空间；网络文化的发展将加速世界上各种政治思想的相互吸收、融新，使各种政治思想在广泛传播中得到发展，而且这些网络文化中的不同政治思想交流，又会重新调动起发展、创新的潜能。因此，网络文化的兴起必然会对传统政治思想发展产生重大的作用。

第一，网络文化具有整合东西方传统政治思想发展的功能。在网络文化条件下，世界各国政治思想发展之间的相互影响无疑将迅速扩大。一方面，世界上各民族国家的政治思想在冲突和融新中，统一性和共通性不断增强；另一方面，对于以政治信息接受为主的非英语国家来说，面临着以美国为主导的西方政治思想对以中国为代表的东方政治思想的冲击，并肩负着如何保护东方政治

----

①吴爱明：《政府上网与公务员上网》，中国社会科学出版社1999年版，第81—83页。

思想特色的重任。应当指出，作为世界政治文化的重要组成部分，中华民族政治思想虽然产生于特定的时代，却能随着时代的发展，通过调节自身（或重组或顺应）以适应政治思想领域内的生存竞争规律，它之所以能绵延数千年而不绝，除了各种其他原因外，这种政治思想本身具有的自组织和调控能力即生命力和凝聚力，不能不说是一个根本原因。而网络文化的兴起就是一个多元化的文化存在，是一个由东西方各民族多元文化共同构筑的有机体，不应该也不可能是美国文化的代名词。其实，当网络文化到来之时，对于任何一种有生命力的民族政治思想来说，不仅面临挑战，同时也获得了相互学习、借鉴及发扬光大的机遇，正是这种整合东西方传统政治思想的过程推动着网络文化自身的发展。

　　第二，网络文化具有融通单一与多元政治思想的作用。网络文化的无限开放性打破了世界上人为国界的藩篱，连通了地球上任意一个可以连通的角落，给网民带来大量新鲜而真实的信息和发达国家的先进观念。这对多元政治思想在封闭环境中建立的庞大说教式意识形态体系是一个巨大的冲击，是一件好事，但同时也可能消解多元政治思想中那些有价值的应当保留和弘扬的政治意识形态。例如，网络文化的基础语言是英语，90%以上的信息是英文，中文信息目前还不到1%，尽管中国人口数量是世界第一，使用中文的人数也是世界第一，但在这个代表着未来、代表着最先进生产力的网络上，中文却不是一种强势语言①。作为中华民族传统政治思想最重要、也是最基本载体的中文在网上地位的轻微，将有可能导致长期沉湎于网络文化的网民对中华民族优秀传统政治思想的淡漠。又如，近年来以"好莱坞"为代表的美国式大众文化，凭借其强大的网络文化向世界各国多元化政治思想渗透。因此，防止单一政治思想企图凭借网络文化霸权消解多元政治思想的文化身份，鼓励、引导和发挥网络文化融通单一与多元政治思想的作用，就成为全世界人民责无旁贷的一项共同责任。

　　第三，网络文化正在消解正统与殖民政治思想的对抗。网络文化将世界各国和地区连成一个"地球村"，超越了传统国界形成的种种差异和隔阂，大大

---

① 刘文富：《网络政治》，商务印书馆2002年版，第224—225页。

消解了不同国别、民族和信仰的网民进行交流的障碍，为经济、政治、军事、文化、科技、教育的发展带来了极好的机遇。任何事物都是一分为二的，网络文化也是一柄双刃剑，其发展对政治思想的负面影响也是显而易见的。目前，对于非英语国家的政治思想受体而言，已经面临着"殖民文化"的"侵略"，美国等国家通过网络文化在政治、文化、科技、教育、经济和意识形态上的"正统"政治思想影响和渗透、侵蚀着其他民族的政治思想价值，威胁到别国的稳定和安全，在技术和政治思想上推行"殖民主义扩张"政策。正如法国总统希拉克所说的那样，当今世界正面临着一种"新形式的殖民主义"，尤其是对相对落后的发展中国家，它们只能成为被迫接受信息的群体，其唯一的选择是无奈地面对发达国家的政治思想"侵犯"。对此，应保持高度警惕，并采取一系列积极有效的措施予以及时消解。

（三）网络文化之社会生命力的现实考察

"互联网绝不是一个脱离真实世界之外而构建的全新王国，相反，互联网空间与现实世界是不可分割的部分。互联网实质上是政治多极化、经济全球化的最美妙的工具。互联网的发展完全是由强大的政治和经济力量所驱动，而不是人类新建的一个更自由、更美好、更民主的另类天地。"[1]随着网络文化的迅猛发展，电视、电话、数据传输信道的合一，计算机、电视、电话等三合一装置的普遍应用，多媒体、交互式信息交流方式的实现，将极大地改变现有的人际交流方式和大众传播媒介的格局。网络文化联结着整个社会——政府、学校、商店、医院、企业、银行、公共交通、家庭……使得公务与私务处理、贸易、金融往来、购物、医疗、教学、信息交流的进行，科学研究、学术会议、旅游、文化娱乐、休闲等都在网络中（或网络辅助中）进行，在这一背景下，网络社会的出现将使人类的生存方式、生活方式、工作方式等产生重大变化。

1. 网络交际与网上购物成为时髦

网络文化之所以能迅猛介入"交际"领域，在于它创造了一个独特的网络空间，为"网络人"实现自由交往提供了一个全新的场所。网络交际具有如下

---

① [美] 丹·希勒著，杨立平译：《数字资本主义》，江西人民出版社2001年版，第289页。

特点：一是网络交际具有虚拟性，可以"相识不相见"，从而免除交往者的奔波之劳。美国匹斯堡大学心理学教授杨格说，即使你是个足不出户的家庭主妇，也可以手握鼠标与世界各地的人交谈，于是，平淡的生活中就有了不平凡的内容。二是网络交往客体之间交互开放、且覆盖面广。网络交往者可以定向抵达一点，也可以同时抵达多点，从而形成颇具规模的"交际圈"，为网民在更大范围内交友、择友提供了前所未有的便利。三是网络交往可以"匿名进入"。"在Internet上，没有人知道你是一只狗。"这一名言表明，交往者可以对对方的真实身份一无所知，却轻松与之交往。这也有利于网民以平等身份进行交往，使交际变得更轻松[①]。当然，交友并非网络交际的全部。生活中大到治病救人、中到求职求偶、小到如何腌泡菜烤火鸡，可谓洋洋大观，都可以列入网络交际之列；其他如网上讨论、网络辩论等也是网络交际的重要组成部分；此外，前面已经讲到的通过Internet管理生产、协调企业内外关系等，又何尝不是网络交际？

网上购物，就是通过Internet检索商品信息，并通过电子订购单发出购物请求，然后填上私人支票账号或信用卡的号码，厂商通过邮局购买的方式发货或是通过快递公司送货上门。这种购物方式，跨越了时空的限制，给商业流通领域带来了非同寻常的变革。它不仅改变了消费者的购物行为，也对传统的商品流通链产生了冲击。最早利用这种"虚拟市场"的是制造商，首先尝到甜头的是消费者。制造商将此辟为一条直销的通道，消费者在此通道上买同样的商品有时能节省三分之二的钱。受到冲击的零售商们也很快找到了自己的位置，与制造商和信息服务商携起手来开辟网上零售店，为消费者提供更丰富更快捷的服务。这种服务，既可以货比三家，又使商品价格便宜，能把商家与消费者直接即时沟通起来，省去了很多的中间环节，推动了网上购物的快速发展。

2. 网上会诊与上网休闲日益普及

网络文化的发展推动着网民陆续开通高速网络，"看病进网"已不再局限于电子邮件的形式。例如，采用光缆和ATM建立起来的方圆100多公里的上海科技网主干速率达每秒155Mbps，桌面速率每秒25 Mbps，把"羊肠小道"

---

①吴爱明：《政府上网与公务员上网》，中国社会科学出版社1999年版，第25页。

变成了宽阔的高速公路，网上不仅可以传输数据、文字、声音、图像等多媒体信息，还可以在屏幕上显示病人的相关影像片，身处不同地点的医生可以利用民间文艺下方的"白板"写下自己的诊断结果。由于"白板"具有实时对话的功能，医生们可以"我写一句，你对一句"，实时交换意见，使"会诊"更加名副其实，"看病进网"从"神话"真正变成身边事。

网络文化的休闲功能早已为网民所熟知，对"网上休闲"最敏感的是商家。在"网上休闲"这类词汇尚未问世之时，"网上咖啡屋"便已开张营业了。光顾"网吧"的客人一般是工作之余来这里交流上网体会、与网友聊聊天、与异地亲人通通话或上网查阅信息等。网上谈话方式有交谈和耳语两种，可以与天南海北的朋友海阔天空地进行神侃。网上讨论的内容也很丰富，有品茗读书、音乐论坛、影视天地、情感小屋等多个栏目。此外，网上游戏也是"网上休闲"少不了的佳肴，上网看电视剧也成为一种新鲜事。可见，网络文化在方便网民工作和学习的同时，也为他们的休闲与娱乐开辟了新的空间。

3. 网络学校与智能化住宅正在兴起

网络文化汇集了全球范围密集的信息资源，为全球教育界带来了多重惊喜。其中第一个惊喜就是教育资源共享。"网上调阅"打破了原有的时空概念，不仅信息获取与世界同步，还大大拓宽了信息浏览的范围，从各个大学的图书馆到美国国会图书馆，各类信息资源任你浏览。第二个惊喜是扩大了学校交流的范围，把许多世界一流的教师名家请到了学生身边，相关的教育应用产品也层出不穷。当然，网络学校也向传统的教育体系、教育理论和教学方式等提出了深层次的挑战，解决这些问题需要进一步加快教育领域的全球信息化进程。对此，有专家指出，网络学校会成为新世纪全民教育与终身教育的主渠道，计算机网络会遍及全世界的各个角落，每个人都能很容易地使用网络学校来进行学习与深造。

就目前已经出现的智能化住宅看，其最大的特点就是把计算机网络技术应用于住宅的建设和管理，为用户提供各种便利和服务，主要包括管理网络化、购物网络化、娱乐网络化以及阅读、通邮网络化等。当然，这种智能化住宅还只是发展的"初级阶段"。据科学家预测，随着下一代互联网文化的发展和运用，未来住宅的信息技术含量会越来越高，如卧室是电子化卧室，里面摆放一台弧形屏幕的多媒体电脑，既可接收电视节目，又可打可视电话；客厅里放一台电脑，既可收看有线电视节目或电子书刊杂志，还是家庭信息管理中心；厨房里也可摆一电脑，通过它网民能"身临其境"地"走进"食品店和杂货店，从货架上"拿下"仔细查看，如果决定购买，则店员会送货上门。

4. 在家上班与面向全球的劳务市场开始流行

为使网民的工作场所和工作方式更为灵活、更加机动，科学家设计出一系列新型产品，如"一体化公文包"，它的外形和普通公文包没有什么区别，但里面的内容却全然不同，实质上是一个便携式的多媒体中心，带着它随时随地都可以与Internet联网，处理相关信息。当然，能够坐在家里上班，不光因为工作条件的改善，还因为工作内容的改变。网络文化背景下财富的获得主要靠知识，而知识的获得主要靠信息的沟通和处理。美国《未来学家》杂志刊载文章说，在21世纪的第一个10年美国可能出现"知识型经济"即以知识为基础的经济。这样，人们"上班"所要做的事情，主要的已不是体力劳动，而是对信息的处理了。对不少人来讲，只要家里有一台电脑一条光缆，就可以开始自己的工作了[①]。

近几年来，"网上求职"在国内外已不是新鲜事，网上劳务市场日益广阔。这种劳务市场大大拓宽了招募者与求职者的视野，使劳务双方的沟通变得更加容易，因为相对于刊登广告和到职业介绍所去招募求职者来说，把信息发送上网，无疑既便宜又拓宽了"搜索范围"。当然，网上劳务市场在方便人才交流、促进人力资源合理流向的同时，也加剧了人才的争夺和竞争。员工有了更多的谋职机会，就不会再像以前那样"吊死在一棵树上了"，"见异思迁"、"雇员炒老板"现象会越来越多，企业要留住优秀人才需付出更艰巨的努力，反之亦然。企业面对更广泛的人才招募范围，挑选雇员时就会更挑剔。这样，求职者之间的竞争、企业之间的竞争都会比以往更加激烈，进而使网络社会的生命力得以在更大程度上张扬。

①吴爱明：《政府上网与公务员上网》，中国社会科学出版社1999年版，第34—35页。

第三章 永恒的主题：
人在不断发展中实现自由

　　人的全面而自由的发展，作为人类进步永恒求索的主题，不仅在人与社会互动中居于核心地位，而且是一个不断完善的历史阶段性过程。就单个人而言，人的全面发展是指由自然和社会长期发展所赋予每个人的一切潜能的最充分、最自由、最全面的调动和推进。就内容来讲，人的发展则是由人的全面发展、人的自由发展构成的。人的全面发展是指人的能力、社会关系、个性、需要等方面的全面提升；人的自由发展则主要是指作为主体的人的自觉、自愿和自主的发展，是把人作为目的的发展，是为了人自身人格的完善和社会的发展进步。在传统社会条件下，无论是人的自由发展还是人的全面发展，由于社会经济文化发展等因素的制约往往存在诸多不尽如人意之处，在网络文化环境下，人的全面而自由发展获得了前所未有的全新文化技术平台，因而促进着人在不断发展中实现自身走向更大的自由。

一、批判与继承促进发展

出于对人的发展前途和命运的高度关注,古往今来,无数哲学家、政治家、思想家、教育家都很关心人的发展问题,并对此提出了各自的心得体会和理论观点。人的发展观就是在这种不断批判和永恒继承中累积起来的。当今世界,在批判与继承的基础上,围绕人与社会的互动发展的内涵和重点先后形成了各种不同的发展理论和发展战略,如以人力资源开发为主的经济发展战略,以满足人的基本需求为核心的"基本需求战略",以人的发展为轴心的"生活质量"战略和"内源发展战略",以人和自然协调发展为宗旨的"可持续性发展战略"等,诸如此类的发展理论和战略反映了当代人发展观念上的重大变化,即从"以经济为核心"到"以人为中心"发展观的转变。这一点,在网络文化背景下更是如此。

(一) 西方学者的人的发展观

自人类东西方文明产生以来,人的发展问题虽然是人类恒久探讨的话题,然而其内容、形式和功能却要随着时代的变迁而不断变化。当人类走出漫漫中世纪而迈入近代史之时,近代西方"科学理性主义"的僭妄,导致人类失去了自己的精神家园;"人类中心论"的极度发展,也使人类生存境况发生了总体性危机。面对近代工业革命以来出现的人文精神危机,从19世纪中后期开始,许多著名学者都进行了深刻反思。正是在这场新的人文精神反思过程中,涌现出众多不同的、甚至相互冲突的理论和派别。在此,从立足人的发展视角出发,仅从其中围绕"价值重估的发展观"、"人道理想重建的发展观"和"总体人学自觉的发展观"这三个基本方面来梳理相关主要流派对现代人自由发展的反思。

1. 价值重估的发展观

人是理性和非理性的统一,两者缺一都难以称得上是完整意义上的人。传统理性主义赋予"理性"以普遍性、必然性、规律性、至上性、稳定性、逻辑性、真理性和绝对性等多重内涵,其基本功能在于指导人走出愚昧和迷误,克服个体性和主观性，认知世界与开拓自然，具有明显的"外倾性"和人类征服外在世界的"工具性"特点，因而它极易与科学技术连为一体。在此意义上，将技术理性称为工具理性是顺理成章的。然而，理性能力及科学技术的重大局限在于忽略人的个体性、主观性、自由意志、道德情感、本能欲求、直觉灵感、潜意识等非理性的人文关怀问题。因为非理性与人的内在世界、人的价值世界、意义世界和个性自由等具有极为密切的关系，从某种程度上讲非理性世界的丰富性构成了人的生命活动的真正价值。正如正确的东西超过其存在范围就会变成谬误一样，当理性主义者试图用理性来评价一切、解决一切问题时，理性便超出了自身的限度，这就是理性主义的僭妄。理性主义的极度发展，必然造成非理性世界的严重危机。因此，反对理性主义的僭妄，恢复人的非理性世界的地位，重估和审视人类的价值体系，必然成为这一发展观的重要内容。

事实上，早在近代黑格尔理性主义如日中天之时，叔本华就以意志主义同理性至上相抗衡，尼采则将叔本华的求生意志转换成以突出个体自我的超越性、创造性为核心的强力意志，反对扼杀个性自由的普遍理性，重新把文艺复兴时期发现的"个体及其丰富的主体个性"这一文化价值观提到首位，并提出"重估一切价值"这一震撼人心的口号，为20世纪的非理性主义思潮确立了基本价值理念。柏格森重新把文艺复兴时期发现的"人的自然欲求和世俗感性欲望的合理性"这一文化价值摆到首位，提出创造进化论来为人的个性自由和行为自由进行辩护，成为生命哲学的先驱。胡塞尔的现象学强调哲学对象应当是内在于人的个体意识之中的纯粹意识现象，而绝非外在于人的某种带有普遍性的抽象实体，且将哲学引向以个体的人为中心，同意志主义、生命哲学等流派汇合在一起之后成为存在主义哲学的思想来源。存在主义发端于克尔凯郭尔，雅斯贝尔斯则继承了克尔凯郭尔对个性自由的重视，认为理性根本不能对自由做出规范；海德格尔更是强调个体的直接体验，用"畏"、"烦"等心理体验说明人的存在；萨特为强调个体选择的自由性而提出著名的"绝对自由"理论，极力反对理性主义关于必然性的概念[1]。

对人的发展与本质的价值重估的发展观深深影响了整个20世纪西方人的

---

[1] 韩庆祥等：《马克思开辟的道路》，人民出版社2005年版，第51—52页。

文化哲学的发展。弗洛伊德开创的精神分析学派被视为人本主义的重要一支，他对人的本能、潜意识等非理性因素的研究开辟了人类自我认识的新视野，是现代"人的再度发现"的重要标志。事实上，对工具理性的深刻批判触动了近代西方"人类中心论"的根基，其中对"人类中心论"给予毁灭性打击的莫过于后现代主义思潮。这一思潮较之其他有关人的发展的思潮更强调一种"破碎化"、"多元化"、"相对化"、"边缘化"和"世俗化"，反对传统理性的"中心化"、"权威化"、"绝对化"和"一元化"，宣扬一种解构意识，要人们追求"平常化"，关注人与人之间在地球上的共同命运和价值。可见，对传统工具理性和"人类中心论"的批判和价值重估，对重新认识人的发展之本来面目，为现代人形成新的、更加合理的发展价值观奠定了基础，即要把人本身能力的自由、平等和全面发展作为核心价值，使人以外的物的价值服从于人的能力发展的价值，并要培育人的自我反思、自我批判、自我超越、自我矫正和自我完善的能力。

2. 人道理想重建的发展观

对资产阶级发达工业文明条件下人的异化状况的揭示和批判，反映了人类对人道世界的向往和渴求。为重建人道理想，现代西方哲学界的许多学者做出了各自的积极贡献，其中以法兰克福学派最为典型。该学派吸取了马克思异化理论对资本主义社会的批判精神，又结合技术、意识形态等普遍的文化力量对人的异化统治所产生的文化困境这一时代特点，将异化批判的矛头指向发达工业社会已经意识形态化的技术理性统治的技术异化，着重揭示了启蒙理性不但没有达到人类的美好初衷，反而堕落到一种新的野蛮状态的文化价值观根源。在批判技术异化的基础上，该学派也提出各自的人道理想，如马尔库塞提出建立以"爱欲"为理想价值目标的社会机制，弗洛姆提出一种能促成创造性生产性人格形成的健全社会，哈贝马斯提出建立一种人与人之间既能保持个性自由又能和谐相处的合理交往方式等。总体来说，该学派虽然研究的主题众多，"认为人主要是一种社会存在物"①，但它始终贯穿着现存社会对压抑人的发展的批判及对人的革命道路的探求而把关注人的生活世界本身当作研究主题，其中

---

① [美] 弗洛姆著，李月才等译：《逃避自由》，工人出版社1987年版，第372页。

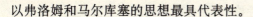

以弗洛姆和马尔库塞的思想最具代表性。

首先，批判当代社会对人发展的压抑是法兰克福学派思想的核心内容。弗洛姆把当代人和社会称为"病态的人"和"病态的社会"，马尔库塞则称之为"单面人"或"单向度的人"和"单向度的社会"。这里的"病态的人"是指人的某些需要和感情没有得到满足，远离了精神健康社会；"单面人"或"单向度的人"，则指在发达工业社会里个人已丧失了批判社会现实的能力。而在双向度的社会中私人生活和公共生活是相互区别的，个人可以合理批判地考虑自身需要。但在发达的资本主义社会中，科学、艺术、哲学、日常思维乃至政治体制等都是单向度的，失去了否定性和批判性原则，导致人的精神感觉的贫乏、单一。他们不约而同地选择异化作为出发点来分析当代社会性格。"一方面是因为我认为这个概念触及到现代工业人格的最深层；另一方面，如果人们注意到了当代社会的社会—经济结构与一般人的性格结构之间的相互作用，那么，异化的概念就是最恰当的论点了。"①在法兰克福学派看来，异化在当代社会中遍及经济、政治、科技、军事、文化、心理、生理以及语言等各个领域，从根本上说就是"人的病态"。就其产生的时间而言，从原始社会进入文明社会之时起异化就已存在了，但它不是作为一种社会现象，而是作为人被自己的创造物所奴役的一种心理感受和体验而存在，因此，技术越进步，人受奴役的程度就越严重。可见，张扬人性、恢复自由、进行人的革命，就显得尤为必要。

其次，虽然人性本身就蕴含着一定的潜能，但它的发挥程度和方向却是社会所决定的。人能成为某种样子或模式，取决于社会过程的塑造，以至人的本性、情欲和忧虑都是一种文化产物。在当代社会中人的求善本性被压抑，就会丧失自由。可见，法兰克福学派把人的自身革命最终都落实到社会的全面改革之中。具体言之：一是政治上的变革。马尔库塞认为政治内容与技术进步交叉在一起变成自由的枷锁、导致了人的工具化，而主张建立"双向度社会"，以期"实现将在一种制度的框架内为生存安定提供更大的机会，而这种制度又为人类需求和才能的自由发展提供更大的机会"②。二是经济上的变革。弗洛姆

---

① [美] 弗洛姆著，孙恺祥译：《健全的社会》，贵州人民出版社1994年版，第87页。
② [美] 马尔库塞著，张峰等译：《单向度的人》，重庆出版社1988年版，第186页。

认为，社会的经济结构锻塑了人的性格，因而经济上的变革是使人达到健全和精神健康的重要手段。具体包括大力发展生产力；重新进行技术新定义和技术控制以求符合人类需求的满足和才能进化的特殊利益，更好地建造、发展和利用物质和精神资源；每个人都应享有劳动权，使工作成为每个人生活的闲暇，并把它当作兴趣和爱好。三是文化上的变革，包括人的自我呼唤、发展教育、扩大集体艺术和仪式以及在生存方式上成为"健全的人"或"双向度的人"等。总之，"社会在能够成为一个自由的社会之前，首先必须为一切社会成员创造自由的物质前提；在它能够按照个人自由发展的需求分配财富之前，首先必须创造财富；在它的奴隶们认识到正在发生的事情和他们为变革它而做的事情之前，首先必须使他们能够学习、观察和思维。"①

3.总体人学自觉的发展观

源于20世纪20年代的哲学人类学受18世纪人性科学的影响，试图从总体人学自觉的视角出发，把人作为生物人和文化人的统一进行把握，并在研究视野上从观察者和被观察者的双重角度来说明"人是什么"和"人在存在中的地位"诸问题，对这种"总体的人"存在、生成与发展的把握，为人的发展问题研究提供了新的理论生长点。

第一，认为人是生命冲动和精神的统一。作为生命，人具有感觉欲求、本能、联想记忆和实践理智两个递进的层次；作为精神，它具有可分离性、实事性和现实性等三个基本规定。舍勒认为，无论把人归结为生命冲动还是精神，都不能描绘出完整的人。因为生命与精神有着明显区别，不能互相代替或还原，同时它们又相互补充，二者都是人的不可分离的两个方面。同时，生命冲动虽富有活力且很强大，但比较盲目；精神虽丰富多彩，但比较缺乏动力。因此，人的活动应该是生命与精神互相补偿的过程，即通过不断促进"生命精神化"和"精神生命化"以达到完整的人：既是生命的人，又是精神的个人。

第二，认为人是生物性和文化性的统一。以德国生物学家和社会心理学家阿尔诺德·格伦为主要代表的生物哲学人类学，把人看成有机界的组成部分，从生物性角度来确定人在世界中的地位。他认为，正因为人类存在着众多的生

---

① [美]马尔库塞著，张峰等译：《单向度的人》，重庆出版社1988年版，第36页。

物缺陷，才使人能够突破本能束缚，发挥更多的能力，创造与发明各种工具来补偿自己的缺陷，这种构成人类文化的全部前提而使人超越其他动物的特征被称为人的"卸载原则"。这种哲学人类学试图克服舍勒的二元论，把生命和精神统一在人的未特定化基础上，但在生物性和文化性关系上却又因过分强调生物性而忽略了文化生活的规律，而只把人理解为纯粹生物人，结果势必导致对人的本质和人的地位的错误理解。

第三，认为人是创造文化和为文化所塑造的统一。这一文化哲学人类学观点认为，人是文化的、社会的、历史的和传统的存在，由文化所生又是文化的创造者；文化总是通过人的具体社会形式表现出来，每一社会总是全部文化的一部分；文化性就意味着历史性，人依赖于历史又不局限于历史，人决定历史又为历史所决定；传统通过教育、环境等开启人的智慧，制约着人的创造力，同时也提供人类创造文化的基础，反过来人们又可超越传统。总之，人是文化世界的产物又在创造文化世界，因而完整的人是创造文化的人和为文化所塑造的人的统一。

（二）马克思主义的人的发展观

人的发展思想是马克思主义不可分割的基本组成部分，在马克思主义思想体系中占有极其重要的地位。在继承前人关于人的发展思想优秀成果的基础上，马克思主义创始人和继承者在不同历史时代采取不同的社会视角，与时俱进地不断赋予这一思想以时代特色。

1. 马克思、恩格斯的人的发展观

马克思、恩格斯不仅把人的全面发展作为未来理想社会的基本原则，而且把人的能力全面发展当作目的本身。在马克思、恩格斯那里，人的全面发展包括以下主要内涵：一是"每个个人"的平等发展。人的全面发展问题是针对发展与代价问题提出来的，而在现实社会中人并不是抽象的孤立存在物，"一个人的发展取决于和他直接或间接进行交往的其他一切人的发展"[1]。因而，人

---

[1] 《马克思恩格斯全集》第3卷，人民出版社1960年版，第515页。

的全面发展应包括每个人的平等发展。二是人的类特性的应有发展，这里的类特性主要指人的自由自觉的创造性活动。人的类特性的应有发展，在内容和性质上是指人的创造性活动能力与人的主体性的充分发挥和发展。马克思认为，人的全面发展主要是针对人的片面发展而言，主要内容应包括劳动形式的丰富和完整，个人活动相应地达到充分丰富性、完整性和可变动性。这不仅是社会进步的要求，按人的必然性来说也应当且必须实现其类特性。三是人的社会特性的和谐发展。主要包括个人与人之"类性"的和谐发展，人的社会性中潜能的充分发挥，肉体和心理的完善，需要的相对丰富，全面而深刻的感觉，精神生活的发达而广泛以及个性自由的满足等方面。

值得指出的是，虽然马克思、恩格斯所讲的人的全面发展包括人的需要、能力、社会关系和个性的全面发展，但主要强调的则是人的能力的全面发展。他们指出："任何人的职责、使命、任务就是全面地发展自己的一切能力。"①"先前的历史发展使这种全面的发展，即不以旧有尺度来衡量的人类全部力量的全面发展成为目的本身。"②"共产主义者的目的是把社会组织成这样：使社会的每一个成员都能完全自由地发展和发挥他的全部才能和力量。"③显然，马克思、恩格斯实质上是把人类能力的发展作为共产主义社会的目的来加以提倡的。

2. 列宁的人的发展观

列宁在继承马克思、恩格斯的人的全面发展思想的基础上，结合当时苏维埃国家的实情，提出了苏维埃国家的领导干部必须懂得建设、学会管理、善于商业经营、掌握知识和技术，从而成为专家和全面发展的一代社会主义新人的思想。概括起来，主要有四个方面：

一是人的培养必须与国内政治需要结合起来。列宁指出，现在无产阶级的斗争已经愈来愈广泛地扩大到世界上所有的资本主义国家，因而国内的任务必须结合当前的政治而设。苏维埃领导干部要学会做经济和管理工作。"只有这样，你们才能够建成共产主义共和国。从必须赶快学会做经济工作这个角度来

---

① 《马克思恩格斯全集》第3卷，人民出版社1960年版，第330页。
② 《马克思恩格斯全集》第46卷（上），人民出版社1979年版，第486页。
③ 《马克思恩格斯全集》第42卷，人民出版社1979年版，第373页。

看，任何懈怠都是极大的犯罪。"①二是综合技术教育是人的全面发展的重要组成部分。列宁要求把"综合技术教育＋为劳动作全面准备"作为社会主义国家的一项纲领来实施，他指出："没有年轻一代的教育与生产劳动的结合，未来社会的理想是不能想象的：无论是脱离生产劳动的教学和教育，或是没有同时进行教学和教育的生产劳动，都不能达到现代技术水平和科学知识现状所要求的高度。"②在他看来，"实践高于（理论的）认识，因为它不仅具有普遍性的品格，而且还具有直接现实性的品格"③。三是确立人类在才能上的平等。列宁看到了由于资本主义私有制而导致的人与人不平等的现象，认为人的发展首要的就是要消除这种不平等，并强调无产阶级专政为人的全面发展提供了各种必要的条件。四是人的全面发展是一个长期的过程。列宁从当时苏维埃国家现状出发，既充分肯定人的全面发展实现的必要性，又深刻认识到了这一目标实现的长期性。列宁特别强调科技文化知识和共产主义道德的重要性，认为没有科技文化知识，工人就无法自卫，没有共产主义道德，工人就没有较高的觉悟、主动性、首创精神和自己的纪律性等，他强调通过"消灭人与人之间的分工，教育、训练和培养出全面发展的和受到全面训练的人，即会做一切工作的人"④。

3. 毛泽东、邓小平、江泽民的人的发展观

毛泽东、邓小平、江泽民的人的发展观，是马克思、恩格斯、列宁的人的全面发展思想与中国传统文化、中国国情相结合的产物。它既是马克思主义人的全面发展思想的进一步发展，又为当代中国人寻求一条可行的具有中国特色社会主义全面发展道路做出了可贵的探索。总体来说，毛泽东是着重从政治、教育角度来谈人的发展，邓小平着眼于从改革开放和社会主义现代化建设角度来谈人的发展，江泽民则在社会主义初级阶段全面建设小康社会新发展阶段上来阐述人的全面发展思想。

毛泽东结合当时中国的情况，认为原有的"旧人"已不适应新社会对人的

---

① 《列宁选集》第4卷，人民出版社1995年版，第584页。
② 《列宁全集》第2卷，人民出版社1984年版，第461页。
③ 《列宁全集》第55卷，人民出版社1990年版，第183页。
④ 《列宁选集》第4卷，人民出版社1995年版，第159页。

才能和能力等各方面的需求，必须要培养能够适应中国新形势需求的"新人"，这样的新人应该是"全面发展"的人，具体包括三个方面的内容：一是德、智、体"三育并重"，全面发展。其中德育就是要坚定共产主义信仰、培养高尚的道德情操，智育的目标是要求全民拥有"比较完全和比较广博的知识"，体育就是要锻炼身体、强健体魄。二是"身心并完"，即体力和智力两方面的和谐发展。三是培养"社会多面手"。毛泽东认为，"多面手"就是要根据当时中国一方面需求大量社会主义劳动者、另一方面人才又严重欠缺的现状，希望青年做到"拿起锤子能做工，拿起锄头犁耙能种田，拿起枪杆子就能打敌人，拿起笔杆子就能写文章"，即发展全面的才能，能够"亦工亦农"、"亦文亦武"。

邓小平从中国特色社会主义现代化事业发展的战略高度出发，始终认为人的问题是一个非常重要的问题，它关系到经济发展的速度、改革开放原则的贯彻实施和社会主义方向，甚至关系到国家的长治久安。他把人的发展问题作为主要的奋斗目标，其具体化就是人才的培养。他还特别指出，体力劳动与脑力劳动的差别是造成人片面发展的主要原因之一，因而必须坚持教育与生产劳动相结合、理论与实际相结合，坚持学用一致，这是培养"全面发展的新人的根本途径，是逐步消灭脑力劳动和体力劳动差别的重要措施"①。此外，邓小平把现阶段人的全面发展内容具体化为培养"四有"新人，并围绕"四有"提出了一系列具体的实现手段和措施：通过发展生产力来为人的全面发展提供坚实的物质基础，通过加强精神文明建设来创造人的全面发展的思想文化条件，通过坚持改革开放来为人的全面发展提供制度保障，真正使人的全面发展成为可望又可及的现实目标。

江泽民指出，努力促进人的全面发展是建设社会主义新社会的本质要求，我们的一切工作都着眼于"努力促进人的全面发展"，而物质文明建设和精神文明建设都是实现这一目标的基础。这就不仅揭示了人的全面发展在中国特色社会主义建设中的重要地位，而且开拓了人的全面发展学说的新境界。具体来讲，他阐述了全面建设小康社会这一新的发展阶段人的全面发展内容，主要包括人的物质生活的全面发展，即不断满足人民群众发展着的物质生活需要，提

---

① 《邓小平文选》第 2 卷，人民出版社 1994 年版，第 107 页。

高人民群众的物质生活质量，逐渐实现共同富裕；政治生活的全面发展，即维护和保障人民群众的民主权利，提高人民群众的民主法制意识与能力；文化精神生活的全面发展，即不断丰富和充实人民群众的文化生活和精神世界，努力提高人民群众的思想道德素质、科学文化素质和健康素质；人与自然的和谐发展，即不断增强可持续发展的能力，努力实现全面健康可持续发展，使人民群众在优美的环境中工作和生活。

（三）网络文化下人的科学发展观

网络文化的出现不是人类文化发展的"异端"，与人类过去一切实践文化形态一样，也是现实性与理想性的统一，更是历史、现实与未来的统一。一方面，它是人类当代科技发展的最新现实成果，是人类文化最新发展的虚拟现实形态；另一方面，从网络文化的诞生、发展前景和未来走势看，始终贯穿着人类自身发展追求真、善、美和自由的理想与实践，从而引领着人的科学发展。

1. 网络文化建构起人的科学发展理想

第一，网络文化发展的历史已经生动昭示出人类建构科学发展理想的重要性。如诺伯特·威纳第一个认识到计算机文化大大强于计算器，并开始苦苦思索人类发展理想与这些机器的关系；里克莱德把计算机文化视为工作中的伙伴，并把人类理想与计算机文化的关系看做共生的关系；范尼瓦·布什希望我们能避免被自己的文化知识吞没；道格拉斯·恩格尔巴特决意为探寻利用计算机文化扩充人类发展能力的途径而贡献自己的一生；特德·纳尔逊抱怨人们的健忘，试图创造性地建立一个人类紧密联系的文化世界，使我们避免共同的健忘。《旧约全书》中说："没有梦想的地方，人们无法生存。"事实上，在网络文化背景下人的科学发展仅有梦想是远远不够的，还必须有人懂得这些梦想对人的科学发展的重要性，并怎样来实现这些梦想或理想[①]。

第二，网络文化发展的现实也证明了人类建构科学发展理想的重要性。应当指出，网络文化的主体——网民并不是网络文化的奴隶，而是网络及其文化

---

① ［英］约翰·诺顿著，朱萍等译：《互联网：从神话到现实》，江苏人民出版社2000年版，第265—266页。

的主人。这种网络文化不仅把网络与文化信息联系起来，更重要的是把人与人联系起来。网民自身的科学发展理想就是要在与他人的无限制交互联系中去建构，就是人的个性、创造性、知、情、意的充分而全面的拓展与发挥。在网络文化世界里，人们的理想与现实、现在与未来、虚拟与实在的距离从来没有这么近，甚至于两者的界线变得如此模糊，差别变得如此细微，许多"网络病症"只不过是这种现象的极端表现而已。这些"网络病症"与其说是有病，毋宁说是对网络文化背景下的人的科学发展理想要尽量避免这种极端现象，以回归网络文化对建构人的科学发展理想重要性的真正意义。

第三，网络文化发展的未来更是创造性地建立在人类科学发展理想构架的基础上，因而追求一个什么样的技术、文化、自然、社会和人自身，不仅决定了网络文化的未来发展前景，更决定了有关人类科学发展理想的文化前景。网络文化为人的科学发展理想所提供的近乎无限的可能性和人自身科学发展在网络文化世界里所表现出来的创造力、积极性和主动性，只要运用得当，就能为人的科学发展、超越现实世界、追求更高的理想世界提供源源不断的动力，进而实现自己的远大目标。

2. 网络文化提供着人的科学发展的可行途径

马克思、恩格斯指出："代替那存在着阶级和阶级对立的资产阶级旧社会的，将是这样一个联合体，在那里，每个人的自由发展是一切人的自由发展的条件。"①在网络文化背景下，人类正朝着真善美和自由发展的更高目标前进。网络技术及其文化的不断创新，为实现人类自由而全面的科学发展，为实现人与世界的文化和谐共存提供了可行的路径。

首先，从"真"的维度上看。求真是人的科研本质和发展要求。人的求真观念和理想源于人的生命存在的一种感性确定性，即对生命存在以及与自然环境的关系的确认。因为求真意识包括两种：一是人对自身的求真，即对自我意识、行为、活动、关系、目的的有效性、确定性的选择、体认和比较；二是对外部世界的求真，形成一个实在的世界图景，使之成为人可与之交往的"对象"，对象客体的实在性决定了人的行为的实在性和有效性。网络文化的兴起，

---

① 《马克思恩格斯选集》第1卷，人民出版社1995年版，第294页。

不仅使人对世界、自身的认识和改造达到前所未有的深度和广度，更使自然资源、社会资源和思想资源在全球范围内得以合理、有效地配置与开发，为人的科学发展提供了可能条件。更重要的是，人对工具理性思维方式即单纯的求自然之真的反省更加深入，日益认识到科技与人文、工具理性与价值理性、人与自然等方面协调发展的重要性，网络文化把人的有限思维与存在互联起来，克服了个体的有限性和片面性，为每个人的知、情、意、真、美和自由而全面发展打下了基础。

其次，从"善"的维度看。"大学之道，在明明德，在亲民，在止于至善。"人类这一"求善"的理想和行为，是人对自我的意识、行为、目的、关系等的"正当性"、"应然性"的认识与追求，善的价值就是为人们的生存行为、生存目的建构的一种规范和标准，违反它就是善的对立面——恶。就是说，"善也就是人按照自然（世界事物）的性质来对它们进行'改造'，使它们形成一种对于人的生命存在'有益'的'秩序'"①。总体而言，网络文化为人类建设全新的面向未来的伦理文化体系提供了更多样的手段与途径，但新的适应网络文化现实的伦理文化观还远未确立，网络文化正在新与旧、中与外、情与理的价值冲突与裂变中逐渐孕育、成长、成熟。当前虽然还远未形成一种全新的伦理文化观，但其以开放、自由、民主、平等、互利等为核心的价值取向还是相当明显的，这些价值取向将成为未来社会伦理文化体系的核心要素。当然，网络文化也有许多对人的科学发展不利的恶现象，网络伦理文化也不是自然而然生成的，它需要每一个"网络人"积极进取、化"恶"为"善"，进而推动人的科学发展。

再次，从"美"的维度上看。自古以来，爱美之心、人皆有之。美作为一种文化理想，和真、善不同，不是某种实用和功利目的，而是精神上的愉悦；既不是知识（科学）的对象，也不是实践（道德）的对象，而是艺术的对象。人不但追求既有的美的事物，还通过自己的实践活动创造出美的事物。因而，如果说"真"是人对生命存在和外界存在的"实在性"和"确定性"的确认，"善"是人对自己与自我、社会、自然的生存行为、目的、关系的"应然性"和

---

① 李鹏程：《当代文化哲学沉思》，人民出版社 1994 年版，第 276 页。

"正当性"的追求的话，那么"美"就是人对自我、他人、自然产生"愉悦感"和"舒适感"的追求。网络文化为人类文艺的发展和美的理想的追求提供了前所未有的措施和手段，不仅为文艺的创作提供了无比丰富的技术平台，更重要的是使艺术实践的创造性、积极性、个性等得到了充分而自由的发挥。从这个意义上讲，网络文化本身就是"网络人"科学发展创造的最美的"艺术品"之一，它使艺术和美不再是少数人的专利和特权，而是任何人都有可能创造、欣赏和评价且属于大众性的艺术和美。

最后，从"自由"的维度上看。"生命诚可贵，爱情价更高；若为自由故，两者皆可抛。"这一"自由"，不仅是对必然的认识和对客观世界的改造，而且是人对人和世界的真、善、美的认识和实践的过程和目标。在共时态上，自由有两个维度：对人自身而言，自由是人的自由而全面的发展；对世界而言，则是人与外部世界的和谐统一与共同发展。在历时态上，自由也有两个维度：作为在现实过程中体现出来的自由，是具体的、历史的、有限的自由，是达到终极自由的具体过程，这一过程对人的科学发展来说是永恒的。网络文化的产生和发展，为人类认识和改造自然、社会和人类自身提供了技术上、社会上、精神上的自由力量。这种自由力量能否真正成为人类追求自由的手段，关键取决于这种力量是用来与自然共存还是破坏自然，是用来加剧社会差别还是追求社会的公平与效率的统一，是用来使人全面发展还是奴役人或使人成为"单面人"①。如果人类选择的目标和行为符合自身科学发展的要求，那么人的科学发展理想就会化为现实，网络文化也将成为促进人自由而全面发展从"必然王国"到"自由王国"的过渡和中介。

二、自由的发展与发展的自由

人的科学发展，不仅应当是全面的，而且应当是自由的。按照马克思主义哲学原理，这种自由不是受必然性约束的随意性，而是对必然性的认识与掌

---

①常晋芳：《网络哲学引论：网络时代人类存在方式的变革》，广东人民出版社 2005 年版，第384—385 页。

握，是按照人类认识到的客观必然性（客观规律）去改造世界与实现人类的目的和要求的物质实践活动。也就是说，这一自由必须以真（客观规律）、善（功利目的）为前提，人的自由发展与发展的自由是合目的性与规律性的统一，两者是在实践基础上达到高度同一的。网络文化是时代需要的产物，人的发展呼唤网络文化，网络文化的崛起和发展日益推动着人的自由发展。

（一）人的自由发展与人的发展的不自由

人的自由发展问题是人类发展面临的一个古老而常新的问题，人称"自由发展之谜"。例如，孟德斯鸠认为，在各种名词中，丛生歧义并以各种方式打动人心的，无过于"自由"一词；普列汉诺夫则说，自由问题，像斯芬克斯之谜一样向每个思想家提出：请你解开这个谜，否则我便吃掉你的体系。人的自由发展问题之所以会成为"古老而常新"的问题，是因为现实中存有大量的"人的发展的不自由"现象。这样，人的自由发展与人的发展的不自由问题，从来就是无数哲学家、思想家、教育家孜孜探求的重要领域。

1. 人的自由发展

在马克思主义哲学诞生以前，西方哲学从古希腊古罗马哲学开始就很重视对自由问题的探讨。如西方古代哲学一般把人看做是一种社会动物、政治动物，其中亚里士多德不仅在《政治学》中明确提出"人是政治动物"的命题，而且在《形而上学》中第一次提出"人本自由"的口号；德谟克利特、柏拉图等曾讨论过个人自由和社会自由的关系问题。在近代西方，人的"政治自由"得到广泛运用。法国大革命"不自由、毋宁死"的口号、《人权宣言》中"自由就是做一切不损害他人的行为的权利"之命题以及裴多菲著名的"自由诗"，指的基本都是社会政治自由。和古代自由观主要强调人的伦理理性有所不同，近代西方哲学主要把人看做是一种科学理性动物，因而这里所讲的自由除政治自由外，还着重强调人的理性自由、情感自由、意志自由。例如，斯宾诺莎在欧洲哲学史上最先提出"自由是对必然的认识"的认识论命题，认为人要获得自由必须摆脱感性冲动的混乱而依照科学理性的引导；黑格尔则"第一个正确地叙述了自由和必然之间的关系"，他认为自由是人的本质，"禽兽没有思想，只有人类才有思想，所以只有人类——而且就因它是一个有思想的动物——才有自由"①。这些自由观为马克思主义自由观的建立提供了一些思想材料。

马克思、恩格斯批判地继承了西方哲学史上自由理论的合理因素，在实践唯物主义宽广视域的基础之上，充分肯定了"政治自由"和"理性自由"的提法，并在自由观念形成的过程中重演了西方哲学史上自由观的发展历史，经过"政治自由"、"理性自由"阶段后最终达到"劳动自由"，从而把人的自由理论发展到一个崭新的阶段，创立了马克思主义哲学的自由观。这一崭新的自由观与旧哲学自由观的根本不同在于：首先，马克思、恩格斯所说的人是从事现实活动的人，是劳动着的、实践着的人；其次，所讲的人的自由从根本上说则是社会劳动的自由、社会实践的自由，并从人的全面活动的角度揭示了人的自由的两种形式，即认识的自由和实践的自由。因此，马克思主义哲学把人的自由概括为两类，具有重大的哲学意义。一方面，它摆脱了旧哲学中关于人的自由的抽象议论，明确了人就是人的劳动内容与形式。劳动作为人的存在方式，人的自由说到底是人的劳动的自由。基于此，马克思指出："人不是由于有逃避某种事物的消极力量，而是由于有表现本身的真正个性的积极力量才得到自由。"②"自由见之于活动恰恰就是劳动"③。另一方面，它纠正了旧哲学关于人的自由的片面议论，从人的活动的全面性和自由外延的周延性角度概括出人的自由类型，即认识必然和利用必然，反映世界和改造世界的自由，其他如政治自由、理性自由等形式不过是认识和实践自由在某一特殊领域的具体表现。同时，它还克服了旧哲学关于人的自由的空洞议论，指明了马克思主义人的自由观的真正特色在于实践，在于通过实践来认识必然和利用必然，进而通过实践追求而获得人自身的自由发展④。可见，马克思主义自由观的创立是对西方传统自由观的一种"扬弃"。

具体来讲，这种人的自由发展可以看做是人在活动中通过认识和利用必然所表现出来的一种自觉、自为和自主的发展状态，即人的自由发展就是人作为

---

① [德]黑格尔：《历史哲学》，商务印书馆1962年版，第111页。
② 《马克思恩格斯全集》第2卷，人民出版社1957年版，第167页。
③ 《马克思恩格斯全集》第46卷（下），人民出版社1980年版，第112页。
④ 袁贵仁：《马克思的人学思想》，北京师范大学出版社1996年版，第213—214页。

主体的自觉、自为和自主的发展活动。这一点，马克思在许多场合都有明确阐述，而且都是无懈可击的。例如，"个人的独创和自由的发展"、"全部才能的自由发展"以及"每个人都可以在任何部门内发展"乃至"不受阻碍的发展"等，且经常把"自由发展"与"全面发展"联系起来，称之为"每个人的全面而自由的发展"或"自由的全面发展"。当然，从发展的性质而言，这里的人的自由发展活动都是为了完善自身人格和促进社会进步事业而展开的发展活动，是把人作为目的与手段相统一而展开的发展活动，总体上是一个辩证统一的整体。

第一，人的自由发展是一种自觉的发展活动。自觉是相对于盲目而言的，是指主体行为具有一定的自觉意图或预期目的，人的自由发展在一定意义上说就是依据"自我提出的目的"而开展的发展活动。人的发展行为的目的性和围绕这种目的性的自我决定、自我创造和自我实现，就是人的自由发展的主要表现和确证。人的发展活动之所以是自由的而动物的发展活动则是不自由的，就在于人的发展活动是有意识的、有目的的，而动物的发展活动则是盲目的、无目的的。马克思在《资本论》中指出，建筑师的自由劳动和蜜蜂的盲目活动的不同就在于"他不仅使自然物发生形式变化，同时他还在自然物中实现自己的目的，这个目的是他所知道的，是作为规律决定着他的活动的方式和方法的，他必须使他的意志服从这个目的"①。同样，共产主义社会的劳动之所以是自由的，而资本主义条件下的异化劳动是不自由的，也主要是由于异化劳动是由"必需和外在的目的决定要做的劳动"，劳动者不是依据自己的而是按照别人（资本家）的目的进行生产；而在共产主义条件下，"外在目的失掉了单纯外在必然性的外观，被看做个人自己自我提出的目的，因而被看做自我实现，主体的物化，也就是实在的自由。"②因此，人的自由发展是一种自觉发展的思想从此可以彰显。

第二，人的自由发展也是一种人的自为发展活动。自由是相对于自在、自发而言的。人的发展活动从自发到自为、行为者从自在到自为的过程，也就是

① 《马克思恩格斯全集》第23卷，人民出版社1972年版，第202页。
② 《马克思恩格斯全集》第46卷（下），人民出版社1979年版，第112页。

人的发展由不自由到自由、从不甚自由到比较自由的过程，它表示的是人的发展活动的一种能力，说明人能通过对必然性的认识，"熟练地运用"它从而支配和控制外部的自然和生存条件，进而达到人的自为发展。对此，恩格斯说："意志自由只是借助于对事物的认识来作出决定的那种能力。因此，人对一定问题的判断愈是自由，这个判断的内容所具有的必然性就愈大；而犹豫不决是以不知为基础的，它看来好像是在许多不同的和相互矛盾的可能的决定中任意进行选择，但恰好由此证明它的不自由，证明它被正好应该由它支配的对象所支配。"①

第三，人的自由发展还是一种人的自主的发展活动。自主是相对于强制、被迫而言的，它表示发展过程中行为者是行为的真正主人，或主体能动性的发动者和支配者，对劳动资料的占有、劳动方式的选择以及劳动产品的分配具有一定的权利，在这个意义上，自由是权利的同义语。这一点，马克思早就指出，自由是"人权之一种"②；毛泽东在《关于正确处理人民内部矛盾的问题》一文中也认为，"所谓有公民权，在政治方面，就是说有自由和民主的权利"③。我国现行宪法明确规定，公民的基本权利包括言论、出版、集会、结社、游行、示威自由，包括宗教信仰自由、通信自由、婚姻自由以及进行科学研究、文学艺术创作和其他文化活动的自由。也正是在权利的这个意义上，马克思揭露资本主义社会的自由是"虚假的自由"，主张以共产主义的"自由人的联合体"代替它。

总之，人的自由发展作为主体在与主客体相互作用中表现出的自觉、自主和自为的发展状态，从发展行为和主体的角度看，也就是人作为主体在认识、改造客体活动中有目的地选择、支配、控制发展过程以及结果的能力和权利的统一。这时，作为主体的人是自由的还是不自由的，既有赖于正确的认识和目的，又有赖于采取正确的决定和手段以及现实的社会实践条件。因此，人的自由发展就是作为主体的人通过认识和利用必然，在发展过程中有目的、有能力、有权利做其应该做、能够做和愿意做的事情，从而达到自身自觉、自为、

---

① 《马克思恩格斯全集》第20卷，人民出版社1971年版，第125页。
② 《马克思恩格斯全集》第3卷，人民出版社2002年版，第181—182页。
③ 《毛泽东选集》第5卷，人民出版社1977年版，第367页。

自主的自由发展状态。

2. 人的发展的不自由

人的自由发展历来是人的发展层次的理想境界和永恒追求。然而，人的发展的不自由现象无论是历史上还是在现实生活中，都比比皆是、不一而足，从而使人的自由发展理想与现实之间呈现出巨大的反差。纵观古今、横看中外，从哲学发展史的视角讲，这种人的发展的不自由现象可以概括为两种主要类型，即人的发展的绝对逍遥的不自由和人的发展与必然相对立状态下的不自由。

第一，从人的发展的绝对逍遥的不自由来看，主要表现为唯心主义否认世界的客观存在，否认规律的客观性，主张人的行为具有超越现实的绝对自由。例如，我国古代哲学家庄子认为，人们只能在精神上获得自由，而在现实生活中因为总要受到种种条件的限制是不可能得到自由的。为此，他专门写了一篇著名散文《逍遥游》以阐发他的这一思想，其中几句译成现代汉语的意思是：大鹏一展翅能飞九万里，但要靠大风和长翅的帮助；出远门的人能行千里，但要带三个月的口粮；这些都要有所依靠，都是不自由的。传说列子能乘风飞行，这比一般人靠两脚行走是自由多了，但列子还是要靠风，如果没有风他也飞不成，况且他所到达的地方有限，因而即使像列子那样的行动也不能算是真正的自由。这样，在庄子看来，真正的自由应该是不依赖任何条件、不受任何条件限制的绝对自由。他认为人在现实生活中不仅要受到外界条件的限制，还要受自身肉体的约束，因为人们有了肉体就必然要产生追求，有追求就必然要陷入因追求而产生的种种复杂关系之中，要受到种种情况的制约，这是很不自由的。因此，人们要获得绝对自由，不但要取消一切外界条件的限制，还要摆脱自身肉体的束缚。于是，庄子认为唯一的办法是不感到自身的存在，没有任何作为甚至没有任何思虑，使自己的思想完全从肉体中"解脱"出来，这样一来就能获得精神上的绝对逍遥的自由。实际上，庄子所向往的这种自由只能存在于他所虚构的精神世界里，在现实世界中是根本不可能存在的，因而，他要人在精神上下功夫从思想上泯除一切。据他说，一个人如果能彻底地忘掉人与物、人与人之间的一切差别和界限，就能达到与天地万物浑然一体的境界，而在这种神秘的境界里就能得到精神上的绝对自由。其实，他所谓的精神自由只不过是自欺欺人的一种精神麻醉之法而已，从根本来讲是一种不自由。

在现实生活中，有些人并不像庄子那样追求精神上的绝对自由，但他们也不顾一切事物的客观存在而盲目地追求行动上的绝对自由。例如，据2006年《长沙晚报》载：一公司有个绰号为"自由野马"的青年工人，几年来一心追求三大"自由"：一是"自由岗位"。他说在家被父母管、进厂受领导管，很不自由，而希望有一个没有领导管、不受人督促的工作岗位；二是"自由班次"，即他高兴就上班，不高兴就请假或旷工；三是"自由浪荡"。他最喜欢在马路上东溜西荡，有时跟人起哄，寻机闹事，有时上网乱发信息搞恶作剧，并把这种任性胡为看做最理想的"自由"。即使这样，这匹"自由野马"近年来渐渐感到很不自由。他平时很重江湖义气，经常为了"小兄弟"向别人挥拳吼叫，因而也经常受到一些人的袭击，这使他终日提心吊胆，很不自由。他去拜师学拳，随着拳击水平的提高，侵犯别人的次数增多，招来的对手也多了。有一次他在一家咖啡店里打群架，不仅赔了二千多元，还被公安机关拘留了一个月，又受到公司留察一年的处分，这当然更不自由。还有，他不愿学习技术又不守规则，习惯于"自由操作"，一下子被冲床冲掉了三个指头，这非但不自由，而且很痛苦。在现实生活中，他的每一次"自由"都给别人带来了不少麻烦，也使自由的日子很不好过，他越来越感到再这样"自由"下去是不行的。在2006年3月"学雷锋见行动"文明礼貌月活动中，他受到党团组织的关怀教育，党团干部的先锋模范作用使他深刻认识到：离开了规章制度和党纪国法、不顾别人和集体、国家的利益，只强调一己之所谓纯粹"自由"，除了四处碰壁之外，决不可能有什么自由可言。于是，他深刻反省自己过去的一言一行，决心要走一条真正的自由发展之路。实践证明，那种认为人的思想行为是绝对自由的、可以不受任何东西约束的观点，实际上是否定了自然界和社会的客观规律的存在，因而是反科学的，其结果必然会陷入"唯意志论"，就会走向自由的反面——不自由。

第二，从人的发展与必然相对立状态下的不自由来讲，应当说自由与必然是对立统一的关系，它们互相排斥、互相依赖，并在一定条件下互相转化，但现实生活中，就是有些人只看到对立的一面，抹杀或者看不到统一的一面，从而导致出现不自由现象。按照马克思主义哲学原理，规律是客观的，只要条件具备它就要发生作用，这是不以人的意志为转移的。当它还没有被认识和掌握时，人们只能听从它的支配。这在自然界如风灾、水患、地震、虫害和人身上的各种疾病等，不但过去，就是今天也还在不同程度危害着人类。在人类社会中，如生产力与生产关系的矛盾运动规律、经济基础与上层建筑的矛盾运动规律等，不但过去，就是今天在世界上很多国家也还是作为异己力量发挥作用，往往造成激烈的斗争而导致生产急剧缩减、生活水平下降、文明遭到大破坏、历史出现大倒退；或者造成严重的经济危机而导致工厂关门、商店倒闭、社会动荡不安；或者到国外争夺商品市场和原料产地、争夺势力范围、进行国际战争等。人们好像陷进了一条奔腾咆哮的巨流中而身不由己地被凶猛的洪流无情地冲击着、翻卷着，一下子被举到浪尖又一下子被埋进水底，这显然是很不自由的。

当然，自由与必然的对立还是主体与客体这对矛盾的一个重要组成部分，它表现在各个方面、贯穿于一切过程的始终。即使在人们认识和掌握了客观必然的时候，自由与必然的对立也没有消失，只不过是对立的性质和状况有所不同罢了。这时候，必然仍要按照它所固有的趋势，发生一些意想不到的作用以影响人们的行动。因而，在全局上认识和掌握了客观规律，不等于以后永远认识和掌握了；认识和掌握客观规律是在社会实践中实现的，是集体的事业，但是大家认识和掌握了客观规律，并不等于每个成员都认识和掌握了。例如，人们有时候为什么对于有些工作觉得没有把握？就因为对这些工作缺乏规律性的了解，还处于一种盲目状态，心里没有把握，行动上当然也没有自由。只有当人们了解了它的规律性并按照它的要求去办事，人们才能在这些工作中取得自由。这一点，网民在培育网络文化以促进人的发展时也是如此。这说明自由与必然的对立是很普遍的，人们必须经常注意它、研究它、解决它，进而从不自由发展到自由。

（二）人的发展呼唤网络文化

人的发展与文化的发展，既是一种互动的关系，又是一个互动的过程。人既是一定文化发展关系的创造者，又是被一定文化发展关系所改造和润侵的对象，其发展更呼唤文化发展的最新形态——网络文化。这样，作为文化发展关系创造者的人和作为文化发展关系改造润侵对象的人,是在数字化的虚拟实践与网络交往活动中实现统一的,在这个人与网络新文化交融的过程中,人通过自身本质力量的表达,不仅塑造着网络文化,也改造着人与网络文化之间的关系。同时,这一人的发展呼唤网络文化的过程,也是一个人接受网络文化作为客体力量的规约从而获得新的发展的过程。

1. 人的本质力量的增长呼唤网络文化

人的发展,首先体现为人的本质的发展,也就是人的本质力量的发展过程和结果。从过程看,人的本质力量表征为对各种社会及自然的关系的驾驭和改造,是个人既有本质力量的表达与新本质力量的生成过程;从结果看,人的本质力量表征为对自然、社会和人自身的改造。正是在这一意义上,马克思认为:"人不是抽象的蛰居于世界之外的存在物。人就是人的世界,就是国家、社会。"①其实,人的任何本质力量的扩长都是在一定的社会文化形式下展开的,不同的社会文化形式为人的本质力量的生成与表达创造了不同的条件。网络文化相对于传统文化而言,是一种高度开放、高度自由、具有互动性、共享性、多样性和虚拟性特征的社会文化形式,这一网络文化的形成既为人的本质力量表达所创造,又成为促进人在一定的实践与网络交往活动中新的本质生成和扩张的重要载体形式。

人的本质力量的增长之所以呼唤网络文化,就在于:其一,人的发展引导出人的本质力量的增长是人自主与自由的联合关系,网络文化则是在个人独立性这一前提下生成与发展的,因而这一网络文化既是人的主体意识、自我意识和创造意识发展的产物,又是推动人的主体意识、自我意识和创造意识不断增强和发展的最新文化条件;其二,人的本质力量的增长是多元关系的系统组合,它所呼唤的网络文化既是人在多样化的网络实践与网络交往中创造的结果,又为人在多样化的网络实践与网络交往中不断生成新的本质力量并推动其迅速增长创造了崭新的平台;其三,人的本质力量的增长是一种开放性的动态发展的关系,它所呼唤的网络文化既是人在网络实践与网络交往中本质力量的表达突破时空限制的结果,又成为促进人的本质力量进一步增长的重要载体。

---

① 《马克思恩格斯选集》第1卷,人民出版社1995年版,第1页。

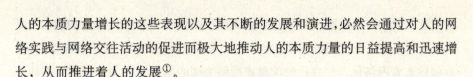

人的本质力量增长的这些表现以及其不断的发展和演进，必然会通过对人的网络实践与网络交往活动的促进而极大地推动人的本质力量的日益提高和迅速增长，从而推进着人的发展[①]。

2. 人的实践活动日趋丰富呼唤网络文化

人的发展与其所从事的社会实践活动是直接同一的，因而人的实践活动日趋丰富和不断发展，既是人不断追求自身进步的结果，又成为促进人不断发展和提高的根本动力，还是呼唤和催生网络文化的重要因素。人的实践性日趋丰富和发展，就是人的发展的直接反映和网络文化诞生的重要标尺，这一人的实践本身的发展与丰富主要指人的实践结构要素和结构形式的发展与丰富。

具体言之，其一，人的实践活动领域和范围的日益扩展与实践活动的对象丰富化和多样化呼唤网络文化。一方面，人的快速发展使现代科技正以前所未有的速度拓展着人的社会实践范围和领域。如果说在传统社会主要局限于狭小的地域界限和传统的农业、手工业以及畜牧业领域的话，那么工业社会的发展则使得人类活动范围首次突破了地域与国别的限制，使人的实践活动领域大为扩展，从传统农业、手工业、畜牧业逐步分化出工业、社会服务业等其他领域；到现当代，人的实践活动范围进一步超越了地域界限而走向太空，推动着人类进入网络时代。与此同时，新的产业与行业不断涌现，国际化分工与协作不断发展，从而又使人的实践活动领域出现极大的拓展。另一方面，在传统社会人的实践活动的对象主要是自然物，到了工业社会则发展为包括自然物在内的大量经过人工加工的客观物质，从而使人的实践活动的对象日益走向多样化和丰富化；而到了现在，人的实践活动的对象则主要由自然物转变成了人化物，其丰富和复杂的程度到了令人难以想象的网络化地步，从而呼唤和催生了网络文化。

其二，人的实践活动的工具与手段日益技术化、智能化和实践活动过程及形式的日益组织化与专业化呼唤网络文化。一方面，人的实践活动方式的变革不断推动着科技的进步与发展，也使人的实践活动日益走向技术化与智能化。对此，有人说："当有以人的体能作为动力的人力工具时，它标志着一家一户

[①] 张治库：《人的存在与发展》，中央编译出版社 2005 年版，第 228—229 页。

为生产单位的农业文明；当人力工具发展到以能量资料转变为动力的动力工具时，则标志着工业文明的到来；当生产工具变成配上电脑，接入智能信息网，则就标志着网络化、信息化的信息或网络文明的出现。"①另一方面，在传统农业社会，人的实践活动是以一家一户的自然组织形式进行的家庭组织，联结这种组织的力量是一种血缘关系；到了工业社会，随着现代化的大生产导致普遍的专业生产组织的诞生，一系列的专业性组织成为人的实践活动的基本形式，这一组织是通过严格的制度与规范而将组织的成员密切联结在一起的。相对于传统工业和农业社会的组织程度而言，网络时代的组织化程度则是一种效率更高的活动组织形式。因而人的发展，内在地呼唤着这样一种网络文化的产生。

（三）网络文化推动人的发展

人的发展与网络文化之间是一种相辅相成的关系：人的发展在呼唤网络文化的同时，网络文化也推动着人的进一步发展。从教育哲学的视角来看，人的发展一般包括三个层次，即基本需要的满足、能力的发挥以及潜能的开发。在这三个层次之中，基本需要的满足是人的发展的基础，能力的发挥是人的发展的关键，潜能的开发则是人的发展的目的。这里讲网络文化推动人的发展，也主要是从这三个方面展开论述。

1. 网络文化广泛拓展人的需要

文化人类学认为，人的需要是人类社会发展的第一个前提，也是人从事劳动以及各种实践活动的一般目的和内在动机。"人们是在争取满足自己的需要当中创造他们的历史的。"②人的需要及其满足，不仅推动着人去劳动和创造发展生产力、改进生产工具、提高劳动技能、调节社会劳动的实物比例和时间比例，而且是推动着人调节各种社会关系并改革同生产力不相适应的一切旧有的社会关系，从而进行社会革命或社会改革的内在原因。网络文化的兴起和发展，大大拓展了人的这些需求及其满足程度。

首先，网络文化使人的物质、政治与精神的需要更加突出了。网络文化推

---

① 张华金："试论网络文明"，载鲍宗豪编：《网络与当代社会文化》，上海三联书店 2001 年版，第 3 页。

② 《普列汉诺夫哲学著作选集》第 2 卷，上海三联书店 1962 年版，第 27 页。

动了社会生产力的迅猛发展，为人类开辟了更多的活动空间；人类无需把全部时间都花费在物质资料的生产上，而是腾出一部分时间去从事物质生产以外的科学、艺术等活动，并在更高层次上提出了精神文化的需求。人的存在是在时间中绵延的，自由时间可以用来发展人自身的才能。网络文化提供了大量的自由时间，使人的发展有了更大的空间，使人能够更好地发展自己并以自由劳动来支配自己的生活。使个人按其自身的特点来发展其积极的需要，由单一片面的需要向相对全面的需要发展，由低层次需要向高层次需要发展，由占有和利己性质的消极需要向充实人的本质力量和积极性质的需要发展，使个人需要相对全面而丰富。

同时，网络文化使人对参与社会事务以及对社会公正、平等、自由和民主的要求高涨。网络文化扩展了人的交往活动，使网民政治参与多元化和平等化。在网上任何人在任何时间、地点对任何所关心的内容以"自我的实在"直接地"人—机—人"进行交往，比有中介组织参与的更加广泛、有效而富有个性。不论对方是什么角色，只要符合计算机的技术规范和对话人的语言规范，就可以一同"聊天"。网络文化连接的是通过自我选择的自由，平等地发掘本能去感知社会、了解社会、认知社会；它也是一方自我展现的舞台，可以尽情挥洒个性的真与假、善与恶、美与丑，也是一个个人社会化的场所，不明身份的对话者将社会浓缩为真实的符号和变幻的面具，只有社会人才能融入网络界面，在这样一种把个人都通过网络文化相互联接在一起的社会里，虽然网民生活在不同的地方，但心理上却居住在同样的空间里。在这里，通过社会事务、社会公正、目的、利害、知识、思想、文化、历史等某些共同点，把他们虚拟地结合成一个共同体，在这样的共同体内，将会有一些默契的共同概念，可以形成一些惯例和常识。

其次，网络文化使文化发展的需求更趋多样。网络文化使人的需要的满足由被动向主动转变，它提供的新型手段使人的需要得到极大的满足。人的共同协作活动需要相互协调，这是生产劳动成功的必不可少的条件，人类的公共事务需要进行统一的管理，网络是人的智力和技能的延伸，同体力相比，人的智力潜能是无穷的，这是人优越于一切自然物的特点。"生产过程从简单的劳动过程向科学过程的转化，也就是向驱使自然力为自己服务并使它为人类的需要服务的过程的转化。"①同时，网络文化可以极大的满足人们的文化消费。网民通过电脑浏览当天世界各地的图书、音像资料、报刊，收看电视节目和欣赏音乐，接触各种文化、聊天以及玩各种各样的游戏，开展各种各样的远程教育和成人教育等。随着世界进入以电子商务为中心的网络经济时代，文化消费的趋势呈优质化、个性化、品牌化、国际化、多元化，扩展了文化活动的参与性和交互性，也就扩大了人的需要。

2. 网络文化充分发展人的能力

能力是作为主体的人得以确立和发挥作用的最根本的基础，也是人的主体性的一项根本内容。它既包括个体的体力、智力及情感力、意志力，也包括社会群体的生产力、政治力、思想力、知识力和信仰力等。所有这些作为人的本质力量的充分体现，都是人的能力发展的重要内容。网络文化的发展大大提高了人的主体性，使人的能力更充分地发展。网民通过网络文化提供的各种新型设施、工具、条件，使自己的能力能够充分发挥与发展，并凭其能力发展自己和获得经济选择的自由，获得从事经济活动的主体性。离开人的能力，人在网络经济中便无立足之地，网络文化要求人具有能力意识。

首先，网络文化为人的能力的开发提供了条件，增强了人类的独立能力。一方面，人的劳动技能技巧的形成主要靠个人在实践中的摸索和积累——自己的知识要转化为能力，别人的技能技巧要真正成为自己的才能，都必须经过个人的亲身实践。网络文化创造了人生存发展所需要的雄厚的社会物质生产生活条件，使个人关系和个人能力得以在网上展开。另一方面，由于个人缺乏相异于他人的独特能力与独立本质而只能依赖于人群共同体，以共同体中心的一个肢体的身份存在。网络文化使人的发展更加具有独立性，也提高了人的独立思考与实践的能力。个人依凭网络文化可以积极参与社会事务，在全球范围内自由选择所需要的信息，在网上设计和创造新的东西，按自己的意愿发表自己思索研究的成果，按自己的兴趣施展自己的特长等，提高了人的自主性。

同时，网络文化为人的能力提供了全面发展的平台。人的能力全面发展要以充足的自由时间为基础，时间是精神发展的空间，可以支配的自由时间愈多

①《马克思恩格斯全集》第46卷（下），人民出版社1980年版，第212页。

则人愈能在各方面自由发展。因而，以能力发展为目的的经济也可以说就是以生产和占有时间为目的的经济。网络文化为人创造了更多的自由时间，可以使人的能力达到相对全面的发展，并且对自由时间予以有效利用。可见，网络文化的生产目的首先是人本身的能力发展，从人们把劳动本身作为目的这个意义上说，人们是为生产而生产，其目的就是使人获得自由全面发展，使人的能力得到最合理充分的发挥。网络文化创造了更多的自由时空，为人的能力发展提供了条件，而有了自由时空才会促进人的能力的全面发展，才有整个人类文明的协调发展。

其次，网络文化所呈现出来的符号化特征极大地拓展了人们的想象能力和认识能力，加深了人们对"实在"概念的把握程度，对可能世界的探索能力和行为能力不断增强。网络文化拓展的交往使不同领域的人联系起来，从而也出现了相对全面发展的个人。"要使这种个性成为可能，能力的发展就要达到一定的程度和全面性，这正是以建立在交换价值基础上的生产为前提的，这种生产才在产生出个人同自己和同别人的普遍异化的同时，也产生出个人关系和个人能力的普遍性和全面性。"①网络文化还给人类生活带来了历史性变革，其传播方式呈现出交互式、非中心化、自组织等特点，可以把万维网打扮成一个精彩纷呈的交互活动场所，在那里网民可以进行无限的选择、相互交流和创造。同时，网络文化在直觉和分析能力上都对网民有所帮助。这些高级思维活动原来只发生在一个人的头脑中，而现在将依托网络出现在更大的、相互联系的人群之中，似乎他们在使用同一个直觉性的大脑。

3. 网络文化深度开发人的潜能

人的潜能就是人的一种潜在的、尚未在劳动中表现出来的能力，包括人的自然力和人的社会能力。科学研究表明，人具有无限的创造潜能，人的创造潜能的发挥程度取决于文明发展的程度。潜能的开发离不开深刻的自我反思和体验，也需要外部的刺激和条件。一般而言，潜能有原生型和激发型两种，后者就是通过外部刺激而产生的。网络文化的兴起大大增加了这种可能，因为别人的体验、经验都发表在网上，能激发自己的潜能，促进人的创造意识的增强和

---

① 《马克思恩格斯全集》第46卷（上），人民出版社1979年版，第108—109页。

创造潜能的发挥。

首先，网络文化虽然没有现实的环境，但可以模拟一定的环境，从而在虚拟文化空间中既展现了人的另一面，又使人的潜能得以发掘。比如，许多网络游戏有助于开发人的潜能，通过这些文化游戏可以使不同地区的人迅即联通起来，把那些现实空间不可能一下子实现的想法、事情，在游戏的虚拟空间集中表达出来，从而使网民能够更好地展示自己，通过虚拟空间渲染自己、释放压力等。

其次，网络文化形成了广泛的社会联系，使人的潜能得以发挥。只有当社会生活过程即物质生产过程的形态作为自由结合的人的产物，处于人有意识有计划控制之下的时候，它才会把自己的神秘面纱揭掉。马克思指出："人是最名副其实的政治动物，不仅是一种合群的动物，而且是只有在社会中才能独立的动物。孤立的一个人在社会之外进行生产——这是罕见的事，在已经内在地具有社会力量的文明人偶然落到荒野时，可能会发生这种事情——就像许多人不在一起生活和彼此交谈而竟有语言发展一样，是不可思议的。"①网络文化推动了全球贸易和世界文化的发展，将整个世界联系起来，从而使人的潜能得到最大程度的发挥。

再次，网络文化的虚拟性扩展了人的潜能。美国心理学家 Patricia Wallance 在《互联网心理学》中谈到了一个典型案例：一个相貌平平的学生在网上找回了自信。这个其貌不扬且性格内向的人平日极少参与交往，但在网上讨论，他却表现出深刻的思想且不乏幽默与激情，一两天时间就有不少网友回信与他交流观点和看法。可见，网络为他提供了一个使他充分发挥自己潜能的公平竞技场，使他拥有足够的自信心证明自己的资质，甚至改变他对待实际生活的态度。事实上，人可以通过网络文化发挥自己的潜能而超越自身，并成为具有强大力量的主体，个人只有把完全不同的他人视为自己的外观从而打通了与他人的接触与沟通，他才在与其他网友亲密变动的交互中打破自己的孤独感而挖掘出自身的潜能。

---

① 《马克思恩格斯全集》第 46 卷（上），人民出版社 1979 年版，第 21 页。

三、网络文化与人的自由发展

人在网络文化背景下的存在是基于现实的存在，网络文化生活只是人的现实生活的一部分，而且也不可能成为完全取代现实生活的另类力量。人在网络虚拟空间中的自由发展是虚幻的，同样必须要从现实社会出发来理解才有真正的意义。这一新兴的网络文化对人的自由发展的促进作用，概括地讲，主要体现在三个方面，即人的主体性的提高、社会关系的扩展和实践素质的强化等。

（一）人在网络文化中主体性的提高

正如网络文化本身是一把双刃剑的存在一样，人在网络文化中的主体性也处于一种双重的境地。于是，有些人认为，网络文化尽管非常迷人，但它毕竟是建立在网络和文化技术的基础之上，不可避免地带有技术化的烙印。或许是受了后现代主义思潮的影响，面对网络社会中人们独特的文化境遇，他们认为在网络文化背景下人的活动，人与环境的关系都具有虚拟性，主体性已经被完全消解了。而另有些人则认为，人的主体性在网络文化背景下不仅没有消解，相反却获得了"全面发展"，超越了现实世俗生活限制的网络文化生活是一个真正理想的自由王国。对此，笔者认为要做适当分析才能把握。

前已叙及，应该说马克思以前的哲学家已经从不同侧面、不同角度就人的主体性问题作过有益探讨，但要指出，前马克思哲学对人的主体性一般只是片面地作客观主义或主观主义的理解，而马克思哲学正是在克服旧哲学的片面性的过程中建立起来的，是从主观与客观、主体与客体、实践与认识、自由与必然的关系中理解人及其活动的，从而达到对人、人的主体性的合理理解。作为自觉能动的社会存在物，人总是力图使外部事物按人的方式同人发生关系而成为客体，并使人在观念或理论和实践上按自己的方式同事物发生关系而再为主体[①]。人的主体性是人性中最集中地体现人的本质的部分，是人性之精华所在。当然，具有历史性的人的主体性，在不同的历史发展阶段会呈现出各自的

---

① 《马克思恩格斯全集》第42卷，人民出版社1979年版，第124页注②。

历史性、时代性和片面性，而在更高的历史阶段，以往那种相对不成熟的、较片面的主体性就可能被消解。事实上，自近代以来，人的主体力量的张扬，大工业生产、市场经济和城市化等使人生活在一个完全由主体创造的世界里，享受着舒适、便捷、繁华的权利感，以至于在许多人那里，"主体性"就代表着文明、真理、正义、力量和进步。但是，也要看到，人的主体性的张扬和主体性力量的显示总是伴随着各种代价的。例如，人对自然的征服和奴役，人的自我中心意识的膨胀，主体性的片面发展的极度张扬，不可避免地使人陷入了各种各样的困境和危机之中。正因为如此，在人与社会互动的现代化进程中，"主体性"也经常成为不少思想家尖锐批评的对象，而在后现代主义的思想法庭上，这种"主体性"更是被无情地加以审判并处以"极刑"，导致人们谈之色变而不敢妄言。

在网络文化中，来源于现实事物的"虚拟文化客体"不再受现实事物的本质、结构、关系、状态和规律等的限制，特别是网络文化活动根本地抛弃了"征服自然"这一传统文化指向的重要目标，并彻底突破了不包含交互主体的单独主体性，这确实可以视为是对近代以来那种"主体性"观念的突破和消解。网络文化为人的发展由被动转向自由，使人成为一种自觉、自强、自为、自主的人创造了许多优越条件。在网络文化和虚拟技术的帮助下，人的主体性在网络文化界面上获得了前所未有的机遇和可能性。另一方面，人的主体性在网络文化中的提升并不是没有代价的。在一定程度上，人在网络社会中正在沦为电脑、文化、技术的奴隶，人在不断实现技术因素扩张的冲动和欲望的满足时，人生意义、高尚理想、道德修养等却往往被忽视或遗忘，至于"人是目的"、"以人为本"、"一切为了人自身"之类的口号对于网络文化界面中被压抑的主体性而言，仍然具有警示意义。

可见，对于人在网络文化中的主体性，既不能以传统的主体观念来加以考察，也不能简单地根据以往时代某种主体性观念的破产、消失来否认一切形式主体的存在[①]。对于网络文化上的主体性问题，现在可以而且能够在人的虚拟

---

① 张明仓："虚拟实践：社会二重化与人的全面发展"，载鲍宗豪编：《数字化与人文精神》，上海三联书店 2003 年版，第 292—293 页。

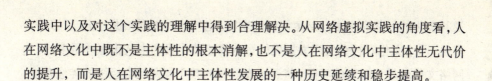

实践中以及对这个实践的理解中得到合理解决。从网络虚拟实践的角度看，人在网络文化中既不是主体性的根本消解，也不是人在网络文化中主体性无代价的提升，而是人在网络文化中主体性发展的一种历史延续和稳步提高。

（二）人在网络文化中社会关系的扩展

网络时代是以数字为中介、载体和体现方式的时代，是以纯技术化的物质形态为标志而命名的。网络文化是以数字帝国为基础的文化，数字成为人际交流的文化凭证和必要工具，人与世界形成的种种社会关系通过数字化而日益亲近和相互了解。网络文化、生物技术、模拟实验、思维工程和数字游戏等编织出数字化的关系场景，数字化的社会政治、经济、文化和人际关系则突显出人在这一网络文化中种种社会关系的扩展。

人在网络文化中社会政治关系的扩展。传统政治学理论认为，民主政治是人类社会政治发展的价值目标。从形式上看，民主作为人类社会国家组织政权实行政治统治和政治管理的一种特定方法，它坚持并奉行一个基本的价值原则，即形式上承认公民一律平等，承认每个人都有决定国家制度和管理国家的平等权利。如果一种政治统治形式能够按照这样的价值原则以及与之相适应的程序和方法来组织与运作，它就获得了某种民主的特征，并在与专制独裁相对应的意义上被认为是具有一定的价值合理性和历史进步性。但是，由于受传统政治信息传播的限制，公民不可能人人参与国家政治生活，致使社会政治民主化进程发展缓慢。当前，网络文化的兴起使这种状况正在改变，网络文化的迅速发展为网民关心国家大事、参与政策制度的制定和评价——为网民参政议政提供了有效渠道和广阔空间。在这里，政府机构可设立相关的公民意见箱、评价箱以及民主评价等邮件箱，广大网民可直接上网发表自己对某项政策、制度以及对政府部门公务员的意见和评价，同时政府机构也可以快捷地将反馈信息进行统计整理，了解和掌握公民的思想动态。各级党务、行政、人大和政协、司法等部门也可以设立相关网站或邮箱，便于网民沟通相关事务。可见，网络文化为网民参政议政提供了便捷的渠道，缩短了公共管理部门与人民之间的距离，促进着网络政治民主化的进程。

人在网络文化中社会经济关系的扩展。从社会生产力发展的角度讲，网络及其文化的兴起完全可以与蒸汽机的发明、电气化的出现相提并论；从影响力来说，网络文化对社会生产力发展的影响要比蒸汽机和电气化深远得多。因为网络文化超越了时空的界限，将逐渐发展成为整个国际社会经济的神经系统，并将在全世界范围内解放和发展现有生产力，使原来以手工操作或半自动化为主的工业变成为现在以网络直接操纵和完成。从网络经济关系来看，其发展已形成一个新的经济增长点。例如，在生产电视机的产业中，若用机器人连续地把元器件插入印刷电路板，用机器人对产品进行控制，就可以省掉人的手工操作，一个机器人每小时能向印刷电路板自动插入元器件72000个，若这一工作量用人去完成，则需要240个工人。又如，中国的网络发展很迅速，每天都有许多新网站涌现出来，他们大多雄心勃勃，希望自己的网站经过扩张而有朝一日在境外上市，吸引境外风险投资，将自己的网站迅速做大以占领网络经济关系的制高点。他们的所作所为除了具有自身价值之外，必然附带产生许多新网络社会经济关系价值，从而推动人在网络文化中经济关系的扩展。

人在网络文化中社会文化关系的扩展。随着人类在政治上的对话日益频繁，争端逐渐趋于平和；随着全球经济向一体化方向发展，不同民族间的文化融合也愈来愈引人注目。网络文化的产生和发展为不同民族间文化关系的融合提供了人类有史以来最为快捷的载体和最为广阔的平台，它引起了人们的思想观念、价值选择、伦理规范以及思维方式等各个方面的变化，带动了人在网络文化中社会文化关系的扩展。事实上，网络文化所流动的不仅仅是科学、技术、历史、艺术等文化信息本身，还蕴含着深层次的科学观念和时代精神；也正是通过这些新思想、新观念和新规范对网民心灵的整合，从而实现人在网络文化中社会文化关系的调整与更新。现在世界各地的网民，只要一上网就会给网络文化带来属于他的思想文化和生活观念。这些思想文化观念在网上碰撞、交流或融合，逐渐形成网络文化关系的行为规范和价值观念，而其影响也将会超越技术层面，最终把其全新的价值观念融进当代主流的社会，从而在文化关系层面上影响和改变人的生活状态。可以预言，在东西方各国家各民族竞相发展自己、激烈竞争的新世纪新阶段，人类有史以来最大规模的思想与文化关系大融合将不断在网络文化上悄然进行，引领人在网络文化中社会文化关系的扩展。

人在网络文化中人际关系的变革与发展。网络文化的发展不仅促进着一个国家政治、经济、文化的发展，而且改变着人与人之间的关系以至日常生活方式，为人的自由发展不断创造更好的条件①。因为在高度信息化、自动化的网络社会文化中，在家办公、网上学校、网上商城、网上医院、网上旅游、网上图书馆以及电子银行等已不再是梦想，人们可以足不出户就能实现工作、学习、旅游、交友等"一举数得"的愿望。可见，网络文化变革了现实社会中的人际关系，改善着人与人之间日常生活的方方面面，达到几乎无所不能的地步。原来人们需要很多时间去完成的工作、需要很大气力去构建的繁杂的人际关系，现在通过网络文化在几分钟内即可完成，从而为人从事其他事业留下了大量自由支配的时间，为完善人际关系留下了广阔的空间，最终网络文化为人的自由发展创造着越来越好的条件。

（三）人在网络文化中实践素质的强化

随着网络文化和虚拟技术等现代信息技术手段的广泛应用，人类社会的实践活动方式发生了极大变化，其中最引人注目的变化之一是出现了一种前所未有的崭新社会实践形式——虚拟实践。虚拟实践素质是指人们运用计算机技术、网络技术和虚拟现实技术等现代信息技术手段，在赛博空间或电脑网络空间中有目的、有意识地进行的一切能动地改造和探索虚拟客体而形成的素质。这一基于网络文化之上的虚拟实践素质的强化，已经初步显露其对人的自由发展的重大促进价值。

第一，虚拟实践素质突出地展示了人类实践活动的创造性、超越性和自主性，是人类充分发挥自身创造性、超越性和自主性的最佳手段和途径，极大地拓展了现实实践的时空场所，根本改变了实践的时空结构及其时间观念。在虚拟现实世界里，实践活动已不受由原子构成的客观对象及其内在规律的制约，"不出户，知天下"成为现实，"网上地球村"真正形成。人们不管身在何处，借助于网络文化等信息手段都可以实时地虚拟交往、虚拟办公、虚拟实验、虚拟会议和虚拟商务等；由于网络文化的快速传播和实时共享，彻底改变了传统

①梁秀萍："试析网络给社会和人的发展带来的影响力"，《石油大学学报（社科版）》2001年第2期，第51—52页。

的实践和交往方式，网民可以任意地改造客体和变换客体的时空结构，从而使人的发展获得以往在原子世界中所不可能获得的自由活动结果。

同时，虚拟实践素质的强化，极大地影响和反作用于社会的政治、经济、科技、教育、文化、管理和军事等方方面面，改变人类社会的基本结构和时代性质，对于深刻理解人与人的关系、与技术的关系、与世界的关系、与宇宙的关系，具有极其重要的意义。一方面，虚拟实践作为网络文化技术引发的一种新型的实践方式，必定会极大地影响它所在的社会实践环境，而"环境并非消极的包装用品，而是积极的作用进程"①。另一方面，网民通过虚拟实践可以直接感知到技术是人的智能的外化，人与外部世界的关系就是一种通过智能工具系统而相互作用、相互影响和相互转化的关系。在宇宙的进化过程中，人的智能具有极其重要的作用，这有可能决定着宇宙进化的方向及其未来命运。而且，虚拟实践还会使实践主体由"参与人"取代传统实践活动中的"理性人"，进而推动网络文化"参与人"素质的优化。

第二，虚拟实践素质的强化，对于"网络人"感知事物的基本方式具有重要影响，还有助于人的自由发展。一般而言，任何新技术的发明和应用都会直接或间接地影响人类感知事物的基本方式。而虚拟实践作为网络科技应用的社会活动过程更是直接地影响着人对事物的感知方式，这对于提高认识效率、广度和深度乃至人的自由发展，将会产生积极的影响。同时，虚拟实践所创造的新的社会环境极大地调动了人的主动性、自主性、创造性和超越性，提高了人的认识效率和实践效率，对于人的自由自觉的全面发展并超越自然和社会对人的发展的阻碍和束缚，都具有重要而深远的自由解放意义②。

---

① [加] 马歇尔·麦克卢汉:《理解媒介》，商务印书馆 2001 年版，第 25 页。

② 杨富斌:"略论社会实践的新形式"，载鲍宗豪编:《数字化与人文精神》，上海三联书店 2003 年版，第 277—281 页。

第四章 冲突与无序：
网络文化与人的发展（一）

马克思指出："全部人类的历史的第一个前提无疑是有生命的个人的存在"，"这里所说的个人不是他们自己或别人想象中的那种个人，而是现实中的个人。"作为一个现实的人，他也是处于一定的政治、经济、社会伦理、文化观念之中的。因此，人的发展也体现于人的政治生活民主、技术和认知能力提高、社会伦理进步、精神自由（个性自由）之中。也就是说，人的发展可以从自由、民主、认知和伦理四个层面来说明。网络文化对人的发展的负面影响，也可以从这四个层面加以论证。本章主要讨论自由和民主问题。对于自由而言，网络的出现，网络文化的繁荣，一方面，个人可以借助网络实现很多以前不能实现的自由；另一方面，网络也带来了网络行动者的主体性迷失与自由悖论。这一迷失和悖论源自于现实与虚拟的冲突。对于民主而言，网络一方面促进了世界政治的发展，带来了更广泛的民主；另一方面，网络的特征使其成为意识形态霸权主义的沃土，网络霸权文化、网络极权主义也为当代的政治民主带来了新的挑战。这一挑战既源自于虚拟与现实的冲突，也源自于网络帝国文化与民族文化的冲突。在此，笔者从冲突和无序的角度论述网络文化对人的发展的负面影响。

一、源于冲突的无序

网络给人类发展提供了更多的自由和民主，但是，网络是把双刃剑，在为人类发展带来自由和民主的同时也带来了消极的影响。这一消极影响又源自于两种冲突，即：虚拟与现实的冲突、网络帝国文化与民族文化的冲突。在此，就这两种冲突以及由此导致的两种无序（即行动者行动的无序和社会规范的无序）进行讨论。

（一）网络文化中的冲突

文化冲突、文明冲突，最直接的表现是不同文化类型的冲突，如：中西文明、中西文化冲突，等等。对于网络文化来说，这类冲突是其主要表现之一。此时，不同文化借助于网络来表达自身。在一定意义上，这也是民族文化借助于网络来表达自己。除此之外，网络文化冲突还体现在网络文化形态与非网络文化形态的冲突。这一冲突其实是两种实践方式（虚拟实践与现实实践或物质实践）、两种世界（虚拟世界与现实世界或物质世界）冲突的文化表现。

1. 虚拟与现实的冲突

网络文化是虚拟文化，虚拟与现实的冲突是网络文化与非网络文化冲突的主要表现，也是其实质表现。任何文化都是人类劳动所创造的，网络文化也不例外。但是，非网络文化是人们通过现实劳动实践而创造和传承，是对人类现实创造物的一种客观肯定；而网络文化则是以"虚拟"的方式创造的，即运用现代科技手段与数学模型，将现实社会中的人与真实世界"数字化"，变成信息符号。正是这一虚拟性带来了网络文化的内在冲突。这一冲突有两种表现：

（1）网络文化的数字性：虚拟实在与物理实在的冲突。当尼葛洛庞帝的《数字化生存》一书的中译本出版时，国内很多人还仅仅把书中的描写作为一种遥远的未来甚至是科学幻想来看待。不到十年时间，数字化生存的现实性表现得已经越来越明显。虚拟实在就是一种数字化生存。所谓虚拟就是指非真实的生存，而实在或现实应该是真实的生存，但虚拟与实在（或现实）连在一起用构成了一种看似矛盾的术语。这恰恰是基于数字化技术的虚拟生存方式的奥秘所在。尼葛洛庞帝指出："虚拟实在能使人造事物像真事物一样逼真，甚至比真事物还要逼真。"①数字技术提供的是不生存的生存，不真实的真实，它把不可能变为可能。虚拟实在是一种非现实的生存，但虚拟技术确是实实在在的现实生存。

"实在"是指"一种真实的事件、实体或状态"。在虚拟实在出现以前，"实在"几乎总是与人们可感知的世界（物理世界）相联系的，而虚拟则刚好相反。在这样一种对实在的解释和观念中，现实的、感性的、物理的与实在的被看做是同一个问题的不同的说法，而实在与虚拟则分别被归之于两个不能打通、不能过渡的世界。但是，随着网络信息技术的发展，尤其是虚拟实在技术的发展和相应的网络社会生活世界的出现，传统观念中关于实在和虚拟之绝对的划分不再像以前那样清晰可辨，虚拟与实在之间开始出现了一种功能上的同质性与共同性，"实在"也因此被划分为了物理实在与虚拟实在这样两种不同的类型。其中，物理实在是在人们所熟悉并生活于其中的物理世界中所存在和发生的事件、实体或事态，它以真实的时间和空间作为基本的组成要素；而虚拟实在则是赛博空间或数字化空间中所存在与发生的事件、实体和事态，比特形式存在的数字信息符号是其基本的组成要素，它是一种数字化实在。

尽管虚拟实在具有一种与物理实在一样的、在相同的情境或氛围中能够体验得到的可重复性（或者说功能后果上的客观实在性），但是，从组成要素构成的关系和表现形式来看，物理实在是我们可以看得见、摸得着的可感知的实体，而虚拟实在则是我们无法从经验上加以触摸的东西。正是在这一点上，物理实在与虚拟实在构成了两个截然不同的领域。尽管虚拟实在以及相应的网络社会能够为人们带来以前意想不到的征服自然和改造自然的能力，从而成为网络化时代人们生活之不可缺少的组成部分，但它毕竟不能取代物理实在，相应的网络社会也不能取代人们的现实生活世界，因为人们对物质、能量、感知、情感等方面因素的需求还是要回到现实物理生活世界中来，才能得到直接的满足。就人类行动作为一个完整的整体而言，虚拟实在能够为人类生存与发展提供各种不同的体验，因而使人的多样性需求得到更好的满足；但是，人的欲望

---

① ［美］尼葛洛庞帝：《数字化生存》，海南出版社 1997 年版，第 15—140 页。

（需求）对人的发展而言具有两面性，虚拟实在要促进人的发展，不仅仅是一个满足欲望的要求，虚拟实在还有许多方面必须和物理实在进行磨合。现阶段，这一磨合还远远不够，它们二者之间还存在许多矛盾；并且，这一矛盾必然会反映到人们的网络行动中来，从而在一定程度上成为"威胁"网络社会秩序建构的巨大张力，即造就了网络文化中的现实与虚拟冲突。

（2）网络文化的超现实性：超现实与现实的对立。网络文化的超现实性特质主要表现为超时空性、非在场性和超真实性。从超时空性来看，非网络文化的活动者都具有现实时空的特征，其活动受制于现实时空；而网络文化的活动者是在虚拟时空中从事文化活动，其活动并非完全受制于现实时空。网络时空是现实时空的衍生物，但与现实时空有着本质的区别。网络时空也称之为虚拟时空，所谓虚拟时空，就是运用虚拟技术所构造的与现实时空既相联系又相区别的时空形态，其本质也就是通过运用特殊的时空构筑手段，变换既定的时空运动方式，营造超常的时空运行状态，并在其超常的时空运行状态中勾画特定的时空维度，展现新奇的时空场景，给人以特殊的时空感觉和体验。虚拟技术打破了现实时空的界限，缩短了人与人之间的时空距离。虚拟技术使人的活动所必需的时间和空间大大地缩减了，进一步拓展了时空的维度，创造了更大的活动自由度。虚拟时空的人机互动对接造就了"超实"的时空场景，人们无论处在何时何地，一旦被纳入虚拟时空系统，便可与整个世界同时存在，同时知晓世界上正在发生的种种变化；任何地方性事件，通过虚拟时空系统，也可以及时准确地传播到全球范围，从而产生全球性影响。因此，在虚拟时空系统中，人们可以直接跨越或消解许多现实的时空限制，及时、准确、综合性地传递、加工、存储、创造信息，表现自我，张扬个性，从而大大增强了人的行为的主体性和选择性，为其自主性的充分体现和发挥创造了有利契机。通过虚拟技术手段对现实时空中的某些具体事物的运动变化状态进行新的塑造，如通过特殊的电子手段创造出栩栩如生的声像、情节、运动时空场景，给人以特殊的时空感觉和体验。总之，虚拟时空是对现实时空的突破、扩展、压缩、再现等虚化处理。

从非在场性来看，非网络文化是一种主体文化，或者说主体在场、主体认定的文化；而网络文化则是一种去主体化文化。所谓主体在场、主体认定是指文化主体的活动具有可鉴别的身份特征，如：文化活动者的民族、国籍、性别、学历，等等。主体在场是非网络文化的主要特征，如学者进行学术报告，听众往往知道其身份特征。但是，在网络这一虚拟世界中，文化活动的主体很难进行身份鉴别，有时根本就无法进行身份鉴别。所以，网络文化活动中也无所谓主体、客体，网络文化是一种去主体、去中心的文化。网络文化的去主体使其扫除了非网络文化物质载体的地域性、民族性和阶级性，它为各种不同种族、国家、民族、阶级和性别的群体提供了一个阐述自我、张扬自我的文化平台。网络文化的去中心，使其打破原有的文化结构，消解知识权威。

从超现实性来看，网络文化不是对现实的简单模拟，它通过高超的仿真和拟像技术手段反映人、技术和世界三者之间的关系。如果说仿真还是基于原型的摹本，那么，拟像则使原型与摹本之间的再现关系失效。拟像不再是对某个领域、某种指涉对象或某种实体的模拟，它无需原物或实体，而是通过模型来生产真实。这种真实是一种超真实。超真实表明用模型生产出来的真实比真实还要真实，在这里，真实不再是一些单纯的现成之物（如自然风景），而是人工生产或再生产出的"真实"（如模拟环境）。这样，社会生活成了完全符号化的幻象，真实实在完全消失在影像和符号的迷雾之中。网络文化的这种仿真和拟像方式使其成为一种具有超想象性的乌托邦文化。网络文化的幻觉感知模式不仅有助于创建网络乌托邦，而且提供了实现网络乌托邦的可能性，给予渴望乌托邦的人们真实的精神慰藉。通过网络取名，人们可以在网络社区获得一个异性角色的身份，以实现让你想做一个女人或男人的心理体验；通过"仿像"技巧，如电影、电视、电子游戏机、卡通漫画等社会独特语言体系，你可以构造内心想要但现实不可能满足的网络生活。人们在自己创造的网络乌托邦中狂欢，既是演员又是观众，既在表演又在欣赏演出。网络文化不仅是现实世界的"摹本"，也是乌托邦世界的"影像"；不仅是基于现实的虚拟文化，也是一种超越现实的真实文化。

2. 网络帝国文化与民族文化的冲突

从理论和原则上说，网络史无前例地给民族文化提供了理想的发展空间。借助于先进的信息技术和网络技术，各民族各地区的文化交融和沟通日益密切。但不容忽视的是，网络在打破文化交流技术障碍的同时，也打破了民族文化的自然屏障,在同等条件下,文化资源会流向技术更硬、市场更发达的地方,导致文化传播的"马太效应"。同时,发达国家还会利用其经济、政治和技术上的优势,来宣传其意识形态,向发展中国家进行文化渗透。因此,网络既是宣传和传播民族优秀文化的主渠道,又是文化帝国主义、文化霸权主义滋生的沃土。网络帝国文化与民族文化的冲突是网络文化冲突的另一表现,这一冲突具体体现于两个方面:

(1)意识形态的斗争:网络帝国文化与民族文化冲突之一。意识形态之争向来是发达国家和发展中国家、不同民族和文化国家的斗争领域。在经济全球化浪潮的推动下,发达国家倚仗自己的经济实力,开始自觉或不自觉地强行推销自己的文化制品、政治价值和生活方式,试图以文化殖民的形式达到文化同一与文化控制。当代文化冲突正逐渐超越生活习俗、惯例规则这些表层现象的差异,冲突和对立的焦点进一步集中到经济利益、文化安全、人的生存权等问题之上。与此同时,发展中国家在全球文化的互动中,自我意识也在不断增强。政治文化的渗透与反渗透、冲突与交融、对抗与对话成为当下一道亮丽炫目的图景。从这个意义上来说,当代"东西问题"、"南北问题"以及此伏彼起的"女权运动"、"生态运动"、"反全球化"等,都是基于平等、自由、文化等交互缠结的政治诉求活动。网络资本的扩张决不仅仅是银行汇票或电子转账的问题,具有"全球意义"的文化不会也不可能是全球各民族文化的平等对话和交流。伴随着经济力量的整合与控制而来的是西方政治文化的登陆、扩散,是不同国家、民族的传统政治文化、政治思维、政治意识和政治心理之间的对话,其目的是使国际社会成员对国际社会政治体系产生一种整合感或认同感,从而用西方主流意识形态—自由主义—改造、同化他民族的政治文化,置换具有差异性、民族个性的政治文化的价值支撑,最终形成与新自由主义相匹配的政治游戏规则,实现控制他民族政治命运的根本归属。随着网络的发展,网络成为文化传播和生产的主要场所,发达国家自然不会放弃该场所,会利用技术、资金优势,生产和传播其文化价值模式,实现其文化霸权与殖民。对此,阿尔温·托夫勒在《权力的转移》中有一段精辟的描述:"世界已经离开了暴力和金钱控制的时代,而未来世界的魔方将控制在拥有信息强权人的手里,他们会使用手中掌握的网络控制权、信息发布权,利用英语这种强大的文化语言优势,达到暴力金钱无法征服的目的。"这正是网络空间的阶级和时代本质。难以控制的信息跨国流动，包含了深刻的意识形态意义和人文特征。西方国家借助信息技术手段，将其文化从信息中心渗透到相对不发达的国家和原有的封闭地区，并通过创造一种所谓的全球文化经验，将西方的文化价值观和意识形态强加到其他国家头上，以文化上的一致性来压制文化上的差异性，削弱单个民族国家的文化凝聚力。因此，以互联网为主要载体的信息化时代，是各种思想文化碰撞加剧、意识形态领域的斗争尖锐复杂的时代。正如江泽民同志所指出的："由于信息网络化的发展，已经形成了一个新的思想文化阵地和思想政治斗争阵地。"

（2）民族精神的腐蚀：网络帝国文化与民族文化冲突之二。网络文化对网民民族精神的负面影响包括如下四个方面：一是淡化民族认同感。网络的迅猛发展使网民可以通过网络轻而易举地接受各个国家的文化，于是，西方国家利用网络宣扬自己的准则、制度、经济、文化、政治模式、生活方式，通过覆盖全球的网络来控制"网民"的喜怒哀乐，改变"网民"心目中的意念，使"网民"对一些西方国家产生亲近感、信任感，最后认同、信赖这种文化理念，迷信和敬仰西方资产阶级生活方式。对于青少年网民更是如此，由于其身心还未成熟，往往易被西方文化所宣扬的假象迷惑，在比较中弱化对本民族的感情，进而使自己的民族自尊心、自豪感产生动摇。二是动摇民族自信心。民族自信心源于对民族文化的认同感和优越感，是在充分了解本民族文化基础上对民族文化的肯定和赞许，是对民族文化的未来充满信心的体现，它是自觉维护民族尊严、推动民族发展的心理基础。在全球网络文化的交流与对话中，某些特征会对民族自信心产生消极影响，如：网络信息中英语信息占据主导地位就会对其他民族的自信心产生一定影响。借助于语言优势，英语文化，尤其是美国文化，已在全球范围内形成新的文化霸权。此时，其他民族文化往往处于弱势地位。而弱势文化常常会在强势文化的种种优越性面前怀疑、否定自己的民族文化，进而削弱对本民族的自信心。三是民族价值观的迷茫。人往往是在历史给定的民族精神价值体系中抉择自己的行为目标和行为方式。而在网络信息时代，固有的民族精神及其目标和方式体系为网络多元文化所冲击，取而代之的是他民族的价值观和行为方式。如网上不时出现种族歧视、宗教仇恨、法西斯主义、暴力凶杀及利己主义、功利主义等价值取向，其中有些价值观会给网民特别是青年学生网民的民族意识和民族价值观造成难以估量的危害。因为这些目标和方式对他们是前所未经历的，因而抉择的困惑与迷茫随之而来。于是，部分网民在民族精神与文化上就呈现出不稳定、无中心、多样化的状态，精神家园迷失，内心冲突剧烈，在民族价值观选择上困惑彷徨、无所适从或优柔寡断、迟疑不决。这很容易带来民族精神价值体系选择的冲突与悖论。四是弱化民族振兴的责任感。民族精神就本质而言，最终体现为对民族振兴的物质动力，这也是一种民族精神之所以生生不息的根本所在。民族成员为本民族的繁荣振兴而不断奋斗是应尽的责任和义务，也是当代青年的历史使命。但在网络信息时代，网络文化渗透着"黄色"诱惑、享乐主义、颓废主义等社会意识，使得缺乏健康的思想情操和坚强意志品质的网民失去为民族振兴而艰苦奋斗的进取精神，转向追求享乐、奢侈、刺激、性解放等不健康的生活方式。

（二）冲突造成无序

无序是某种状态，可以是行动者的某种状态，也可以是社会的某种状态。对于行动者来说，其行为和心理都可以表现出无序状态，如：行动者的内心的种种矛盾导致其心理难以协调、行动者的某种心理障碍，等等；又如：行动者的行为偏差、某些疯狂的举动，等等。对于社会来说，无序是指社会失范，即缺乏有效的社会规范来控制社会。在此，无序包括行动者的无序状态和社会的无序状态，并且二者都是由于网络文化的冲突而造就的。

1. 虚拟与现实冲突造成行动者心理与行为失序

网络文化的冲突突出表现在虚拟实在与物理实在的冲突以及超现实与现实的冲突。虚拟实在与物理实在的冲突表明虚拟实在离不开物理实在，更不能完全取代物理实在，所以，任何人不可能完全依靠虚拟世界来生活，必须回到现实生活世界之中；另一方面，虚拟世界的超现实性对人具有极大的吸引力，人似乎变得完全自由了，人的行动的随意性被无限放大和强化。虚拟世界的超现实性往往使人沉迷于此，而虚拟实在与物理实在的冲突又导致人必须面对现实生活，最终导致行动者心理与行为的失序。

（1）虚拟与现实冲突衬托虚拟世界的"完全自由"而导致网络沉迷。在网络虚拟世界里，人们似乎变得"完全自由和平等"了。许多由于各种社会变化和竞争造成的生活和心理压力，在这里均可以得到随意性的释放和解脱；很多现实生活中难以实现或不愿公开的个人愿望和生理欲望，在这里也可以得到一种随意性的假想式满足和实现；人的创造性和破坏性在这里均变得异常活跃且无拘无束；人在现实社会中难以得到承认的个人价值或无法找到的精神偶像在这里也变得轻而易举；人与人之间的交往和交流可以根本不考虑对方是谁或会有什么感受，甚至还可以随意编造或更改自己的姓名、性别、年龄、国籍、职业等等。网络世界的"自由"、"平等"和"开放"固然有其积极的一面，但是，它也会无限放大和强化人们行动的随意性，进而扭曲和破坏人的法律意识、道德观念和行为规范。计算机网络这种积极表象背后的消极因素，对一个已经完全成熟的成年人来说，可能不会造成显著的影响，但是对涉世不深的未成年人来讲，其危害将是十分明显的。众所周知，未成年人心理和行为的不稳定性是其成长过程中的一大特点，而未成年人健康心理和良好行为的养成和加强，恰恰需要一个优化有序的社会环境和长期规范的生活实践，以及全社会的正确引导和教育部门的积极培养。如果一个未成年人被可变性极大的虚拟环境所诱惑，长时间接受虚拟的"完全自由和平等"的影响和刺激，就很可能迅速放大和强化其心理上的随意性，并进而引发其行为上的放纵性。目前很多未成年人在学习计算机网络知识过程中，难以准确合理地将学得的计算机网络知识运用到社会生活实践中去。他们往往在错误理解和运用计算机网络的"开放"、"自由"和"平等"规则，并被其所迷惑，变成了一个个废寝忘食的"网虫"；并逐步把自己封闭在与现实生活完全隔离的虚拟世界里，这就难免使心理和行为尚未完全稳定和定型、可塑性大的未成年人产生现实与虚拟之间的强烈冲突。如果这种冲突不断积累并日趋激化，而我们的社会又未能及时有效地对他们进行引导和帮助，那么这些终日沉迷于网络的未成年"网虫"，就很可能由于心理出现严重障碍而无法面对现实，有的甚至因为未能及时养成良好的行为习惯而出现严重的行为偏差。

（2）沉迷虚拟世界导致行动者心理与行为失序。一方面是行动者沉迷于虚拟世界，另一方面是现实世界对人的行动的规范。二者的矛盾最终导致行动者心理与行为的失序。这一失序具体表现在四个方面：

一是沉迷虚拟世界导致角色冲突而造成"双重人格"。在虚拟空间中，社会现实的道德规范与自我规范已不复存在，通过网络互动的"我"是无拘无束的个人与符号形象的交流，而不是受公民、民族、道德等制约的人与人、人与群体的互动。在与符号形象的交流中，个人在现实生活中的社会角色与应遵循的道德准则统统被抛弃，隐藏在内心深处的各种欲望趋向于得到最大程度的满足。网络主体对自己的网络身份的确立更多的是追求一种本我意义的张扬，即满足自己最深层的心理需求和欲望或者追求一种超我的典范。在网络中诉求一种完全不同于现实人格的自我想象中的理想人格，这就在很大程度上使网络主体与现实自我分离。因此，很多网民在虚拟世界中长期扮演着另一种不同于现实的角色，沉溺于自我实现的满足。如：一个网络游戏高手，在游戏中振臂一挥，应者云集，而在现实生活中只是一个普通平凡的人。这类人一旦回到现实生活中就会感到非常渺小，软弱无力，产生极度的失落感、颓废感，他们往往会把虚拟世界当成逃避现实的避风港，或者根本分不清现实与虚拟。还有一类人，他们在现实的交往中，可能是积极友好、顺应社会的，但在网络中，他们刻意塑造自己消极、攻击、反社会的人格，这样的人格如果稳定下来，进入潜意识中，就会破坏现实人格的稳定性，表现出矛盾冲突的双重人格。

二是沉迷虚拟世界导致基本生活与行为能力弱而造成心理与行为失序。在人的生活和行为能力中，勇敢面对和独立处理各类现实问题、进行人与人之间的直接交往和交流、辨别和判断社会复杂现象的是与非、应对突变和紧急情况等能力是最为基本的。由于人在各种生活环境和社会领域中几乎每时每刻都在运用着这些能力而使这些基本能力对人的一生显得尤为重要。因此，如果一个未成年人整天沉迷于"聊天室"、"BBS公告栏"和"中文论坛"之中，将自己终日封闭在虚拟环境、虚假人群、虚幻事物里，那么他的上述基本能力必然会由于长期与现实环境、人群和事物脱离而得不到及时培养和加强。当他不得不依靠上述基本能力去面对现实社会、现实生活和现实人群的时候，往往会由于无所适从或无能为力而深感自己与别人不一样或比别人能力差。如果他长期受到这种悲观意识的困扰而又无法自我解脱，那么他就有可能由于不敢与别人交往和交流、不敢直面现实和人生而形成相当强烈的孤独和自卑感。当这种孤独感和自卑感强化到难以忍受的时候，就有可能爆发常人无法理解的疯狂行为。

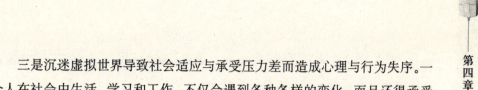

三是沉迷虚拟世界导致社会适应与承受压力差而造成心理与行为失序。一个人在社会中生活、学习和工作，不仅会遇到各种各样的变化，而且还得承受来自各个方面的压力。这就需要人在成长过程中不断培养和强化其适应社会各种变化和承受社会各种压力的能力。但是，一个未成年人如果长期"生活"在一个可以根据自己的意愿去固定或改变环境、增加或减少压力的虚拟社会里，就很难正常而自觉地养成良好而坚韧的适应社会变化、承受社会压力、应对社会竞争的能力。当他的生活、学习和工作由于某种原因而出现较大变化和压力，或要求他必须依靠自己的能力去参与社会竞争和适应快节奏生活时，很可能由于难以适应变化、无法承受压力而被整个社会抛弃。他的这种心态一旦日趋恶化，就有可能终日处于忧心忡忡或怨天尤人的状态中，逐步形成相当明显的恐惧感和挫折感。当这种恐惧感和挫折感不断积累和激化，就很可能引发反社会的报复和攻击行为。

四是沉迷虚拟世界导致心理协调与行为控制能力低而造成心理与行为失序。人既是自然人，但更是社会人。当人的自然性影响人的心理和行为时，就必须依靠人的社会性去调节和控制人的自然性。这就要求每一个人在成长过程中必须养成积极良好的协调心理和控制行为的能力。否则，任何人均难以在现实社会中生存和发展。但是，如果一个未成年人整天在毫无约束的虚拟环境里游荡，就很可能受到虚拟社会那种所谓的"完全自由"、"绝对平等"、"高度开放"等技术规则的强烈刺激。这不仅会阻碍其社会性的形成，而且还将诱发其自然性的快速膨胀。当他的自然性随着生理发育开始明显影响其心理和行为，而现实社会和现实生活又要求他必须依靠其社会性去调节自己的心理和控制自己的行为时，他将陷入自然性和社会性的剧烈冲突之中而无法解脱。这种状况如果得不到社会、家庭和学校的积极引导、及时帮助和合理疏解，轻者可能会引起心理障碍和行为偏差，重者则可能导致严重的精神疾病和危害社会的违法犯罪行为。

2. 网络帝国文化与民族文化的冲突导致社会失范

现代社会秩序是立足于民族国家基础之上的。政治、法律制度都与民族传统、民族精神、民族认同、民族习俗等关联。制度规范的合法性都具有民族特点，可以说，民族心理、民族精神是制度的基础。网络帝国文化对民族文化的侵扰、腐蚀将使网民对国家社会规范的合法性产生疑虑，将降低现有社会规范的整合能力，进而造成社会失范。

（1）社会规范合法性的民族文化基础。合法性是一个历史悠久的概念，在英文中称为"Legitimacy"，在古希腊政治思想中，其意义是指合乎法律的或法治的。经过中世纪的自然法思想以及近代个人权利与大众同意思想的影响，其意义也发生了根本性的转变，主要是指某一政治秩序是否合理，为什么应该得到其成员认可。这时的合法性概念更多地与政治权力联结在一起，从卢梭、韦伯到当代绝大多数论及合法性问题的学者无不如此。例如，哈贝马斯认为，合法性是指一种政治秩序被认可的价值①。李普赛特认为合法性是一个价值判断的概念，它是指"任何政治系统，若具有能力形成并维护一种使其成员确信现行政治制度对于该社会最为适当的信念，即具有统治的合法性。"②罗思切尔德认为："政治系统统治的合法性，涉及系统成员的认知与信仰，即系统成员承认政治系统是正当的，相信系统的结构与体制及在既定的范围内有权使用政治权威。"③韦伯将统治划分为三种类型，相应地对应着三种合法性：传统统治的合法性是统治者的世袭地位和制定、执行法律时遵守某些宗权习俗；魅力统治的合法性是个人的英雄气概和领袖气质；法理统治的合法性是对合法章程（即形式合理的规则）的信任④。亨廷顿认为："制度化是组织和程序获取价值观和稳定性的一种进程。"⑤西方马克思主义则多注重意识形态对于政治合法性基础的意义。如葛兰西强调文化领导权的作用，认为文化领导权是统治阶级依靠说服和教育来实现对从属集团的精神和道德领导。波朗查斯也把政治合法性基础同占统治地位的意识形态结合起来，他认为在分析一个国家时"不能低估主要依靠统治阶级意识形态的那些合法性的存在"⑥。弗里德里奇认为政治合法性基础基于各种不同的信仰，他将政治合法性的基础概括为以下几个方

① [德]哈贝马斯著，张博树译：《交往与社会进化》，重庆出版社1989年版，第184页。

② [美]马丁·李普赛特：《政治人》，上海人民出版社1997年版，第55页。

③ J. Rothschild, *Political Legitimacy in Contemporary Europe*, in B. Benith（ed），*Legitimation of Regimes*, Beverly Hills: Sage Publications Inc., 1979, p.38.

④ [德]马克斯·韦伯著，冯克利译：《学术与政治》，三联书店1998年版，第56—57页。

⑤ [美]亨廷顿著，王冠华等译：《变化社会中的政治秩序》，三联书店1988年版，第12页。

⑥ [希腊]波朗查斯著，叶林等译：《政治权力和社会阶级》，中国社会科学出版社1982年版，第246页。

面：宗教的，如：基督教的、儒教的；哲学的，如：正义观；传统的，如：根据不同的习惯和风俗对政府与统治的理解；程序的，如：对与多数制相关联的不同的选举制度的观点；有效性，如：战争的胜利，国家的繁荣；等等①。总之，上述有关规范合法性研究都指涉文化、意识形态的作用，民族文化、民族认同、国家意识形态是政治、法律制度合法性的基础。

现代国家是民族国家，民族国家的存在是社会规范整合的基础，没有民族国家根本谈不上社会整合。民族文化也通过对民族国家的影响来体现其社会整合作用。安德森认为，民族国家是一种"臆想的共同体"，当今世界民族的观念被牢固地强化了，民族主义与政治意识实际上是无法截然分开的。他认为民族是一种虚幻的、人为地臆想出的共同体，其目的就是为了取得民族内部成员的共同认同，使自身成为一个稳固有力的整体。所以，作为民族国家一般强调政治权力与民族构建、民族整合的关系，但这并不意味着民族国家直接使用政治权力，而仅意味着民族国家具备了一种政治权力势能。一般看来，这种政治权力势能形成后不直接向政治权力客体施加作用和影响，而是通过政府、政治领袖个人等这种直接掌握政治权力的机构或个体将政治权力势能转化为政治权力的功能。这样，民族国家作为政治权力主体，也必须回答政治合法性问题。从上述分析看，以民族内部成员的民族认同、民族利益至上等信仰为基础而形成的民族主义意识形态对这一问题具有关键意义。民族认同是民族国家合法化的文化来源。对此，阿拉嘎帕指出，"共同的认同对于民族国家的合法化是关键的"②。因此，否定民族文化对现实国家具有解构作用，将引起现实国家中分裂运动的产生。对此，阿尔蒙德指出："即使在立国已久的国家里，随着新问题特别是那些涉及语言和文化同一性问题的出现，政治共同体内已解决了的边界问题也会再次被提出来。"③在单一民族国家里，否定民族文化所导致的结果是该国家被别的国家或新的国家合并。由此可见，民族文化不但是当代社

---

① Carl Friedrich, *Man and His Government: An Empirical Theory of Politics*, NY: McGraw — Hill, Book Company, Inc., 1963.

② Muthiah Alagappa, *Political Legitimacy in Southeast Asia —— The Quest for Moral Authority*, California: Stanford University Press, 1995, p.30.

③ [美] 加布里埃尔·阿尔蒙德、宾厄姆·鲍威尔：《比较政治学：体系、过程和政策》，上海译文出版社 1987 年版，第 37 页。

会整合、社会规范合法性的基础，也是现代民族国家存在的根本。

（2）网络帝国文化通过削弱民族精神而危害社会规范。葛兰西在他最重要的著作《狱中札记》中提到了"文化霸权"的概念，他认为，一国对另一国的统治会用文化散播和意识形态宣传等方式进行，"文化研究"中的后殖民文化批判理论更是将批判矛头直指西方中心主义和帝国主义的文化霸权。它所要批判、抵抗的正是西方的文化统治或西方的话语霸权。后殖民批判理论家尽管看到第一世界以其国际资本主义的经济强力来达到对当今世界秩序的把握，但它批判的重心并没有落在作为经济体制的资本主义，而是特别关注西方通过知识话语对第三世界控制的特殊意识形态，其中尤以西方的现代观为甚。他们认为，使帝国主义和殖民主义能以不断变化的形式延续至今以至散播全球，起决定作用的正是以客观普遍的知识话语面目出现的西方文化和意识形态，是它们维护着西方的控制及其知识—权力结构，并不断生产和再生产与之相应的殖民主体。后殖民批判理论在展示西方文化霸权的谱系时，特别关注西方话语对第三世界主体、文化身份和历史的模塑和建构，正是这种权力话语的模塑和建构使得第三世界成为失语和沉默的他者，从而因无法体现和表述自己的主体性和文化意识而自觉不自觉地屈从于西方，进而成为政治上和文化上的"被殖民者"。赛义德的"东方主义"理论指出：东方主义正是关于东方的知识和西方霸权相结合的一种东方学话语，西方视野下的东方理论，是人为建构的产物，是"想象的地理学"，东方主义是西方对东方的意识形态，换言之，东方主义的话语构成并制造出东方。

在虚拟世界中，借助于网络这一工具，西方文化霸权可能会进一步升级。这由以下两个方面导致：一是借助于"一网天下"，西方强势媒体地位进一步加强。由于政治、经济、技术的原因，西方舆论宣传、文化产品一直占据着世界的主要市场。据初步统计，2004年，四大西方主流通讯社美联社、合众国际社、路透社、法新社每天发出的新闻量占据了整个世界新闻发稿量的4/5；传播于世界各地的新闻，90%以上是由美国等西方国家垄断，西方50家媒体跨国公司占据了世界95%的传媒市场，美国控制了全球75%的电视节目的生产和制作，许多第三世界国家的电视节目有60%—80%的栏目内容来自美国；美国电影产量仅占全球影片产量的6.7%，却占领了全球50%以上的总放映时间①。借助于网络，西方媒体的强势地位得到进一步放大。二是借助于网络语言（英语）载体，英语世界的文化在网络中占据着绝对优势地位。网络加剧了全球化进程，全球化时代，文化全球化是其必然选择。对于网络加剧的全球化以及英语在网络语言中的绝对统治地位，就是西方文化中的其他语言文化也产生了担忧。2005年，美国和法国开展了一场网上文化话语权的争斗。美国最大的互联网搜索供应商 Google 将成立大规模环球化网络书库，把英文世界里最具权威的五所图书馆里超过 1500 万册藏书和文件放到互联网上，供全球阅览。对于这一扩张，法国人表示了担心，他们担心美国领军的"盎格鲁-撒克逊人"（Anglo-Saxons）大英文化无止境地在全球扩散，会使"法文文化堡垒"进一步遭遇边缘化，最终沦为狭隘的地方性语言。当时的法国总统希拉克誓言将争取英国、德国、西班牙政府的支持，集中注资几千万欧元，落实"欧洲互联网反美文化运动"，"号召欧洲各国联手把欧洲博大精深的文学遗产放上网，同美国主导的大英网络文化相抗衡"②。

文化霸权是近代以来西方帝国主义、殖民主义极力推广的模式，特别是当代，由于第三世界民族在经济上的独立，西方帝国主义更是借助于文化霸权这一更为隐秘的形式来推行其新帝国主义、新殖民主义。随着网络的出现，文化霸权又找到了网络这一新形式，借助于网络的开放性、普遍性来宣传其意识形态、价值理念和生活方式，完成其对他民族、他文化的统治。中国处于发展之中，随着改革开放的深入，在经济物质建设领域取得了巨大的成就。但是，当前中国的文化影响力还十分弱。按照美国哈佛大学教授约瑟夫·奈的观点，一个国家的综合国力，既包括由经济、科技、军事实力等表现出来的"硬实力"，也包括以文化、意识形态吸引力体现出来的"软实力"。如果一个国家和民族缺少自己的核心价值观、有效的意识形态、有感召力的生活方式和基本制度，就相当于一个人没有灵魂，处于精神分裂、六神无主的状态。当前，我国"硬实力"有待进一步加强，而"软实力"尤其有待发展。如果我们的文化、意识形态缺乏吸引力，不能团结全民族，不能满足社会整合的需要，将导致人们对

---

① 刘晓林："中国提升软实力"，http://news.sina.com.cn/c/2004-07-16/12573728247.shtml。

② "法国号召欧洲联合抗衡美国网络文化侵略"，http://www.sina.com.cn，2005 年 03 月 22 日 09:30，中国新闻网。

社会制度的合法性产生怀疑，动摇社会规范的基石，其后果将不堪设想。

二、无序中挑战与平衡

早在 100 多年前，马克思就警示我们："在我们这个时代，每一种事物好像都包含有自己的反面。我们看到，机器具有减少人类劳动和使劳动更有成效的神奇力量，然而却引起了饥饿和过度的疲劳。财富的新源泉，由于某种奇怪的、不可思议的魔力而变成贫困的根源。技术的胜利，似乎是以道德的败坏为代价换来的。随着人类愈益控制自然，个人却似乎愈益成为别人的奴隶或自身的卑劣行为的奴隶。甚至科学的纯洁光辉仿佛也只能在愚昧无知的黑暗背景上闪耀。我们的一切发现和进步，似乎结果是使物质力量成为有智慧的生命，而人的生命则化为愚钝的物质力量。"①就在人们欣喜于数字化带来的福祉时，马克思当年所批判的工业社会的两重性不幸又在数字化时代重演。德国哲学家海德格尔认为，在现代技术时代，不是人控制技术，而是技术控制人。数字化技术本身所蕴涵的人文意蕴是毋庸置疑的，但它在把人从一种束缚中解放出来的同时，又使人的生存面临新的悖论和发展的两难境地。在此，我们将首先分析虚拟世界、网络文化带给人类的两难境地，之后，寻求克服两难境地的措施。

（一）无序给人类生存与发展带来的挑战

网络无序包括行动者心理和行为的失序，以及社会规范的失范。这两方面的无序又体现在虚拟世界带给人类的三种悖论，即：自由之悖论、主体性之悖论和民主之悖论。

1. 自由之悖论

在传统社会那里，由于社会公共空间、公共时间与个人行为的距离，社会公共部门就要求个人的时间、空间完全从属于公共时间、公共空间的秩序，以公共的时空秩序作为个人存在的基本规则。也就是说，传统社会采取一种直接的方式对个人进行全面控制，存在着公共秩序与个人价值自由的深刻矛盾。数

① 《马克思恩格斯选集》第 1 卷，人民出版社 1995 年版，第 775 页。

字化时代，通过数字化逻辑机制的参与，公民对于公共事件、公共议题进行讨论、辩论及投票的权利会逐步增加，通过易得性、廉价性、匿名性，以及公开、无宰制的机制，以符号化的平等取消了价值中心的等级结构。分布式、交互式的无数个节点价值，成为数字化时代价值自由选择的象征和主要内容。在虚拟世界中，由于虚拟嬗变为人和现实之间的唯一中介，人在其间的行为和现实世界中相比，就显得更加随意和自由，更少约束。在网络虚拟性实践中，由于实践主体是以符号形式出场的，真实个人的"缺场"使主体之间缺乏直接的感性接触，所以相互之间也就缺乏约束力。因此，从某种角度来说，数字虚拟技术确实给人类带来了更多的自由。

网络文化能够给行动者带来自由的快感。但是，在享受自由快感的同时，必须警惕头上悬着一把"达摩克利斯之剑"。网络的自由并非无限制的，网络带给人类自由的同时也带来了人类的不自由，导致了自由之悖论。这种悖论体现在以下几个方面：

（1）网络既带来了舆论自由，也导致了信息超载与信息侵扰。传统大众传媒的单向线性传播方式使其交互性、参与性严重不足，因此，其信息发布和传播受到严格的控制。网络传播的交互性、参与性和容纳海量信息的能力使用户不仅可以自由地加入到电子论坛、BBS等在线舆论区域中参与讨论，而且"在网络上，任何人都可以是一个没有执照的电视台"。几乎没有什么力量可以阻止一个人按照和依靠自己的思想、观点、技术和知识建造属于他自己的信息发布机构：个人主页或个人网站。网络传播还具有隐匿性的特点，用户可以发表任何言论而不必担心暴露身份。网络传播的匿名性、交互性、参与性、信息海量的特点带来了舆论自由的无限延伸，也带来了信息超载和信息侵扰。

首先是信息超载。网络空间的无阻碍化，使网上信息源的数量激增，大大小小的网站及网站所提供的聊天室、电子论坛、BBS、个人主页、电子邮件等都成为个人和组织发布信息的可选路径。渠道的畅通极大地刺激了人们的信息发布欲望。个体信息在网络信息群中已占据相当的比重，这是以往大众传播中从未有过的局面。信息来源的多样化使网上的信息丰富多彩，但是，信息的无节制也导致了信息泛滥、信息超载。受传者对信息反映的速度远远低于信息传播的速度；媒介中的信息量大大高于受众所能承受或消费的信息量；大量无关的冗余信息严重干扰了受众对有用信息的迅速查找、准确分辨和正确选择。信息的超载不仅造成网络用户信息选择的困难，更为严重的是，信息超载还使用户心理承载过大而产生信息焦虑。由于信息量庞大而在网民中产生的焦虑不安、消极被动、紧张害怕、回避抵制、自我封闭等心理障碍问题并不鲜见。

其次是信息侵扰。"网络信息发布成本之低、速度之快、容量之大、流动之任意、身份之隐蔽、复制之无限、删改之无痕等，使得网络上的信息既不是只从固定的地方送出，也不限于以固定的形式流动。"①网络传播的这种随意性使其自身成为失实信息的温床。网上谣言四起并非是危言耸听，时下有很多网站为追求所谓独家新闻或轰动效应，不惜牺牲新闻真实性原则，许多个人也各怀目的，在网上恶语中伤他人，一时间，网络成了鱼龙混杂之地。网上失实信息的扩散，对于想有效利用信息作出决策的人而言实在是一场灾难。网络信息的污染源中还有更具侵害性的色情信息和暴力信息。美国卡内基梅隆大学的一个专家小组，花了18个月，调查了网上92万条信息、图片及影片，判定其中83.5%的内容带有色情成分，电子公告牌储存的数据图像有4/5含有污秽内容。网上色情信息力求迎合低级趣味和庸俗心理，极力兜售不健康的淫秽内容污染人心。网上暴力内容的激增能增长对他人的暴力攻击，麻痹人们对暴力的感受，引发模仿性的攻击行为，产生暴力解决问题的心理趋势，其后果同样不容忽视。

信息超载与信息侵扰极大地干扰了网络主体的决策，此时，网络主体或被超载信息所掩埋，或被侵扰信息所牵制，致使网络主体无法作出决策，更谈不上自由。针对这一情况，有人把信息自由传播带来的危害称之为"电子公共牧场的悲哀"。这不得不引起那些在享受虚拟世界自由的人们去反思。

(2) 网络既打破了信息传播的地域限制，也助长了文化霸权。麦克卢汉的"电子时代的主要特征是建立一个与我们的中枢神经相类似的全球网络"的预言在今天变成了现实，互联网覆盖全球，用户可以方便地在世界任何一个地方接入网络，地球已经变成了一个小小的村落。网络传播的全球化开启了跨文化交流的新时代。网络为不同国度、不同地域的任何一种文化提供了生存的土

---

① 叶琼丰：《时空隧道：网络时代话传播》，复旦大学出版社2001年版，第87页。

壤。在网络空间，每一种文化主体都可以随时把自己的文化产品公布于众，在全世界范围内自由地发表自己的思想。信息的全球传播使人类交往的距离大大缩小，传统的地域、国界等交流屏障在网络空间已不复存在。

地域、国界等概念在网络空间的消失并不意味着自由超越了疆界、人类大同的到来。网络一方面为跨文化交流带来了契机，同时也为以美国为代表的西方国家推行新的文化霸权政治提供了数字化平台。对于娴熟于通过传媒推销其价值观和文化产品的西方国家来说，全球无阻碍传播的网络更是推行文化霸权政治的上佳利器，它们决不会甘于在网络空间的信息争夺中无所作为。事实上，网络世界的文化霸权已经十分严重，而且较之以往，它具有更多的潜隐性和更强的渗透力。网络空间的这种文化霸权首先表现为西方国家在网络信息输出量上的绝对优势。目前，国际互联网上90%以上的信息是英文信息，其中80%以上由美国提供。以美国为主的英文信息借助网络的不断扩张，势必造成西方文化在网络空间的传播强势。对于现阶段使用网络是以接受信息为主的非英语国家和发展中国家来说，意味着它们将比以往更多地受到西方文化尤其是美国文化的影响。其必然的结果是，网上信息弱势国家的网络用户在客观上不得不面对西方意识形态和价值倾向的潜移默化的浸染，网络空间的文化交流因此失去了其原本意义的平等性，变成了不平等的单向渗透。尤其是当下，我们不可忽视一个事实，美国等西方国家在网络空间推行文化霸权已成为一项十分明确的政策取向。美国商务部所拟定的《全球信息基础设施（GII）合作议事书》中着力宣扬的所谓"促进民主的原则"、"限制集权主义政权形式的蔓延"以及"使世界具有更大意义上的共同性"等，其利用互联网等信息技术推行"网络文化渗透"全球战略的企图已十分明显。美国国内有不少人呼吁，"美国信息时代外交政策的核心目标应当是取得世界信息流动战的胜利，主导整个媒体，如英国当年控制海洋一样"。就连一些西方国家本身也意识到了这一政策的危险性。法国前司法部长雅克·图邦认为，英语占主导地位的互联网是一种"新形式的殖民主义"，他在《美国新闻与世界报道》中说：法语文化的生存处境危险，如果法国人不采取什么措施，就会失去机会，将被殖民化。

2. 主体性之悖论

一部技术发展史也是人类不断超越自己有限性、完善自身主体性的历史。

数字化技术使人不但摆脱了自身的有限性，能够对自己的智力和思维进行模拟，完成了从体力到脑力的解放，而且在社会生活中获得了空前的自由，可以存在于两个空间——现实空间与虚拟空间，可以根据自己的意愿塑造多种形象，以多种身份出入于虚拟世界中，有了参与社会公共事务的权利和更多的言论自由。数字化时代是一个"沙皇退位、个人抬头"的时代。在现实世界中，人们生存方式的稳定性、物理时空的有限性限制了主体的活动范围，社会角色的固定僵化了人的自主创新能力，现实生活秩序性、规范化束缚了人的主体性的发挥，所以，现实世界的主体往往既有超越自我的冲动，又受到现实世界的规制，而建立在互联网基础上的虚拟世界恰恰解除了这些束缚。由于互联网技术上的特点使主体生活方式多样化、主体位置隐匿化、网络时空浓缩化、生活角色自主化，因此，虚拟实践为主体性的发挥搭建了一个新的平台，并且进一步刺激了主体性的膨胀。在网络交往中，虚拟主体可以很好地把自己隐蔽起来，交往的对方难以发现其真实的地址，更不用说其真实的身份。在网络时空中主体可以以不同的角色瞬间访问虚拟世界的任何地方，从而使虚拟主体无处不往，无处不在。虚拟空间对人类生存空间的拓展，为人的主体性的发展提供了一个新的领域。基于此，有学者提出虚拟主体性，并把"身体缺场"看做是虚拟主体性与现实主体性不同的主要特征[①]。虽然虚拟技术的发展导致了主体性的膨胀，甚至产生了虚拟主体性，但是，虚拟技术的发展也带来了主体性的丧失。这种主体性丧失具体表现在以下三个方面：

(1) 主体的自主创新能力退化。自主创新能力是主体性的首要表现。虚拟技术的发展，虚拟世界、虚拟文化对现实世界、现实文化的吞噬导致主体自主创新能力退化表现在两个方面：一是虚拟世界中专家思想吞噬个体的创新能力（或者说简单的重复性工作削弱个体的自主思考能力）。虚拟实践的水平取决于计算机网络系统的硬件设施与软件开发系统。所有从事虚拟实践的主体都必须服从软件程序的安排，偏离这个轨道，就无法工作。软件程序里面渗透着电脑专家的思想意识，从事者只能听从安排，被动适应。因此，长时间依赖专家的

---

①贺善侃："虚拟主体性：主体性发展的新阶段"，《东北大学学报（社会科学版）》2006年第3期，第98—101页。

思想意识、从事着重复性的工作会使主体失去自主思考的能力，进而导致虚拟实践主体的自主创新能力面临退化的困境。二是虚拟现实使想象具体化而破坏主体的想象力。这一点也和虚拟世界的语言结构有关，虚拟世界的语言和现实世界的完全一致性，导致了主体创造力的丧失。至今为此，语言的发展经历了口语、文字和虚拟世界的语言三个阶段。口头语言作为人交流思想、表达感情和传播信息的工具其对象也离不开人，正是口头语言带给人一种社会性的存在，把人和人之间联系起来。而文字的诞生则或多或少给了人们一定的精神自足性，对于个体而言，可认为是一种半自足性的存在。作家面对一张白纸可以创造他自己的世界，读者的个性化解读亦是一种再创造，每个人都可以通过文字作品拥有一个自己的精神世界。虚拟现实区别于前两者，它给了我们一个完全自足的世界，由于其中程序的进行和反馈有赖于我们自身的先前选择，因此，在虚拟空间中可认为是一种自我交流和自我展开，一种完全意义上的个人自我自足性得以诞生。从口语到文字再到虚拟现实的语言性存在中，人们仿佛弥补了符号和现实世界之间的差距而获得了大踏步的发展。但是，在此也表露出令人担忧之处。人在口语和文字阶段，认识世界和进行思维的语言是一种抽象化符号，正是这一符号把人的语言所表达的世界与周围的真实世界分离开来，这两种世界之间存在某种程度上的相似性。但是，在口语和文字所表达的世界与实在世界之间存在一定的张力，正是这一张力导致了人类思维的创造性。虚拟空间语言和现实世界中的一致性带来了一个新的二律背反：一方面，这样的语言描述和现实之间达到了至于极致的一致性——语言本身就是世界；另一方面，我们思维的深度在于抽象性，在于用抽象的符号来认识这个世界，我们的思维又决不能依赖于这种过于丰满的网络语言。鲍德里亚认为虚拟现实使想象具体化而破坏了主体对实在的丰富想象力的原因或即在于此，使主体自身的认知能力和想象力退化①。

（2）主体（人）自身的异化。主体自身的异化也表现为主体自身认同危机，或者称为"肉体自我"被"电子自我"所取代。数字化技术的进一步发展使人

---

① 姚敏、张亚林："虚拟空间的语言结构分析"，《河海大学学报（哲学社会科学版）》2006年第3期，第75—78页。

一机互动变为人—机共生，生物芯片的成功发明已经从技术上预示着人与机器的联姻将成为现实，人的肉体和数字化技术装置会连为一体，生物意义和社会意义的人的存在将受到极大挑战。凯瑟林·海斯早就指出：在数字化时代，人是会使用工具的动物已经成为过时的哲学观念，人和工具之间的界限已被模糊或不复存在，数字化时代是一个人机共融的时代。当人的大脑可以和计算机终端连接起来，人的思维、记忆和意识可以被复制、拷贝的时候，就出现了一个比克隆人更严重的事情：原来作为人个体差异重要标志的自我意识可以被移入、移出或进行改造。那么这个自我意识被更换的"电子人"会面临这样的困境：当自我意识已经被更换的时候，"电子自我"还是原来的我吗？如果是，"电子自我"会与原来的肉体自我有完全不同的思维方式和行动方式；如果不是，那"电子自我"又是谁？人们已经认识到人体克隆对人类自身的危害。不久人类就会发现，他们又面临这样的难题，那就是一旦人的精神和意识能被数字化，人的个体的独特性该如何体现？这将给人类的命运带来怎样的影响？

（3）主体被奴役（丧失个性）。主体性除了表现为创新能力、自我认同之外，还表现为个性。虚拟技术的发展、虚拟世界的出现一方面具有解放人的个性的能力，同时又带来新的奴役，导致人的个性丧失。这种奴役主要表现为：主体被机器奴役，主体被符号奴役。首先，虚拟技术的发展，可能导致机器对人的统治。在农业时代和工业时代，工具和机器的出现是对人的体力的部分取代，但工具和机器是受人操纵的，人对机器有主动权和控制权。数字化时代人工智能使人对技术的依赖达到了空前的高度，人越来越面对着"机器是人"的挑战，人对高度发达的虚拟世界会出现失控的现象。有人曾预言：原始人发明了工具而创造了人，人则发明了能思考的机器为之工作，最后机器迫使人类趋于毁灭。这决非危言耸听。其次，数字化还可能导致人被符号化。随着数字化编码在人们生产生活各个方面的渗透，各种各样的卡号、密码等数字代码成为人各种身份的表征，人由此对数码产生了极强的依赖性，人的鲜活的个性也都被淹没在数码的海洋里。"由于人们沉溺于数字化的环境，脱离'在场'的社会关系太久，将自己视为纯粹意义上的'符号'——步入纯粹的数字化过程，从而使自己成为片面的人。"①而在虚拟社会的内部，网络主体用符号代替自己，任何一个主体见到的不是活生生、有血有肉、有情有义的人，而是一堆堆有特殊意义的符号。由于个人身份的隐蔽性与多样性，每个人面对的是一个个带着面具、深不可测的人。符号异化使人类的生活逐步丧失个性、真实感和丰富性，是一种价值理性和人文精神的意义危机。

3. 民主之悖论

网络文化带来的民主主要体现为知识权威的消除、集权观念的淡化，即文化的"去中心"。网络文化是"去中心"的双向交流的平等文化。所谓"去中心"，是互联网时代文字与图像以光速穿梭，不存在传统意义的位置中心（可以是地方中心，也可以是主体中心）；所谓"双向"，是信息传播方式从少数信息中心的单向传播转变为无所谓传送中心的多向传播。作为一种"去中心"的双向交流的平等文化，网络文化既不是"传者中心"，也不是"受众中心"，而是在两者之间寻求一种平衡。其"去中心"的全球性使网络主体都可以处在世界的中心。从这一角度来看，网络文化是一种真正具有人民性的媒介文化。它既埋没了非网络行动者主体的身份、地位等特征，也扫除了非网络行动者的地域性、民族性和阶级性特征。它既为不同身份、不同地位的行动者提供了一个阐述自我、张扬自我的平台，也为不同国家、不同民族的行动者提供一个宣扬本民族优秀文化，驳斥、拒绝文化霸权的阵地。但是，任何事物的产生有利必有弊，网络也是如此，它在带来民主的同时也带来了新的极权和集权，带来新的宰制和霸权。这一双重特征正是网络文化的"民主之悖论"。具体来说，这一悖论表现为两种形式：

（1）世界范围的平等与霸权：网络文化民主悖论之一。网络文化网状传播结构模式赋予网络主体共同参与网络活动的权利，使每一个网络主体都成为独立的、具有个性的文化创造者。与此同时，每一个网页、每一个网站、每一个网络社区都成为富有特色的文化结点，使每一文化结点都具有独特的文化目标、文化主题、文化风格。网络文化是"去中心"的文化，呈现出"繁星闪烁"的灿烂景象，在这里，没有谁上谁下的控制与被控制，没有统一的文化中心。

---

① 李伦：《鼠标下的德性》，江西人民出版社 2002 年版，第 222 页。

网络文化集主流文化、精英文化、大众文化为一体，以开放的姿态吸纳多元文化，使反映不同意识形态和价值观的各种亚文化在网络中完全共存，互相兼容，彼此渗透。网络文化消解了文化的多重界限，使各种亚文化原有的特性趋于模糊。从这一角度来看，世界各民族文化都面对同样的平台，拥有同样的机会来宣传本民族文化，发展和发扬本民族文化。但是，作为全球文化的网络文化，强者恒强、"一网天下"是其本质特征。正是由于网络的这一特征，极个别国家（如美国）就可以借助网络来实现其文化霸权之目的。美国可以实现其文化霸权，有几个方面的优势：一是互联网最先在美国诞生，互联网的语言主要是英语；二是美国强大的经济实力也为其文化宣传打下了基础；三是美国政治制度优越性的假象对全球的欺骗与渗透。正是借助于这几个方面的优势，网络文化也成为美国等少数国家实现文化霸权的工具。网络文化在带来民主的同时也孕育了文化霸权。并且这一文化霸权与经济霸权、政治霸权相结合，产生了帝国主义、殖民主义的新形态：文化帝国主义、文化殖民主义。因此，网络文化的发展虽然为民主的发展提供了新的手段，但并没有自动带来社会的民主。对于网络以及网络文化带来的民主，丹·希勒给予了清醒的提示：互联网绝不是一个脱离真实世界之外而构建的全新王国，相反，互联网空间与现实世界是不可分割的；互联网实质上是政治、经济全球化的最美妙的工具；互联网的发展完全是由强大的政治和经济力量所驱动，而不是人类新建的一个更自由、更美好、更民主的另类天地。如果不改变目前不合理的世界经济、政治秩序，真正的民主化和权力分散仍然不可能实现。

（2）民族国家内的民主与极权：网络文化民主悖论之二。网络文化"去中心"的直接后果是知识权威的消解、集权观念的淡化。"去中心"的网络文化，从原则上来讲，每个人都可以发布网络信息，每个人都可以从网络信息的海洋中获取信息，了解新的知识，甚至构建新的知识；因此，形式上，面对网络，每个人获得知识、拥有知识的途径是平等的，也就是说，形式上消解了知识权威。"去中心化"和"无等级性"将消解中央集权观念。信息化和网络化对消解传统的政治权利模式也必将起到至关重要的作用。从中央控制式的大型主机向个人电脑的发展以及网络的兴起，就从技术上打破了少数人垄断的可能性，对打破信息垄断和中央集权起着重要的颠覆作用，从而也解构着传统社会金字塔型的等级结构，使之趋向于扁平化和网络化，对传统意义上的国家权威产生了挑战。因此，约翰·诺顿指出："计算机世界是我所知道的唯一真正把机会均等作为当代规则的一个空间。"①

但是，就在人们欢呼一个更加纯粹的民主制度将在信息革命中诞生的时候，另一种声音也开始出现，并且越来越大，那就是网络带来了新的集权和极权。具体体现在两个方面：首先，网络带来了新的极权控制方式——知识—权力结构控制。在解构传统的政治—经济层级制的同时，网络作为一种具有强大控制性的技术社会体系，又逐渐形成了现代社会最强有力的社会结构——知识—权力结构。知识向直接生产力的快速转化以及知识在生产管理和社会管理中的普遍化使得"技术知识"成为现代社会的主导逻辑，在生活世界中形成了话语霸权，而且现代社会的知识精英也从社会的参与者变成社会的决策者和统治者，他们利用在知识与资本两个方面占有的绝对资源优势，来建立并维持那些满足他们利益的制度安排，使信息社会越来越成为一个技术官僚统治的社会。信息社会的知识权力—结构是一种隐形结构。它通过一种合理化和合法化的迂回的社会控制形式来实现对资源占有与分配机会以及对其他社会成员的活动加以控制机会的重组。知识权利结构之所以能被人们自觉接受，源于知识权利结构摆脱了传统的个人或贵族统治的形式，从传统的政治统治变为专家统治，少数统治的专制模式发展为多数统治的民主模式，从独裁决策发展到协商决策等新型的组织控制模式，实现了某种形式上的平等，并以此掩盖着实质上的不平等。这种不平等的实质是知识精英利用知识—权力结构对平等对话和沟通系统的排斥。因为计算机的发展趋势是操作越来越简化而易为大众掌握，但其中的机理和程序越来越复杂。公众被远远地甩到了高科技发展的边缘，他们只能按照少数人事先设定的程序和规则在仅有的范围内去选择，成为数字化产品的被动接受者。其次，网络赋权导致新的极端主义。网络社会在结构上的最大影响是分权，分权是民主的必要条件。然而网络赋权并不必然导致民主化，而是有可能导致社会分裂。就目前来看，网络赋权和网络控制的双重特性正引起社会

---

① [英] 约翰·诺顿著，朱萍等译：《互联网：从神话到现实》，江苏人民出版社2000年版，第272页。

的不稳定。按照诺伊曼的理论，舆论是社会的皮肤，网络社会是一个舆论更分散的社会。舆论过于分散并不利于社会的整合，舆论的极度混乱甚至可能带来社会的崩溃。而实际上网络在提供自我选择和重新组合信息的同时，对网民实施了思想和价值控制。网络所提供的个性化服务栏目或节目组合，实际上妨碍了个人的社会化和人格化过程。对此，美国学者凯斯·桑斯坦提出了"群体极化"的概念。他认为，网络对许多人而言，正是极端主义的温床，因为志同道合的人可以在网上轻易且频繁地沟通，但听不到不同的看法。持续暴露于极端的立场中，听取这些人的意见，会让人逐渐相信这个立场①。此时，网络带来的不是民主，而是新的极权主义、新的极权方式。

（二）应对挑战寻求平衡

网络文化给人类带来的挑战（三个悖论）是由于两个冲突（虚拟与现实的冲突、网络帝国文化与民族文化的冲突）造就的。为了一定程度上克服这些悖论，一方面需要加强网络管理，净化网络空间，如对容易导致青少年网络沉迷的黄色网络文化、有害的网络游戏要坚决的剔除，对极力宣传资产阶级意识形态、生活方式的网络文化要加以限制；另一方面，要创新网络文化内容，用先进的、有益于青少年身心健康发展的网络文化充实网络阵地，同时，要想有效地抵制网络霸权文化的侵袭，必须发展优秀的、有吸引力的民族网络文化。下面从这两个方面来论述如何克服挑战寻求平衡。

1. 充实网络文化内容

网络文化是一种新的文化形态，作为新事物，本身就存在各种不足；同时，网络起源于美国，新生的网络文化肯定也带有以美国文化为首的西方文化特色。作为一种新的文化形态，其传入我国的时间还不长，加之其现有的浓厚的西方文化特色，文化内容还远不能适应我国社会主义建设事业的需要，因此，网络文化内容的创新和充实也成为网络文化建设的重中之重。

---

① [美] 凯斯·桑斯坦著，黄维明译：《网络共和国——网络社会中的民主问题》，上海人民出版社 2003 年版。

（1）发展社会主义先进文化，让其充实网络。胡锦涛同志在"加强网络文化建设和管理的五项要求中"的第一项就指出："一是要坚持社会主义先进文化的发展方向，唱响网上思想文化的主旋律，努力宣传科学真理、传播先进文化、倡导科学精神、塑造美好心灵、弘扬社会正气。"[①]要发展社会主义先进文化，让其进网络，必须回答下面几个问题：一是"什么是社会主义先进文化"？所谓社会主义先进文化，就是"大力弘扬以爱国主义为核心的民族精神和以改革创新为核心的时代精神，加强社会主义思想道德建设，树立良好的社会风气，为实施'十一五'规划和构建社会主义和谐社会提供强大的思想保证和精神动力"[②]的文化。可见，社会主义先进文化的核心是弘扬爱国主义精神，体现民族精神和时代精神，能为社会主义社会建设提供强大的思想保证和精神动力。二是"为什么要让社会主义先进文化进网络"？网络文化也是全球文化，因此，让社会主义先进文化进网络是反对西方资本主义国家意识形态和价值观念渗透的需要。在信息全球化条件下，西方国家可以轻而易举地利用其网络优势对我国进行政治和意识形态渗透。它们利用网络，大肆宣扬其政治理念与文化价值观，宣扬不适合我国国情的政治文化思想，大搞文化霸权主义和文化殖民主义。面对西方网络文化的冲击，如果我们不发展社会主义先进文化，不让社会主义先进文化进网络、抢占网络阵地，那么，将使我国在国际意识形态斗争中处于不利地位，甚至导致我国社会主义政治合法性的丧失。三是"怎样让社会主义先进文化进网络"？要想让先进文化进网络，首先，要加强"红色网站"的建设。从20世纪90年代后期开始，我国"红色网站"发展非常迅速。现今，除了有大量的政府网站外，高校也成为红色网站建设的主要力量，许多高校建立了具有一定特色、符合学校发展需要的"红色网站"。另外，一些企业、甚至个人也举办了一些富有特色的"红色网站"，如中关村高新技术园区联合党委副书记于滨利用业余时间创办了"红色中关村"（http：//www.redzgc.net），该网站让中关村流动党员感受到大家庭的温暖。大量"红色网站"的存

[①]胡锦涛："以创新的精神加强网络文化建设和管理　满足人民群众日益增长的精神文化需要"，《光明日报》，2007年1月25日，第1版。

[②]李长春："大力加强社会主义先进文化建设"，http：//news.xinhuanet.com/misc/2006—03/06/content_4266928.htm。

在，使社会主义先进文化找到了网上生存和发展的一席之地。其次，要创新红色网站的内容与形式，增强其吸引力。地方政府、高校、企业和个人举办的"红色网站"，其内容要结合服务网民的需要，办出特色，要以特色来吸引网民。同时，这些网站要关心网民生活，说网民想说之话，想网民所想之事，使网站真正成为网民之家。要把先进文化的宣传与现实生活结合起来，采取网民喜闻乐见的形式来表达。只有这样才能增强红色网站的吸引力，才能更好地起到教育网民的作用。

（2）发展民族优秀文化，让其充实网络。胡锦涛同志在"以创新精神加强网络文化建设和管理"的讲话中指出："把博大精深的中华文化作为网络文化的重要源泉，推动我国优秀文化产品的数字化、网络化，加强高品位文化信息的传播，努力形成一批具有中国气派、体现时代精神、品位高雅的网络文化品牌，推动网络文化发挥滋润心灵、陶冶情操、愉悦身心的作用。"[1]那么，我们所讲的民族优秀文化主要指哪些？又如何让其充实网络？五千年的中华文明，积累了大量的优秀文化，如中国古代的政治文明、道德文明、精神文明都是优秀民族文化的体现。五千年的文明发展史中，诸子百家都为中华文明做出了贡献，特别是儒家文化，更是中华文明的主体。在此，我们就以儒家文化为例，谈谈如何发展儒家文化，让其充实网络。儒家文化的复兴对于我们的道德建设，对于社会秩序的重建，对于中国人的国家认同和民族认同，对于政治正当性的重建都是非常重要的。因此，我们要让儒家文化精华进网络，利用网络这一文化宣传的制高点来进行宣传，扩大其影响力，使其成为国人甚至世人的精神食粮。让儒家思想和理念为国人所知，为世人所知，让儒家文化走向世界。儒家文化网络化对增强我国的文化影响力、增强我国的软实力具有重大意义。要利用网络宣传儒家文化，首先，就应适当增加宣传儒家思想的网站数量。对此，国人已经认识到这一工作的重要性，也兴建了不少宣传儒家思想的网站，如"孔子2000"（http：//www.confucius2000.com）、"孔子研究院"（http://confucian.ruc.edu.cn）、"中国孔子"（http://www.chinakongzi.net/2550/index.

---

[1] 胡锦涛："以创新的精神加强网络文化建设和管理　满足人民群众日益增长的精神文化需要"，《光明日报》，2007年1月25日，第1版。

html)，等等。但是，总体来说，宣传传统文化（儒家文化）的网站数量还是太少。其次，要丰富现有儒家文化网站的内容和形式。既要建设一批合符研究需要的、学术性的专门网站，也要建设合符大众需要的、通俗性的专门网站；宣传儒家文化的网站最好能开设中文和英文两种版本，对此，部分网站已做到了这一点，如"孔子研究院"就同时开设了中文和英文两种版本。但是，绝大多数网站只有中文版本，即使部分网站有外文版本，其内容也比较欠缺，因此，这些网站的对外宣传力度、对外影响受到一定限制。再次，要实现传统文化产品的网络转化，必须进行传统文化的形式转化。如立足于传统文化，开发网络游戏等。近年来，国人已经意识到这一工作的重要性，也开发了一些立足于传统文化的网络游戏，并且这些游戏受到了国人的喜爱。对此，文化部文化市场司有关负责人在2007年1月24日表示：要"净化网络游戏，保护知识产权"。并明确指出：基于当前我国网络游戏运营环节比较强大而原创开发环节相对薄弱的现状，文化部、信息产业部提出要实施民族游戏精品工程，两部门还将联合筹建"国家数字娱乐产业示范基地"，主要开展动漫游戏等相关数字娱乐产业的培训、研发、产业孵化与国际合作[①]。国家政策的支持必将会促进传统文化的网络化，我们期盼在不久的将来，带来传统文化网络产品的繁荣。

2. 净化网络文化空间

2002年，文化部就下发了《关于加强网络文化市场管理的通知》，并把网络游戏中的"色情、赌博、暴力、迷信"等作为网络监管的主要内容之一。可见，加强网络文化管理一直受到我国高层的高度重视。2007年1月24日，胡锦涛同志关于"网络文化建设和管理的五项要求"中就有两点涉及网络文化管理："四是要倡导文明办网、文明上网，净化网络环境，努力营造文明健康、积极向上的网络文化氛围，营造共建共享的精神家园。五是要坚持依法管理、科学管理、有效管理，综合运用法律、行政、经济、技术、思想教育、行业自律等手段，加快形成依法监管、行业自律、社会监督、规范有序的互联网信息传播秩序，切实维护国家文化信息安全。"[②]如何加强网络文化管理？必须实现

---

① 文化部："网络文化建设在三方面取得初步进展"，http://news.enorth.com.cn/system/2007/01/24/001528735.shtml。

② 胡锦涛："以创新的精神加强网络文化建设和管理　满足人民群众日益增长的精神文化需要"，《光明日报》，2007年1月25日，第1版。

政府监管、行业管理和内容管理的有机结合。下面就此谈三点：

一是必须加强监管。加强网络文化管理，政府职能部门的作用是最大的。首先，要加强政府引导的力度，对拥有优秀网络文化的网站加大扶持和宣传力度，用先进文化和优秀文化作为主流文化占领网络文化阵地。要加大力度让更多更好的优秀文化信息在网络中传播，使网络成为传播先进文化的重要阵地。其次，要扶持开发有中国民族文化特色、有自主知识产权的网络游戏，加快发展网络游戏产业。网络游戏的开发要与净化网络游戏空间、保护知识产权相结合。2005年，文化部、中央文明办等部门组成了净化网络游戏工作联席会议，在当年的网络游戏集中净化行动中，文化部先后查处了三批52个违法游戏及相关运营单位。再次，相关管理部门应加强调研工作，尽快建立健全网络文化管理的相关法律法规，切实加大依法管理网络文化的效能和力度。最后，指导建立行业协会或社会团体，充分发挥其作用，并及时制定相关的行业自律机制。如中国互联网协会、网络文明工程组委会近年来为网络文化健康发展做了大量工作。各互联网协会和社会团体组织，要通过理论研讨、行业评优、政策调研等措施，切实加强行业自律，完善行业规范制度。

二是提高服务意识。要提高服务提供商的服务意识、道德意识，加强服务提供商的社会责任感。当前网络中出现很多的不健康内容、虚假信息，与服务提供商的服务意识、道德意识和社会责任感大面积集体缺失有相当大的关系。商人是无时无刻不在追求利益，为了能赚更多的钱，一部分服务提供商什么都敢做，道德、良知、社会责任都抛在了脑后。对于这些商人来说，道德已经不是他们不可突破的心理防线，只有法律才是能让他们真正感到恐惧的最后底线。为了既能挣到更多钱又不触犯法律，很多网站的经营指导思想都是打法律的擦边球，在法律边缘活动，追寻法律的临界点。所以，更好地促进互联网的发展，首要的一步就是提升网络经营者的社会责任感。加强服务提供商的服务意识、道德意识和社会责任感，首先一定要让其自律。但是，自律只能让一部分有良知的服务提供商收敛其经营行为，却很难达到最终预期的效果。所以，由政府指导、服务提供商自身组织的行业协会就应该起到行业自律的功能，通过行业协会或团体对行业自身和行业内部进行调整、监督和管理。

三是建立内容分级制度。目前，网络信息包括的内容可以说无所不有，既有对广大网民、尤其是青少年网民毒害极深的不良信息，也有有助于青少年成长的健康信息。就以网络游戏来说，既有充斥着暴力、血腥、色情甚至反动内容的网络游戏，也有宣传人文关怀、正义、道德良知等有利于青少年健康成长的网络游戏。所以，建立内容分级制度是当前网络文化管理的重要内容。在电影的管理中我们采用分级制的办法，同样，在网络游戏中也可以采用。按照不同的年龄、不同的身份、不同的背景，给予明确的界定，把适合青年人、有益于青年人成长的网络游戏归于一类，把含有暴力血腥的网络游戏归于一类，把不利于未成年人身心健康的归于一类，这样才有利于把网络游戏产业搞好。在很多国家，网络内容中哪些是未成年人禁止浏览、查阅，都有着严格的规定，未成年人进入这些领域需要比较细致的认定。如网络内容中给成年人提供的性教育、性知识栏目，如果访问者需要访问，是要提交很多相关证明。但在我们国家，所有的内容都是对未成年人开放的。所以，要想更好地保护青少年的健康成长，网络分级制是一个非常可行的办法。在互联网高度发展的今天，更应该采取行之有效的办法去引导人们，尤其是青少年的健康发展。

三、人在无序中发展

从无序走向有序是人类进步与发展的标志，人类发展史就是一部无序与有序的交替史。无序与有序是辩证统一的，有序之中孕育着无序，相反，无序之中又孕育着有序的因素。针对网络文化冲突而导致的无序而言，人的发展也体现为克服无序重建秩序，进而树立人类发展史的新里程碑。

（一）有序与无序的辩证法

既然有序与无序是辩证统一的，那么，针对网络文化冲突而造就的无序，又该如何克服无序重建秩序？在此，就这一主题进行简单的讨论。这一讨论分为两个方面：一是针对行动者心理与行为的失序造就的个性迷失问题，谈谈如何重塑个性；二是针对社会规范失效造就的社会失序，谈谈如何重建社会规范以及社会规范的合法性。

1. 个性迷失与个性重塑

　　个性是指个人独特的心理状态、思维方式和行为模式及其发展过程，是个人区别于他人的主体能动性。具有个性的人也是自由的人，是摆脱了各种束缚和压抑，获得解放，成为自然、社会的主人，从而成为他自身的主人，成为具有主体性的个人。由此看来，个性是通过个人独特的心理状态、思维方式和行为模式及其发展过程来展示的，主体性是个性的集中表现。虚拟世界的匿名性、虚拟世界的网络沉迷都是导致网络个性迷失的主要根源。下面从这两方面来谈谈网络文化中的个性迷失与个性重塑。

　　(1)网络匿名导致的个性迷失与个性重塑之对策。网络的匿名性导致了三种网络迷失：一是自我控制水平下降。所谓自我控制，乃是自己对自身行为与思想语言的控制，也就是主观的我对客观的我的制约作用。在现实社会中，个体面临着社会外部规范的约束，也面临着道德自律，常表现出较高的自我控制水平。但是，在网络情境的去个性化状态下，尤其是当个体面临各种不良诱惑的时候，他们常常认为网络行为是匿名行为，社会他人不会知道自己在网络情境中的所作所为，这种匿名心态导致了他们自我控制水平的降低，从而使得他们表现出在现实社会中通常不会表现出的行为。二是自我评价能力降低。所谓自我评价，乃是一个人对自己生理、心理特征的判断，是自我意识的重要组成部分。正确的自我评价对个人的心理生活及其行为表现，对协调社会生活中的人际关系有较大的影响。在现实生活中，社会的道德规范以及他人对自己的评价影响自我评价，此时自我评价能力较高，其行为也常常是符合社会道德规范的。但是在网络情境中，人们之间的交往多是在匿名状态下进行，并伴随着较高水平的自我卷入，在这样一种条件下，很多人常对自己的网络活动抱有一种轻率的、不负责任的态度，导致了自我评价偏差的出现。三是羞辱感淡化。在现实社会中，由于受到社会规范的约束，个体的道德感和羞耻感常常是比较强烈的，其行为大多是符合社会规范的，一旦违规，不但会受到社会法律法规的惩罚，同时还会面临道德的谴责，体验到强烈的羞愧感。但是，网络情境的去个性化状态下，个体会认为自己的活动为匿名活动，其言论和行为很难为他人所知，无需顾虑社会规范的约束。在这样一种缺乏监督和道德自律的状态下，他们的羞辱感变得淡化，于是，有人便会在网络上进行一些违反社会道德规范的活动。网络的匿名性在一定程度上降低了人们的责任感，使他们行事态度轻

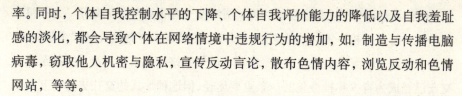

率。同时，个体自我控制水平的下降、个体自我评价能力的降低以及自我羞耻感的淡化，都会导致个体在网络情境中违规行为的增加，如：制造与传播电脑病毒，窃取他人机密与隐私，宣传反动言论，散布色情内容，浏览反动和色情网站，等等。

对于网络匿名性所导致的个性迷失行为，我们可以通过强化网络管理进行适当控制，如：增加网络注册实名制、完善网络道德规范、加强网络监督、制定相关网络法律、强化网络安全、加强网络道德教育、培养网民自主道德意识等等，通过这些措施来加以降低与消除网络匿名性导致的个性迷失。加强网络管理不仅可以适当控制因网络匿名性而导致的个性迷失，而且，还可以利用网络环境的适度虚拟性、匿名性，发挥其塑造自我、超越自我的积极作用。由于网络环境的匿名性，人们可以克服现实环境的某些限制，实现自我超越。在现实社会中，人们往往由于受到社会期望、社会地位、自身教育背景以及职业等诸多因素的影响，很难做到自我超越与自我重塑。但是在虚拟的网络世界中，人们便可以超越这些现实社会中的人际互动障碍，在其中畅所欲言，自由而有效地实现社会交往。例如现实社会中的害羞者在网络中可能表现得非常大胆而勇敢，在现实中寡言少语的人在网络中就可能表现得非常活跃。他们通过网络的虚拟世界把自己生活不曾表现的积极一面充分地展示出来，经过一段时间的健康发展，他们的个性就可能得到改善，变得更加积极和健康，以实现不断自我超越与自我重塑。因此，我们要在网络管理实践中找到有效的管理模式，进而充分利用这一管理模式，发展网络匿名性对个性重塑的积极作用，克服其消极影响。

（2）网络沉迷导致的个性迷失与个性重塑之对策。网络沉迷导致的个性迷失主要表现为网络行为者的基本能力下降，如：基本体力（身体健康）下降、社会适应能力低、角色调适能力低，等等。一是基本体力差，丧失自信心。网络沉迷导致个人花费大量的时间上网，严重危害身体健康，特别是对于青少年来说更是如此，甚至出现因沉迷于网络而猝死的青少年。几个小时坐在电脑旁，高度紧张地玩电游或浏览黄色信息等，肯定会导致身体素质下降，而身体素质对于个人来说，也是培养其自信心的主要方面，久而久之，身体素质的下降，带来的将是心理素质的下降、自信心的下降。二是沉迷于网络，社会化不足，道德认知弱化，社会适应能力差。网络使一些青少年成天处于"人—机—符号"、"符号—机—人"的状态中，造成了这些青少年社会化的"不足"，交往能力下降，进而逐步趋向孤立、冷漠。虽然网络中也有人际交往，甚至网上交友已经成为青少年社会化的一条重要途径，但这种形式的交往去掉了互动双方的诸多社会属性，带有"去社会化"的特征，与真实社会情境中的社会化相去甚远。另一方面，在虚拟网络中的交往，其匿名性和隐蔽性容易造成青少年道德的弱化。由于网络交往中的人不需要真实姓名、身份，人与人的交往没有责任也没有义务，因此，日常生活中被压抑的人性中恶的一面会在这种无约束或低约束的状态下得到宣泄，这会给处于人格塑造关键期的青少年带来消极的影响。三是沉迷于网络，缺乏真实的社会互动和沟通，社会角色定位不适当。网络作为新兴媒介，已成为青少年越来越推崇的一种沟通和排遣方式。但由于网络的虚拟性和隐秘性，在网络中遨游的青少年，常常喜欢在网络中凭空想象出自己所希望、感兴趣的或者好奇的人格特质，并以此作为自己网络交往的基本个体特点，如同自己真的拥有这些人格一样。久而久之，这种虚拟人格固定下来，在心理上容易形成某种程度的分离，出现双重人格。

对于网络沉迷而导致的个性迷失，可以从三个方面着手解决：首先，要完善网络游戏防沉迷系统。国家在2005年就提出建设"网络游戏防沉迷系统"，该系统已于2007年7月16日正式投入使用。该系统规定未成年人累计3小时以内的游戏时间为"健康"游戏时间，超过3小时后的2小时游戏时间为"疲劳"时间，在此时间段，玩家获取的游戏收益将减半；如果累计游戏时间超过5小时即为"不健康"游戏时间，玩家的收益降为零。网络游戏防沉迷系统将是防止网络沉迷的重要举措。其次，要加强网络管理。加强网络管理又可以从两个方面着手：一是加强对网吧经营者的管理。关于网吧经营管理，国家出台了《互联网上网服务营业场所管理条例》，该条例明确规定："互联网上网服务营业场所经营单位不得接纳未成年人进入营业场所。互联网上网服务营业场所经营单位应当在营业场所入口处的显著位置悬挂未成年人禁入标志。"二是加强网络及相关法规建设。我国网络立法相对比较落后，但是近年来，也进行了相关法规的建设，如《中华人民共和国未成年人保护法》（2006年12月29日修订通过）第三十三条规定："国家采取措施，预防未成年人沉迷网络。国家鼓励研究开发有利于未成年人健康成长的网络产品,推广用于阻止未成年人沉迷网络的新技术。"最后,要加强对青少年的引导。防沉迷系统能起到一定作用,但不能完全依靠它。俗话说"上有政策下有对策",一个系统是无法面对广大未成年玩家的"聪明才智"的。法规建设也是重要方面,但仅仅有硬性的法规也不能防止网络沉迷。防沉迷系统和法规都能起到一定作用,但是光靠国家和社会的阻止或疏导,未成年人沉迷网络游戏的现象永远不会杜绝。让孩子远离网络沉迷,不仅要"堵",重要的是"疏"。要引导孩子树立理想,增强责任感,学会关爱自己、关爱父母、关爱社会。当孩子对自己、对他人、对社会有责任感、有理想、有生活目标时,他们就知道自己该做什么,这样就不会沉溺于网络。

2. 秩序失范与秩序重建

现代社会秩序重建是民主条件下的重建,重建的社会秩序连接着一定的民主观念。网络文化的民主悖论,无论是网络帝国文化导致的世界范围的"文化平等与文化霸权"之民主悖论,还是网络文化本身带来的民族国家内部的"民主与无政府主义"之民主悖论(即不负责任的无政府主义,以及跟风而导致的极权主义),都会对秩序产生危害。网络文化下的社会秩序重建绕不过这两种民主悖论。前者是秩序的合法性重建,后者涉及秩序的规范重建。

(1)秩序的合法性建设。对于民族国家来说,以民族内部成员的认同、民族信仰等为基础而形成的民族意识、民族文化是民族国家合法性的根源。否定民族文化会导致国家的分裂。因此,民族文化对于民族国家的合法性建设具有根本性意义。合法性是一种国家政治认同。一个国家建立政治认同的方式可以有两种:一种方式是通过强制灌输乃至制度压力获得政治认同,我们可以将其称为政治认同形成的"制度方式";另一种方式是通过统一政治文化的影响而形成政治认同,我们可以将其称为政治认同形成的"文化方式"。合法性是后一种国家政治认同。要建立一种人们自愿皈依性的政治认同必须依赖于发展统一的政治文化。要维护一种政治认同的局面还应该建立政治文化凝聚机制,并使之符合政治体系的一体化要求。而政治体系的一体化,是指在同一政治实体中人们之间存在的一种共同体关系,也就是说,通过这样或那样的联系纽带把人们结合在一起,并赋予该群体以一种共性与自我意识感。因此,合法性的重建也是政治文化的重建。网络时代，发展中国家政治文化重塑的历程，都是自主的渐进的发展。一方面应当自觉地扩大现代化的目标视域，积极借鉴西方政治文化中的合理因素和有利成分；另一方面，也应当从本国本民族的文化传统中提取独特的有效资源。这种有效资源就是传统文化中约定俗成的价值内核，是指那些根据传统、惯例、民族的历史经验而在民众和社会成员中自然形成的规定，通过历史的经验和社会化而潜涵于一个民族的深层心理和深层意识中。民族心理、民族意识等民族文化的核心内容正是这一价值内核的体现。因此，从合法性的角度来说，网络霸权文化对民族文化的冲击是导致秩序失范的主要方面之一。西方网络霸权文化、网络帝国文化就是力图通过网络实现文化渗透，进而颠覆不同意识形态的民族国家。因此，秩序的合法性重建，从这一角度来看就是自觉抵制网络帝国文化的霸权行为，发展民族文化，让民族优秀文化充实网络，自觉抵制文化帝国主义利用网络进行文化渗透和殖民，增强民族文化的认同感、自豪感，进而增强立足于民族文化基础之上的政治制度、经济制度、社会制度的合法性。具体来说，要做好两方面的工作：一是加强民族网络文化建设，提高民族认同感与自豪感。民族文化建设既要发展和壮大一切民族优秀的文化成果，发扬和继承传统民族文化的精华；又要发展当代民族文化事业中的积极因素，对于当前我国的文化建设来说，就是要大力发展先进文化、发展社会主义文化，让先进文化、社会主义文化充实网络。只有这样，才能提高民族文化的网络竞争力，才能提高民族文化的感染力和生命力。二是加强民族网络文化建设，实现文化自主与文化融合。文化自主是指立足于自身，坚持文化发展的社会主义方向，在文化建设过程中，独立自主地发展文化，保持文化的先进性。文化融合也即文化借鉴，是指在坚持独立自主、保持文化先进性的同时平等地与他文化进行交流、吸收他文化的精华。

（2）秩序的规范重建。利用网络实现真正的民主，防止网络民主的滥用，是当前网络建设面临的一大重要问题。防止网络民主的滥用，主要可以从两个方面来进行：一是防止网络无政府主义和网络极权主义。网络无政府主义和网络极权主义都可能导致网络暴力。网络无政府主义和网络极权主义有多种形式，如网络恶搞、网络"闪客"（Flash mob），等等。网络无政府主义和网络极权主义都是由于网络信息的非规范性而导致的一种网络民主的非理性行为。

网络无政府主义崇尚自发的内部合作，它一方面反对自上而下的组织控制，另一方面却赞成形成以共同信仰、价值和利益为基础的自发、自愿、非中心的社团。"闪客"（Flash mob）就带有无政府主义的倾向，是一群透过网站或手机联系而聚集起来的、互不相识的人群，跟随着策划者，做一些"无厘头"的起哄之事，做完之后即"闪"。"网络恶搞"既是网络无政府主义的体现，也是网络极权主义的体现。导致"网络恶搞"盛行的原因有两个：一是个人融入群体而产生的安全感，使得他们倾向于放纵自己的行为，且认为自己的行为不大可能会受到惩罚，法不责众的古训也许是对此最好的诠释；二是网络匿名的特点恰恰契合了这种大众心理，相对生活中的谣言传播者，网络谣言的制造者以及网络讨伐者都是"匿名的"，相对于现实生活风险更小，在匿名状态下，网民更是放纵了自己。网络恶搞往往只显现事件的一个方面，甚至是对事件的歪曲。网络"羊群效应"极大地放大了事件的好与坏，这样，可能造成灾难性的后果。"铜须门事件"①即是网络恶搞暴力的典型。二是防止网络政治参与的非理性行为。由于网络信息的非规范性，也容易导致网络政治参与的非理性行为。一些别有用心的组织和个人为达到自己的政治目的，在网上制造假新闻，发布假消息，歪曲事实进行宣传。公众为失真的信息所左右，政治判断和评价

---

① 2006 年 4 月 12 日，网名为"锋刃透骨寒"的男子在国内某论坛发帖，指称《魔兽世界》游戏麦服联盟"守望者公会"会长利用网友聚会后与其妻子发生不轨行为，呼吁网友给予帮助。短短 3 天内，百度搜索该信息的 IP 地址超过百万，网友在游戏中举行静坐、游行、谩骂、自杀等集体性示威，声讨会长铜须。4 月 14 日，"锋刃透骨寒"发表申明，称其帖子及其中的 QQ 聊天内容多有杜撰，"游戏已经结束"，但大部分网友认为，"锋刃透骨寒"发表该声明是迫于现实压力，如果就此放手，则会使坏人逍遥，起不到"治病救人"的目的。声援网友组成"网络狗仔队"，通过多种途径调查，4 月 16 日，铜须真实身份及联系方式被公布在网上。网友在网络中发出"江湖追杀令"，表示"郑星同学必须为自己的行为付出代价"。呼吁广大机关、企业、公司、学校、医院、商场、公路、铁路、机场、中介、物流、认证，对郑星及其同伴进行抵制。不招聘、不录用、不接纳、不认可、不承认、不理睬、不合作。在他做出彻底的、令大众可信的悔改行为之前，不能对他表示认同。4 月 18 日，迫于压力，尚为大学学生的"铜须"通过视频文件方式对事情经过进行澄清，遭到网友的更大面积谴责。6 月 2 日，中央电视台《大家看法》栏目播出《铜须在电视媒体回应网友讨伐》，网上评论普遍认为，央视在批评网民行为是"网络暴力"的同时，对事件本人的道德评价进行了回避。6 月 3 日，《纽约时报》以国际新闻头条方式报道铜须门事件，质疑中国网民此举对个人权利存在严重侵犯。《国际先驱论坛报》、《南德意志报》等报纸相继刊发重头文章报道"中国网民对个人的围攻事件"。此事给"铜须"的现实生活造成极大困扰。当网络舆论达到激愤的高潮时，"锋刃"在网上现身宣布一切都是虚构，游戏已经结束时，事实上它已无法结束。网络舆论的所有道义激愤让"铜须"所受到的伤害成了这一事件中唯一真实的存在。

就会发生偏差，往往导致非理性的政治参与。同时，由于网络中利益的表达和聚合更加自由，有相同兴趣爱好的人们在网络上即使进行跨国界的交流和聚会也相当容易，不必提交申请或支付任何有形的管理费。网民们甚至可以自己进行民意测验，围绕各种争论组成自己的"电子政党"或"电子院外集团"。政治活动变得如此轻而易举，使得公民参与的热情空前高涨并且个体之间意见难以协调，传统意义上一呼百应的政治动员变得不再可能。因此，网络可能会对民主制度一贯标榜的"多数同意"原则构成挑战。由于在多数人难以形成共识的信息社会背景下，整合严密的少数派权力将会被充分凸显出来，故取而代之的"网络民主"的原则将可能是"少数派的否决"。

为了防止日常生活中的网络无政府主义和极权主义导致的网络暴力，以及防止政治生活中的网络政治参与的非理性行为，引导公众有序利用网络行使民主，参与政治，使"网络民主"和网络时代的日常生活和政治生活向着科学、理性的方向发展，是当今各国政府不容忽视的问题。在此，笔者从三个方面入手，简单分析一下"网络民主"的秩序化、规范化和法制化。

第一，加强政府治理，促进"网络民主秩序化"。要加强政府治理，促进"网络民主的秩序化，必须不断加强电子政务建设，为公民从政府网站上获取信息和服务提供方便，降低信息收集和传播的成本，实现政府与社会公众的信息共享，真正使互联网成为政府与公众交流的桥梁"。当前，北京、香港、青岛等许多地方以电子商务、电子政务为特色的网站迅速崛起，如"首都之窗"、"数码香港"、"青岛政务网"、"一站式南海"、"海淀数字园区"等。这些网站已起到了信息沟通的作用，政府通过互联网征集民意，提高决策水平，政府的民主、理性精神得到了弘扬，"网络民主"的巨大作用得到了逐步展现。同时，必须继续加大网络公共空间治理力度，避免"网络民主"产生的大量不可控信息带来的负面效应；必须加快信息基础设施的建设，加速整个社会的信息化进程，对信息弱势群体要采取倾斜和扶助政策，消除"数字鸿沟"，促进合理有序的政治参与，从而促进"网络民主"的秩序化。

第二，加强道德治理，促进"网络民主"规范化。"网络民主"的自主性、开放性、多元性与社会道德、价值观念应该最终融合，这是一个社会文明进步的象征。公民在充分享受"网络民主"带来的言论自由和信息知情权的同时，也应履行和承担起与之相匹配的义务和责任，并且不能妨碍和侵害他人的权利与自由。拒绝网络上的暴力、煽动、辱骂、攻击和非理性等，应当成为我们的自律。如果不能在网络中形成一个良好有序的公民社会，那么，我们就难以过渡到现实社会中的有序民主。要加强道德治理，促进"网络民主"的规范化，必须加强网络道德和思想教育，必须进一步健全网络伦理规范体系。在全社会倡导一种网络参政的社会氛围，把政治参与内化为个人的生活需要，从而在这种价值观念的支配下，在全社会形成人人积极关心国家大事、积极参与国家决策的社会风气。由于网络的特点，政府要实现对网络的完全监控几乎是不可能的，因此，健全网络伦理规范体系对于规范网络秩序显得十分必要。

第三，加强法制治理，促进"网络民主"法制化。"网络民主"的健康发展离不开法律的保障和制约，促进"网络民主"的法制化刻不容缓。制定和"网络民主"相关的法律，要从多方面考虑。首先，制定的法律必须能够促进网络的健康发展。网络法律不仅要有一般法律的强制性，还应该具有激励性。网络法律应该做到在制裁网络不法行为的同时，又不束缚信息网络的发展，做到既有威慑力，又有推动力。其次，网络法律还要考虑到现实的可操作性。网络技术日新月异，必须使网络法律与网络技术发展相衔接，使制定出的规范能够被有效地、低成本地贯彻实施，成为符合网络特点的法律。因此，要促进"网络民主"的法制化，必须不断加快网络立法的步伐，加快制定新的法律法规，并及时修改现行法律，将现有法律加以适当延伸，如通过增加特别条款、修正案等加以扩展，使之适应不断发展的网络社会。应该通过健全网络立法来保障"网络民主"的实现，这不仅为迎接网络时代的各种挑战提供了法律保障，也是网络时代民主发展的一个重要步骤。

（二）挑战无序寻求发展

无序不利于人的发展，克服无序的过程也是寻求发展的过程。在此，主要从虚拟世界的个性重塑和虚拟世界的秩序重建角度讨论如何重建秩序进而促进人的发展。

1. 虚拟世界的个性重塑与人的发展

个性既是一个哲学范畴，也是一个心理学范畴。心理学主要是从揭示个体心理活动发生和发展及其变化规律的角度来看待人的个性,因此把它看成是人与人相互区别的人格特征。哲学主要是从人与外部世界的关系的宏观角度来看待人的个性,从人类社会历史的创造、发展的角度去探讨人的个性,因此把它看成是作为社会实践主体的人的一般特性,即人的主体性,并由此形成自己独特的视角。但是,并不是说,哲学只注重一般的人、只揭示一般人的主体性,而不注重具体的个性。其实,马克思主义哲学就同时注重这两个方面:一方面,马克思主义认为,实践是人的存在方式,是社会生活的本质,由于人是实践的主体,因而人们的社会历史也是人们的个性发展的历史。从这一角度来看,马克思主义把个性看做是人的主体性、人的本质力量在个体身上的发挥和体现。哲学就是从发扬人的主体性的角度研究个性,或者说研究人的主体性在个体身上的体现,这也体现为一般人的主体性之特征。另一方面,马克思主义哲学的人的发展理论又是关于具体个人的个性发展理论。马克思主义一贯反对将具体的"个人"抽象为一般的"人",反对把"个人"变为"人"。在谈到人的发展问题时,马克思坚持使用的语言是"个人"的自由发展和"个人"的全面发展。在此所揭示的人的个性发展既从一般的人的角度来说人的"主体性"的发展,也是从具体的人的个性角度来说个性发展,甚至包括从心理学的角度来讲个性发展。那么,虚拟世界的个性重塑对人的发展有什么影响呢?

在此,我们先简要介绍马克思的个性发展理论(这一理论在第七章中我们将进一步展开论述)。马克思认为人的个性发展经历了三个阶段:一是自然经济社会形态下形成的人的依赖关系占统治地位的阶段;二是在商品经济的社会形态下形成的以物的依赖关系为基础的人的独立性阶段;三是在未来的共产主义社会形态下的"建立在个人全面发展和他们共同的社会生产能力成为他们的社会财富这一基础上的自由个性"①的阶段。

在马克思主义看来,自由个性的发展是个人全面发展的前提和保证。一个人只有在摆脱外在的束缚和压抑,成为独立自主的人时,才能根据自己和社会的需要,根据自己的兴趣爱好去充分发挥自己独特的创造性,使自己成为一个全面发展的人。一个个性受到严重束缚和压抑的人,一个缺乏主体性的人,是

---

① 《马克思恩格斯全集》第46卷(上),人民出版社1979年版,第104页。

无法尽情展示和发展自己的才能的。他只能消极、被动地完成他人、集体、社会下达的种种任务，只能被迫地、片面地、畸形地发展自己。同时，自由个性的发展也是实现人的全面发展的最终目的。人的个性是人类个体的独特性。自由个性是人的本质力量发展的集中体现，是个人的生理素质、心理素质和社会素质在不同社会生活领域中的集中表现，是人的自主性、能动性、创造性的充分展示。

自由个性的发展既涉及一般人的主体性发展，也涉及具体人的个性发展。前面我们所讲的网络社会对人的个性的影响，其实也涉及到这两个方面。道德认知能力、社会角色扮演等既是一般人的主体性的表现，也是作为具体的个体的个性之内容；而基本体力、自我控制水平、自我评价能力等更多地体现为个体的个性发展。无论是道德认知能力、自我控制水平、自我评价能力、基本体力的下降，还是社会角色不适应等网络文化带来的个性迷失，都是由于网络匿名性以及网络沉迷而导致的。如：匿名条件下，个人的网络行为难以得到有效的规范，此时，如果个人缺乏责任感，放任自己的行为，就会导致自我控制能力的下降，导致缺乏必要的羞辱感。对于这种网络文化带来的个性迷失，前面分析已经指出，一方面，可以通过加强网络伦理规范建设、加强网络法律规范建设、加强网络道德教育来加以克服；另一方面，我们要积极利用网络对个性发展的有利因素来发展人的个性，从而促进人的发展。

2. 虚拟世界的秩序重建与人的发展

无论是现有制度合法性重建（通过维护民族文化认同、维护意识形态来维护现有制度的合法性），还是建设网络世界的规范体系，都是为了网络民主朝着健康的、真正的民主方向发展，都是为了重建网络世界的秩序。因此，合法性重建和规范重建对人的发展的影响也通过秩序重建而实现。而这一秩序重建对人的发展主要涉及秩序与人的自由本质之关系。

人是生活于社会秩序之中的，人的存在是一种秩序中的存在，并随社会秩序的发展而发展。社会秩序、自由与发展是紧密相关的，只有健康的社会秩序，才能增进人的自由，才能为人提供发展的机会，推动人的发展。自由和秩序的关系历来受到西方人学思想的关注。回顾西方人学思想的历史发展轨迹，我们不难发现，社会秩序是人学思想发展一以贯之的主线。传统的西方人学思想以一种非常直接的陈述方式向我们呈现了这一点。古希腊时期著名的三位哲学大师苏格拉底、柏拉图、亚里士多德之所以崇尚美德，追求节制、正义、勇敢、智慧，乃是为了维系社会秩序之故。中世纪的宗教人学将人性与神性统一于一身，人生而有罪，只有爱上帝才能使自己的心灵得到拯救，才会有一个有意义的今生，才有希望在今生之外得到幸福。而对上帝的爱首先从爱自己遭遇的一切开始，实质上就是要忍受一切现实生活，从而达到维护现行社会秩序、保护统治者自身利益的目的。文艺复兴把人由天堂的梦想拉回到现实的人间，人们重视自然，关注人的自然情怀，但人们更看重人的理性，认为理性可以规范人的自然性，个人幸福的获得不能违背社会整体的利益。与传统的理性主义人学思想这种直接的陈述方式形成鲜明对照的，是其后以叔本华为代表的非理性主义人学的间接陈述，从中我们仍可以看出，社会秩序是一条无法摆脱的"绳索"。从叔本华的生命意志到尼采的强力意志，从克尔凯戈尔的"孤独个体"到孔德的生物有机体论，从生命哲学到存在哲学，等等，以反理性与反道德的方式追求生命的意义，恰恰说明人生活于社会秩序之中，哪怕你是"孤独个体"，极力排斥和否定社会的整体原则，追求个人的精神存在或主观存在，可你的所思所想又岂能超越于社会生活之外？

秩序与自由看起来是一对相互矛盾的概念，实则不然。什么是社会秩序？有人认为，社会秩序是指社会的有序状态或动态平衡，其主要标志有：（1）社会结构的相对稳定；（2）各种社会规范得以正常施行和维护；（3）把无序和冲突控制在一定的范围。它大致可分为经济秩序、政治秩序、文化秩序、伦理道德秩序和日常生活秩序等。

日常生活中所讲的自由通常指不受限制，没有目的，没有责任，没有意志的自由，这是对自由的消极理解。事实上，不受任何限制的自由是不可想象的，社会秩序将无以存在，人亦将无以生存，更谈不上向前发展。与之相对立的自由是个人的独立与自主，这是西方的主流自由观，即意志自由。赫尔巴特所说的"内心自由的观念"，实为这样一种认识。赫尔巴特认为，道德教育就是要形成"内心自由的观念"、"完善的观念"、"仁慈的观念"、"正义的观念"及

"公平的观念"①。借助这五种道德观念规范人的思想与行为，进而整合社会秩序。不难看出，赫尔巴特对道德理性与社会秩序之间的关系有深刻理解。事实上，处于秩序重重包围之中的人要想有效地应付环境，必须依靠理性的力量即意志自由来使个人与社会秩序之间保持适当的张力，因为"人不是生活在一个顺从的而是在一个抵抗的环境之中，生活在一个他必须不断努力加以控制的环境之中"②。

查尔斯·霍顿·库利在《人类本性与社会秩序》一书中对自由的定义颇具启发意义。他指出："自由是获得正确发展的机会。正确发展就是朝符合我们理性的理想生活发展。"③他进一步解释说，人的发展依赖于一定的社会条件，带着各种有待发展倾向的天性来到这个世界的儿童，如若弃之荒野，将无法成长为人；如若其生活的条件非常有利于扩大和丰富他的生活，他则可能得以最大限度的发展，他就是自由的。自由对于社会条件的这种依赖关系说明，自由存在于社会秩序之中。

我们不应该把自由看做是某种确定的和终结性的东西，也不应该把它视为某种可以被把握或一经把握就能一劳永逸地解决了的问题。对自由最好的定义莫过于对它进行有益的思考，而最有益的思考就是对比一下一个人现在的状况和他可能达到的状况，以刺激和指导实际的努力，进而达到可能的状况。自由不仅是发展的，而且只有当社会秩序得到健康的发展，自由才可能增长。米尔斯在《社会学的想象力》一书中表达了同样的观点。在对科层制进行反思时，他指出科层制的合理性并没有使个人的理性增加，相反，个人只能适应环境。"个人的这种适应，以及他对环境和他自身的作用不仅使他丧失机会，也必然使他丧失运用理性的能力与意志；同时还影响到他作为一个自由人行动的机会和能力。"④库利还深刻地指出："所有社会组织——政府、教会、企业等除了增进人类自由以外不应该再有别的功能。如果它没有给每个人以机会，在总体上增进人类的自由，就违背了正义，就需要改造。"⑤

① [德]赫尔巴特：《普通教育学·教育学讲授纲要》，浙江教育出版社2002年版，第213页。
② [美]伯纳德·巴伯：《科学与社会秩序》，三联书店1991年版，第6页。
③ [美]查尔斯·霍顿·库利：《人类本性与社会秩序》，华夏出版社1999年版，第298页。
④ [美]赖特·米尔斯：《社会学的想象力》，三联书店2002年版，第184页。
⑤ [美]查尔斯·霍顿·库利：《人类本性与社会秩序》，华夏出版社1999年版，第301页。

　　综上所述，自由的涵义是丰富的。我们所说的自由既指人的独立与自主，即通常意义上的意志自由，同时又指环境为其提供的发展机会。概括地讲，自由是指人能够获得且理性地把握和运用环境为其提供的发展机会。秩序、自由与人的发展是紧密相关的。秩序是自由和发展的基础，没有健康的社会秩序，自由无法存在，发展无以实现；发展是秩序和自由的目的，无论对于个人还是社会；而自由是由秩序走向发展的关键，社会秩序中的人要想获得发展首先要学会获得自由，充分利用社会为其提供的每一个机会，听任自己理性的指引，主动寻找社会中更适合于自己的位置，使自身的发展达到最佳状态，从而更好地发挥自己的潜能，推动社会秩序更新发展，使社会秩序更加趋于合理、完善。

第五章 错位与妥协：
网络文化与人的发展（二）

　　人的发展体现于政治、经济、社会伦理、文化观念（精神，特别是自我意识）四个方面。政治层面是民主问题，经济层面是社会分工问题（技术与认知），社会层面是伦理问题，精神层面是自由问题。第四章我们从自由和民主两个角度论述了网络文化与人的发展之关系，特别分析了网络文化对人的自由实现和民主实现的负面影响。本章从经济和社会层面来分析。劳动分工是人的发展之经济层面的主要体现，对于现代社会而言，劳动分工也是一个技术和人的认知能力问题，网络文化下认知和技术对人的发展的负面影响主要是对网络信息占有的不平等，也即是数字鸿沟的出现和扩大，因此，从这一角度而言，也就是论述数字鸿沟对人的发展的负面影响。从社会层面来说，人的发展问题也体现为社会道德伦理的进步，网络文化解决了一些以前难以解决的道德伦理问题，但同时也带来了许多新的道德伦理问题，如网络病毒、网络欺诈、网络色情、网络隐私、网络痴迷，等等。数字鸿沟和网络伦理问题是现代社会经济发展不平衡和对网络的不正当使用等原因造成的，因此，可以说，这些问题的出现是人类在网络文化条件下发展的一种错位现象。在此，从认知和伦理的角度来分析网络文化给人的发展带来的错位以及由此而导致的人的发展中的妥协。

一、源于错位的妥协

所谓错位，本来是指位置的颠倒或位置的不恰当。针对于人的发展，网络文化带来了一些不利于发展的因素，这是网络文化针对人的发展之错位现象。所谓妥协，现代汉语词典解释为"用让步的方法避免冲突或争执"[①]，在此，妥协是指错位导致的一种不利于人的发展的、非正常的或者说异化的状态。我们力图通过对错位现象以及错位现象导致的异化状态的考察，揭示网络文化对人的发展的消极影响，并进一步为消除这些消极影响提出相应对策，最终更好地实现网络文化促进人的发展之功能。

（一）网络文化中的错位

网络文化是一种全球文化、大众文化，网络文化的全球性、大众性为整个人类的发展提供了新形态。但是，网络以及网络文化也给人类带来了新的问题，使人类发展面临新的难题，除了第四章分析过的自由和民主问题之外，网络和网络文化带给人类发展的新难题还有两个方面：一是由网络技术差异和社会贫富差距导致的数字鸿沟；二是网络带来的新的伦理问题，如网络色情、网络黑客、网络盗窃、网络侵权等，我们统称之为网络陷阱。数字鸿沟和网络陷阱是由于网络发展不平衡、网络文化发展不平衡导致的错位。

1. 数字鸿沟

数字鸿沟是网络文化中因技术差异而带来的错位。在此，我们首先考察一下数字鸿沟的涵义；接着，简单分析数字鸿沟的现状，特别分析一下我国当前数字鸿沟现状；最后，指出数字鸿沟形成的原因。

（1）数字鸿沟的涵义。据霍夫曼考证，"数字鸿沟"（Digital Divide）一词肇始于 Markle 基金会的前总裁利奥伊德·莫里赛特在《数字鸿沟的演变》（1995）一书中有关对信息富人（The Information-haves）和信息穷人（The Information have-nots）之间所存在的一种鸿沟的认识。1999 年美国国家远程

---

① 《现代汉语词典》，商务印书馆 1992 年版，第 1174 页。

通信和信息管理局（NITA）在名为《在网络中落伍：定义数字鸿沟》的报告中提"数字鸿沟"，这是国家政府报告中首次提到该概念。英国广播公司（BBC）的在线新闻里则直接把"数字鸿沟"称为"信息富有者和信息贫困者之间的鸿沟"①，意指在不同国家、地区、行业、人群之间，由于对信息和通信技术应用程度的不同以及创新能力的差别造成的"信息落差"、"知识分隔"等问题。"经济合作与发展组织"（OECD）则把它看做是"不同社会经济水平的个人、家庭、商业部门和地理区域，在接入信息和通信技术和利用互联网从事各种活动的机会上存在的显著差距"②。从目前研究来看，"数字鸿沟"可以定义为基于掌握和运用网络信息技术的差别而催生的，横亘于信息富有者和信息贫困者之间的客观差距，它既指网络应用技术上的差别，也包含了网络应用方面的社会、文化、心理因素所导致的差别。数字鸿沟是全球性的，客观存在于任何国家内部以及国与国之间。

（2）数字鸿沟的现状。美国国家远程通信和信息管理局（NITA）从1995年起，按人口统计学分类对计算机的拥有和网络访问情况进行跟踪。1999年的报告（公布1995—1999年的跟踪结果）指出，计算机和因特网的普遍使用已经造成了富者越富、贫者越贫的现象。而且贫富人数有快速增加、财富累积差距有加大的趋势③。从历次的"中国因特网发展状况统计报告"来看，中国大陆的各地区之间的"数字鸿沟"虽然逐年减少，但到现在为止，还是非常严重。CN域名和WWW站点数量多少是一个地区应用互联网进行社会各项活动和展示信息化水平的重要指标。第19次调查报告显示：处于经济发达地区的北京、上海、广东三个省市的CN域名占全国总量的46.3%，WWW站点为49.9%，几乎接近于一半；而包括贵州、甘肃、青海、宁夏、内蒙和西藏在内的经济较为落后的西部六个地区的CN域名仅占全国总量的2.1%，WWW站点为1.6%④。

① Huda, K. M. Nurul. 2001. *The Digital Divide Vis-vis Developing Countries The Independent*, June 14; Companies, BenJiamin. 2000. Re-Examining the Digital Divide. MIT Centerfore Business Working Paper. http://ebusiness.mit.edu/research/paper.html.

② OECD, *Understanding the Digital Divide*. Paris: OECD, 2001.

③ *Falling Through The Net: Defining The Digital Divide*. National Telecommunications and Information Administration, U. S. Department of Commerce, 1999.

④ 中国互联网络信息中心（CNNIC），《第19次中国互联网发展状况统计报告》，2007年1月。

很多研究都显示，"数字鸿沟"明显存在于不同学历、不同职业、不同收入的人群之中。从学历来看，大专和本科学历的人网络使用率为99.9%，高中（中专）文化程度的人网络使用率为28.2%，高中以下文化程度的人网络使用率为2.68%[①]。从职业来看（见表5—1），占中国人口一半多的农民只占总上网人数的0.4%。

表5—1　网民的职业分布[②]

网民职业类别	比　例
学　生	32.3%
企业单位工作人员	29.7%
学校教师及行政人员	6.2%
国家机关、党群组织工作人员	4.3%
事业单位工作人员	8.6%
自由职业	9.6%
农　民	0.4%
无　业	7.2%
其他（包括军人）	1.7%

随着整体收入水平的提高，低收入者的计算机用户数量将呈现较快的增长速度，基于计算机使用导致的"数字鸿沟"将逐渐减少；但是，这只是表面的现象，只是量的表现；"数字鸿沟"也体现在质的不同，如高收入、受过良好教育的人使用新技术更快、访问的时间更长、利用的效率更高，等等。

（3）数字鸿沟形成的原因。国际学术界20世纪末就开始研究"数字鸿沟"，研究其产生的原因。1998年，Eleanor等人通过分析亚洲和欧洲国家的网络应用指出，在Internet使用时，经济、制度、政治、社会文化这四个变量是很重要的影响因素[③]。1999年美国国家远程通信和信息管理局（NITA）的《定义

① 各文化程度使用网络的人数由第19次中国互联网发展状况统计报告计算出来，结果是大专和本科学历的上网人数为6726.7万；高中学历的上网人数为4260.7万；高中以下学历的上网人数是2342.7万；各文化程度的总人口用2005年人口抽样调查的数据，分别是：大专和本科学历的人数为6764万；高中学历的人数是15083万；高中以下学历（用初中和小学学历人口代替）的人数是87441万。

② 中国互联网络信息中心（CNNIC），《第19次中国互联网发展状况统计报告》，2007年1月。

③ Flanigan, Eleanor. Clarry, John. Peterson, Richard, *Impact of Economic, Cultural, and Social Factors on Internet Usage in Selected European and Asian Countries*, Proceedings-Annual Meeting of the Decision Sciences Institute. Atlanta, GA, USA.1998.

数字鸿沟》的报告中就指出，收入、教育和种族都是造成数字鸿沟的因素。2001年，Rowena 的研究指出，产生"数字鸿沟"主要因素有：社会经济因素、地理因素、教育和生育等因素①。之后，许多学者都注意到经济发展水平、社会经济差距对数字鸿沟的作用。Kumar 认为经济发展水平是影响"数字鸿沟"的最重要因素，即"数字鸿沟"是内在的社会经济差距的结果②。Wilson 等人也认为，社会经济发展水平是影响"数字鸿沟"的最重要因素，只有对社会经济变量加以控制，才能使信息新技术的普及程度提高③。

2002年，国内的胡鞍钢教授对"数字鸿沟"的形成原因进行了较深入研究。他在"国际互联网普及的影响因素分析"中抽取了四个因子：经济发展水平（贡献率为44.35%）、国家的知识发展能力（贡献率为19.41%）、对外开放水平（贡献率为12.40%）、通讯技术引进水平（贡献率为9.73%）④。之后，许多学者都对我国"数字鸿沟"的现状和原因进行了分析，如：王刊良、刘庆通过对"中国大陆各地区因特网用户数与人们的收入、教育水平的关系"研究指出，一个地区的因特网发展水平是和该地区的收入、教育水平显著相关的（相关系数分别是：0.931和0.876）⑤；又如：陈艳红通过研究指出，导致"数字鸿沟"的原因是信息使用者的"信息素质差异"，包括信息意识、文化素养和信息能力⑥。

2. 网络陷阱

"陷阱"是指为捉野兽或敌人而挖的坑，上面浮盖伪装的东西，踩在上面就掉到坑里，常比喻为害人的圈套⑦。"网络陷阱"是计算机科学中的一个术

① Cullen, Rowena, *Addressing the Digital Divide*, Online Information Review, 2001: 25 (5).

② Venkat, Kumar, *Delving into the Digital Divide*, IEEE Spectrum [H. W. Wilson—AST]. Feb 2002: 39 (2).

③ Wilson KR, Wallin JS, Reiser C, *Social Stratification and the Digital Divide*, Social Science Computer Review, 2003: 21 (2).

④ 胡鞍钢、周绍杰："新的全球贫富差距：日益扩大的'数字鸿沟'"，《中国社会科学》2002年第3期，第34—48页。

⑤ 王刊良、刘庆："从因特网应用看中国大陆的数字鸿沟"，《管理学报》2004年第2期，第207—213页。

⑥ 陈艳红："基于信息素质差异性视角的数字鸿沟成因分析"，《湘潭大学学报（哲学社会科学版）》2006年第6期，第102—106页。

⑦ 《现代汉语词典》，商务印书馆1972年版，"陷阱"词条。

语，英文为"honeynet"。但在计算机科学中，网络陷阱往往与网络诱捕有关①。在此，网络陷阱是一个与道德、法律相关的术语，从道德的角度（而非技术的角度）来讲，从道德和法律的角度来看，网络带来的诱惑，导致人类的非道德或违法行为。那么，这些行为包括哪些内容？我们首先看一看"第19次中国互联网发展状况统计报告"的一项内容：

网民对互联网最反感的方面是②：

网络病毒	28.7%
网络入侵/攻击（包括木马）	16.7%
弹出式广告/窗口	14.3%
垃圾邮件	7.8%
网上虚假信息	7.4%
诱骗/欺诈/网络钓鱼	6.9%
网上收费陷阱	6.9%
网上不良信息	5.7%
隐私泄漏	4.9%
其他	0.7%

在此，网络病毒的攻击、网络虚假信息与网络诈骗、网络不良信息（色情信息）、网络隐私泄漏等是网民最反感的几个方面。其实，这几项也刚好是网络非道德和违法行为的主要表现，它们也是网络陷阱所指的内容。接下来，有必要对上述几个方面内容进行简单的叙述。

网络病毒行为。什么是网络病毒？在何种意义上网络病毒是犯罪或非道德行为？网络病毒是指在网络中传播、复制和破坏的病毒。它是计算机病毒的一种，所谓计算机病毒，1994年我国颁布的《中华人民共和国计算机信息系统安全保护条例》第28条规定："计算机病毒，是指编制或者在计算机程序中插入破坏计算机功能或者毁坏数据，影响计算机使用，并能自我复制的一组计算机指令或者程序代码。"作为一种违法犯罪行为或非道德行为，网络病毒行为

---

① 曹爱娟、刘宝旭、许榕生："网络陷阱与诱捕防御技术综述"，《计算机工程》2004年第5期，第1—3页。

② 中国互联网络信息中心（CNNIC），《第19次中国互联网发展状况统计报告》2007年1月。

包括制作和传播网络病毒、利用网络病毒入侵、攻击他人计算机、网络设备和软件等。网络病毒行为既是一种非道德行为，也是一种犯罪行为。我国《刑法》第285和286条就规定了侵入计算机信息系统罪，破坏计算机信息系统罪，破坏计算机信息系统功能罪，制作、传播计算机病毒等破坏性程序罪等。

网络欺诈。网络欺诈是指借助于网络进行的一切欺诈行为的总称。网络欺诈是当今世界性的网络犯罪行为和网络非道德行为的主要形式。英国政府和互联网安全机构"获得在线安全"2007年3月26日发布的调查报告说，英国2006年遭遇网络欺诈的网民达350万人，占到英国网民总量的12%。所有遭欺诈网民中，平均每人损失金额为875英镑（约合1700美元）①。现阶段，网络欺诈涉及的刑事诉讼种类繁多，如：电信欺诈、电子邮件欺诈、品牌欺诈、洗钱和侵犯知识产权等。欺诈的具体形式有：在线拍卖欺诈、对在网上已下订单的客户不配送商品、金融欺诈和网上非法传销，等等。对于网络欺诈，我国《刑法》第287条规定，利用计算机实施金融诈骗将按照金融诈骗罪定罪。另外，网络诈骗还包括利用网络作为通信手段进行诈骗，如通过网络电话、网络邮件、网络聊天进行诈骗，等等。

网络色情。网络色情包括的内容很多，主要有网上传播淫秽色情视听节目、图片、小说、裸聊等。随着网络的普及，网络色情也肆无忌惮地泛滥到世界各个角落，其数量之多、程度之深、危害之大，令人咋舌。汹涌而来的网络黄毒严重侵蚀了社会健康肌体，特别是一些涉世不深的青少年，更是深受其害。因接触网络黄毒而难以自拔，心理和生理受到强烈冲击，进而导致施暴、强奸的青少年，已非罕见。目前，网络黄毒已引起世界各国的高度重视，就连一贯纵容色情文化的美国也通过了"埃克松法案"，将网络黄毒纳入法制管理，足见突破原始色情疆界的网络色情对人类社会的冲击，已非人类伦理道德这最后防线所能抵御。对于网络色情，我国更是给予高度重视，2007年4月12日，公安部、中央宣传部、教育部、信息产业部、文化部、国家广播电影电视总局、新闻出版总署、国务院新闻办、银监会、全国"扫黄打非"工作小组办公室联合召开电视电话会议，会议决定，十部委将联合在全国组织开展为期半年的依

---

① http：//www.ce.cn/xwzx/gjss/gdxw/200703/27/t20070327_10830984.shtml.

法打击网络淫秽色情专项行动。

网络隐私。互联网迅速普及给人们的生活和工作带来了极大的便利，同时，个人隐私问题也受到前所未有的冲击，人们正逐渐失去那一方属于自己的相对宁静的天地。与传统社会相比，网络社会的隐私安全问题要严重得多。导致网络社会隐私问题突出的原因有三点：一是网络需要保护的"私"的内容空前泛化。个人的姓名、性别、年龄、种族、身高、体重、爱好、收入状况、消费习惯、婚姻状况、有无子女、电话号码等都和隐私挂起钩来。其次，网络社会获得个人信息的渠道更为广泛，动机更为复杂。在传统社会中，隐私的披露是偶然的，而在网络空间，信息获得则是有预谋的、精心设计的、有先进技术参与的、方法精当的和经济有效的。三是网络隐私泄露的途径增加。网上聊天、网络窥探、黑客攻击等都将成为隐私泄露的途径；另外，网站侵权也成为隐私泄露的主要渠道，许多需要注册登陆的网站都规定有用户服务协议，但隐私条款的规定并非都有，用户要想成功注册必须接受规定条款，一些用户在此情况下根本不可能在乎网站有没有隐私保护政策。随着网络淘金热潮的高涨，个人信息服务行业、私营公司开始涉足互联网，这使保护个人隐私变得更为复杂。尽管欧美国家较为重视隐私权的保护，但问题仍很严重。现在，许多国家正试图通过立法解决互联网个人隐私所涉及的一系列问题。我国近年来也加大了网络隐私的立法力度，如"刑法"已经把利用网络侵犯他人隐私、侮辱和诽谤他人等行为列为网络犯罪。

（二）错位导致妥协

对于人的发展来说，数字鸿沟和网络陷阱都是网络文化带来的、不利于人的发展的错位。这些错位自然会导致人的本质力量的某些方面产生异化（非本质化，这些异化也是妥协之表现）。数字鸿沟导致了人对信息的不平衡、不公正、不公平的占有，信息占有的不平衡，自然也就导致了人的认知能力、知识水平的不平衡、不公正、不公平，即导致人的发展之信息异化。网络陷阱导致了人的道德能力下降、道德理性丧失，也就是说，其导致了人的发展之道德异化。

1. 信息异化：数字鸿沟导致的妥协

所谓异化，是指主体在一定的发展阶段，分裂出对立面，变成外在的、异己的力量。马克思在《1844年经济学哲学手稿》中对"劳动异化"做了深入研究，劳动异化的根源是私有制，是对劳动成果的不公平占有导致的。劳动本身是解放人的方式，但却成为了统治人的方式。马克思对劳动异化的研究方式也可以在此借用。信息异化，也就是信息本来应当成为解放人的方式，但由于信息的不平等占有，反而成为统治人的方式。因此，信息异化的前提是信息的不平等占有，或者说是部分人的信息享有权的丧失或部分丧失；而信息异化更深层的体现是信息交往的不平等性（或信息交往的异化）。在此，就这几个方面进行简单论述。

（1）信息享有权的丧失。信息享有权的丧失直接来自数字鸿沟。"数字鸿沟"有多重维度，一般可分为三个层次：首先是信息媒体的接入能力，即接入信息设备和信息；其次是利用信息资源的能力，指与使用信息有关的所有行为，包括信息设备的操作、对软件的熟悉以及搜索信息的能力；最后是接入或欣赏信息价值的能力，即信息意识，指使用者判断信息究竟是否有价值的能力[1]。"数字鸿沟"导致的信息享有权丧失既包括第一层次的享有权丧失，更包括第二和第三层次的信息享有权的丧失。特别是利用信息资源的能力和欣赏信息价值的能力，这两方面的"数字鸿沟"更体现深层次的错位。三类享有权的丧失都是信息不平等占有的表现。这种不平等占有与经济收入、教育、职业、年龄等因素有关。对于发展中国家来说，由于信息接入设备费用在个人经济收入中占据较大比例，因此，影响经济收入的各种因素，如：职业、教育程度、年龄等，都是导致信息享有权丧失的主要原因，这也表现为信息享有权的第一层次的丧失。而对于发达国家来说，由于信息接入设备费用在个人经济收入中占据的比例较少，因购买不起信息接入设备而不能上网的情况较少，此时，影响个人知识和技能的因素，如：教育和职业，可能成为信息享有权丧失的主要原因[2]，这也表现为第二、第三层次的信息享有权的丧失。

（2）信息交往异化。异化本身是在实践中表现出来的，信息异化也只有在信息交往中才得以充分的表现，因此，信息异化也就是信息交往异化。对于信

---

① 金文朝、金锺吉："数字鸿沟的批判性再检讨"，《学习与探索》2005年第1期。

② 李升的研究也证实了这一点，参见李升："数字鸿沟：当代社会阶层分析的新视角"，《社会》2006年第6期，第81—94页。

息异化,有人给予了一个界定:"信息异化就是指在信息利益先占性存在的情形之下,认知的信息与认知的主体对立起来,拥有先占性的主体将作为促进人的生存发展的认知信息由手段颠倒成为目的,认知的信息不仅成为了支配先占性认知主体活动的力量,而且也使先占性认知主体成为了支配、占有非先占性认知主体利益的力量,也就是说,信息的利益关系支配了主体(实际上是主体类)的致知过程"[①]。在此,信息交往异化也就是利用信息占有的不平等性来实现信息占有者的利益,此时,信息占有不但没有成为人解放的力量,反而成为统治人、奴役人的力量。在这种信息不平等的交往中,人不是得到解放,而是变得更不自由、不自主。信息交往的异化既体现在不同的个人之间的交往中,也体现在不同国家、不同地区之间的交往中。不同个人之间的信息交往异化导致了信息占有者处于经济和政治上的有利地位,而信息缺失者居于经济和政治上的不利地位。但是,无论对于信息占有者还是信息缺失者,都会阻碍其自由而全面的发展。对于信息占有者来说,表面上看其占据有利地位,应该能更好地促进其发展,但是,利用信息来为自己谋求经济利益和政治权力并不意味着就能得到更全面而自由的发展,相反,一心想着独占信息,以此来实现自己的利益,这一行动反而会成为自己自由和自主的障碍,这也是虚假信息出现和盛行的根本原因,其本身就导致了人的异化。信息缺失的一方则更是处于不利于自己的全面而自由发展的境地。缺乏信息,本身就谈不上自由而全面的发展,同时,缺乏信息,还要受制于人,被人支配更谈不上自由和自主。不同国家和地区之间的信息交往异化则更是不利于人类的解放和自由。当今社会,发达国家和发展中国家之间的信息异化阻碍了世界经济的发展和政治的稳定。经济上,最不发达国家由于资金和人才短缺,在很多情况下,只能发展一些由发达国家淘汰并转移过来的传统产业,从而在新的国际分工中进一步处于不利地位,甚至陷入"信息贫困的恶性循环"之中;由于贫困,难以发展信息技术和产业;由于难以发展信息技术和产业,最终导致进一步贫困化。正是这种"信息贫困的恶性循环",使最不发达国家进一步远离了国际社会经济生活,日益被"边缘化"。更为严重的是,经济上的这种不公平现象也导致了政治上的动

---

① 肖华:"信息交往的伦理研究",《江苏社会科学》2006年第5期,第226页。

荡，"数字鸿沟"造成国际经济发展中新的不公正、不平等现象已引起最不发达国家居民的强烈不满和反感，他们甚至在一些国际会议场合举行示威活动，从而使全球安全问题更加突出。

2. 道德异化：网络陷阱导致的妥协

前面已经指出，异化是指主体分裂出对立面，变成外在的、异己的力量。异化可以从各种不同的角度来讲，如："劳动异化"、"人的本质异化"、"信息异化"，等等；当然，也可以从道德的角度来谈论异化。其实，在卢梭的思想中，就有道德异化的影子。他认为一切向前发展的进步只是在个体的完善方面所表现出来的进步，而在整个人类道德生活方面，却一步步地引向没落。马克思早期的劳动异化论和人的本质异化论，也是一种道德异化论。俞吾金教授认为，马克思的异化理论有一个从"道德评价优先"到"历史评价优先"的视角转换，马克思《1844 年经济学哲学手稿》中的劳动异化论"是从伦理上批判资本主义社会，表达了他对这一社会的道德上的义愤"①。此时，人的本质和劳动都是抽象的、伦理意义上的"类本质"和"抽象劳动"。可见，道德异化思想早已存在，只是未作为概念被提出。所谓道德异化是指道德现状异于道德期许的程度，表明道德实际效果与道德本真过程的偏差。

在虚拟的网络世界中，由于道德主体的隐匿性、模糊性，使道德主体对自己行动的控制能力下降，往往放纵自己的行为，进而导致两种道德异化的表现，即：道德主体的行动丧失传统道德内涵和道德主体的网络行为演变成外在的异己力量。

（1）道德主体的行动丧失传统道德内涵。传统社会中，行动者的行动都是立足于现实世界，现实世界的行动者具有特定的身份，这一身份证明行动者的存在及行动。作为具有身份特征的行动者必须遵守一定的道德伦理规范，否则就会受到社会的谴责。此时，受制于社会规范的行动者之行动往往会考虑其行动的责任。网络行动主体的隐匿性导致的行动自由，已远远超出社会责任的范畴。网络"数字化"、"虚拟化"的特点，导致其图像、文字、声音都是通过数字终端而显现，在网络世界中，我们看到的和听到的文字、图像和声音都变成

① 俞吾金："从'道德评价优先'到'历史评价优先'——马克思异化理论发展中的视角转换载"，《中国社会科学》2003 年第 2 期，第 96 页。

了数字，人也变成了一个符号。在这一虚拟世界中，人们相互交往时，现实社会中各种各样备受关注的特征，诸如性别、年龄、相貌、种族、宗教信仰、健康状况等，一切自然和非自然特征都省去了，人作为符号的代表，我们所看到的就是一个符号和另一个符号在交流。建立在现实社会基础上的传统的道德规范，如：中国传统道德的忠孝伦理，中国传统道德的仁、义、礼、智、信五伦关系，等等，都离不开具体的行动者。对于网络行动来说，这些传统道德内涵很难起到规制性作用。由于不适应网络运行的新环境，传统道德伦理规范受到严峻的挑战和巨大的冲击，其约束力明显下降，甚至形同虚设，因此，在网络行动中，行动者行动的传统道德内涵很难起到道德保证的作用。

（2）道德主体的网络行动演变成外在的异己力量。人的解放和发展要通过人的行动（实践）来实现，行动本身应该成为解放人、发展人的力量。在此，我们讲网络行动者的行动可能成为外在的异己力量，并不表示现实世界中行动者的行动都是有利于人的解放和发展的。其实，现实世界的许多行动有时也是人的解放和发展的异己力量，但是，在网络社会中，产生了许多新的阻碍人解放和发展的行动，产生了许多新的异己的网络行动。这种异己的网络行动也是网络行动者道德异化的表现。相对于传统道德而言，网络道德失范问题表现在众多方面，主要有：黑客入侵，传播病毒，盗取商业机密，金融犯罪，发布虚假广告，侵犯他人隐私，散布电子谣言，宣传色情、暴力、迷信、邪教等不良信息，进行西方政治、文化渗透等。网上各种信息泛滥，良莠不齐，致使个人的理性分析能力和道德判断水准下降。网上多元文化价值共存，不同的道德意识、道德规范和道德行动处于经常性的冲突和碰撞中，使得人们的道德价值取向紊乱，道德观受到冲击。此时，网络行动者的道德意识往往导向一种误区：一方面，由于网络主体对传统道德的排斥，其传统道德意识变得模糊，因此，传统道德伦理对其行动难以起到规制作用；另一方面，网络主体对网络世界自由的本能性向往，认为在网络世界中，行动者的一切都是自由的，网络世界是一个没有国际疆界、没有传统藩篱、没有长者权威的自由意识的乐园，有的只是信息的自由交流，不同国籍、民族、年龄、兴趣的人能够自由穿梭。网络行动者的认识误区导致其逐渐建立起一种自主自立的、无拘无束的、为所欲为的道德观。在这种新的道德观驱使下，网络行动者认为网络世界的行动可以摆脱传统习惯、内心信念和社会舆论的制约，任意汲取信息、制造信息和传播信息，也可以对他人不负责任，甚至认为犯罪也不过是敲打键盘、点击鼠标而已。因此，网络行动者的行动有意无意地处于失范状态，这种失范的行动不但不利于人的解放和发展，不利于人的道德力量的增强，而且将成为一种丧失人性、主体性，丧失自由的新的道德异化。

二、妥协中的异变与共容

信息异化和道德异化虽然并非网络社会所特有，但网络文化、网络社会使它们具有新的特征，成为社会异化的显性形态。对于信息异化而言，网络文化使这一异化变得更加明显，成为社会异化的主要问题。信息异化的根源是对信息占有的不平等，信息占有的不平等又会导致人类在财富、权力等方面差距的扩大，因此，对于网络社会而言，信息异化是人的发展所必须解决的新课题。道德异化并非网络社会所特有，但网络社会使道德异化出现新形式，即各种网络陷阱的出现。道德异化向来是人的发展所面临的课题，网络文化下的道德异化照样也是人的发展面临的新课题。异化的出现，肯定会导致人类生存方式的异变。在此，笔者就异化所导致的生存方式的异变，以及面临这一异变人类新的生存方式重构这两个问题进行探讨。

（一）妥协给人的生存和发展带来的异变

妥协也即信息异化和道德异化，这两种异化的出现都会给人类生存和发展带来异变。就信息异化而言，一方面，网络社会（数字技术）带来数字共享的数字生产和消费方式，即带来了数字共产主义的生产和消费方式；另一方面，数字时代也带来了数字鸿沟，导致了新的贫富差距。也就是说，网络社会出现了人之生存方式的新悖论：数字悖论。除了"数字悖论"之外，网络虚拟技术以及虚拟技术（虚拟社会）下的道德异化共同导致了感性悖论的出现。

1. 数字之悖论

数字时代给人类生存方式带来了变异，即由传统的农业和工业生存方式（物质生存方式、原子生存方式）到数字化生存方式（信息生存方式、比特生存方式）。数字时代，知识、信息成为生产和生活的主要要素，具有基础性地位。传统的农业和工业生存方式是借助于物质（或者说原子）的生产和消费，而数字化生存是借助于比特。因此，数字化生存不同于原子生存方式也通过比特不同于原子的特征而得到表现。对于比特与原子的不同，胡泳在《数字化生存》的《译者前言》中指出："比特与原子遵循着完全不同的法则。比特没有重量，易于复制，可以以极快的速度传播。在它传播时，时空障碍完全消失。原子只能由有限的人使用，使用的人越多，其价值越低；比特可以由无限的人使用，使用的人越多，其价值越高"①。由于比特的这一特征，使得数字时代给人类的发展提供了无限的资源（比特资源），带来了无限的机遇。由于比特的无限使用的特征，因此，从理论上讲，人类的平等自由发展更将成为可能。正因为如此，针对数字时代的特征，美国学者巴比鲁克提出了"数字共产主义"。他认为，以比特为基础的知识经济是一种"礼品经济"或者说"公共品经济"，信息和知识都是典型的公共品。它们的共同消费性表现在，一个人还是多个人消费同一个信息和知识产品，对产品本身都无损；花钱买与不花钱买，使用价值是一样的；一次使用还是多次复制，产品本身都没有损耗。不像面包，吃一口少一口，你吃了他就没了，而且越吃越少。正因为如此，它更适合共享，而不适合专有。公共品一旦上升为生产要素，就是社会资本。它是一种人际交往形成的固定的关系，从这种关系的发展中会继续产生创新价值。即一个人的知识加另一个人的知识，相互"送礼"——提供知识给对方共享，就会产生网络效应，或者叫1+1>2的效应。价值高于原有知识算术和的"大于"部分，就是创新。这种经济将使资本主义惨遭"和平演变"，成为数字共产主义。在巴比鲁克看来，随着网络的出现，礼品经济开始深深植根于社会习俗，当网络用户上网时，他们首先参与的是把信息的提供和获取当作一种礼品，在他看来，网络潜在的生产力只能通过采用最先进的生产关系来实现，这种生产关系就是：网络共产主义。

但是，现实的比特世界，数字化生存方式是否只给人类带来平等，是否真正给人类带来了无限发展？很明显，数字化生存方式也带来了数字鸿沟，带来

① 胡泳、范海燕：《译者前言》，载尼葛洛庞帝：《数字化生存》，海南出版社1997年版，第3页。

168

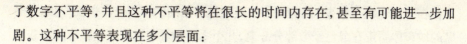

了数字不平等，并且这种不平等将在很长的时间内存在，甚至有可能进一步加剧。这种不平等表现在多个层面：

首先，数字生存方式导致了全球范围的数字鸿沟。过去国与国、地区与地区之间的差距主要是由于占有物质资源或资料的多少引起的，现在，信息资源利用的现实不平等加大了这种贫富差距，造成了信息与社会经济发展互动关系中的马太效应。一方面是发达国家和地区凭借其技术和经济上的优势，发展和广泛使用新技术，而落后国家和地区无论从技术还是从经济角度都难以享受到信息带来的成果。另一方面，发达国家，特别是美国凭借其语言优势，享受着网络带来的便利。目前，互联网上90%的信息为英文信息，当然，英语国家和地区的人们能享受到更多更好的网络信息服务，对于这一点就连西方其他国家也提出了各种方案来争夺网络的话语权。由此引发的数字鸿沟也表现为一种文化殖民现象，西方文化正凭借其在信息科技上的优势，扮演着文化信息输出者的角色，并借以渗透自己的文化价值观念和意识形态，企图开创"全球都以美国的方式来思维和行动"的局面，而发展中国家只能被迫地成为信息的接受者。此时，数字鸿沟的扩大也意味着信息贫困者的生存权、发展权受到限制，并在数字化技术的激烈竞争中被愈加边缘化。

其次，数字生存方式导致了国家或地区内部不同群体之间的数字鸿沟。针对于中国来说，东、中、西部地区之间的差距，城乡之间的差距，大城市与中小城市之间的差距，城市内部不同区域之间的差距都非常明显。这种地区之间、城乡之间的差异，已被人们所广泛认识，也得到了我国各级政府的高度重视，成为各级政府缩小数字鸿沟的主攻对象。但是，对于大城市与中小城市之间的差距以及城市内部不同区域之间的差距还未得到高度的重视。西方学者早就注意到这一点，他们指出，信息技术系统的发展，对城市社会空间的分离的全球趋势起到推波助澜的作用[1]。他们认为因全球范围的电信管制规定被撤销，城市网络基础建设的竞争促成了碎化的网络形态，使得"流动空间"和"地方空间"中的差距越来越大，导致了新的城市二元论。对一个国家来说，这种新的城市二元论在过去10年中加速了国家领土的碎化，战略性的资源和活动

① Graham, S. & S. Marvi, *Splinting Urbanism: Networked Infrastructures, Technological Mobilities and the Urban Condition*, London: Routledge, 2001.

往往在某几个城市集聚，这些城市与其他城市之间的不均分布加剧。如此，国家的城市体系正在或已经被部分分离，几个主要的城市则成为正在形成的新的跨国城市体系中的一部分。

最后，数字生存方式导致了不同家庭和不同个体层次上的数字鸿沟。对于个体来说，网络不仅是技术，而且是分布信息力量、知识阶层与网络产出的组织形式。较富裕的家庭可以享受及使用网络所提供的资源，由此与贫困家庭形成文化和社会的不平等。在不均的资源分配环境中，植根于阶级、教育的社会差异，将会造成信息使用的不均，"数字鸿沟"问题会在未来愈加扩大其不平等性。

因此，数字时代带给人类的到底是"数字共产主义"还是"数字鸿沟"，这本身是数字时代向人类提出的新悖论。

2. 感性之悖论

马克思早就提出感觉的解放既是实践的又是历史的，因而把感觉的解放上升到了与人的解放紧密相关的高度。在《1844年经济学哲学手稿》中，他指出："人不仅通过思维，而且以全部感觉在对象世界中肯定自己。"[1]感性是人的本质的主要方面。网络虚拟技术的产生，网络文化的发展，导致了人类生存方式、人类感性方式发生了变化，这一变化表现在三个方面：一是网络文化导致了感性的解放，为人类带来了新的自由；二是网络文化导致了自然感性的退化；三是网络文化导致了感性对道德理性的颠覆。这三个方面也是感性之悖论的具体表现。下面笔者对上述三个方面进行简单的论述：

（1）网络虚拟技术与网络文化导致了人的感性解放。在一定意义上，虚拟世界是现实世界之外的另一世界，它为人类的感性活动提供了一种不同于现实世界平台的虚拟世界平台。在这一平台中，人类的感性活动打破了物理时空的限制，创新了人类感觉、心理和互动的方式。从空间上来讲，你可以体验上天入海的快感；你可以与情人约会，像在真的现实世界中一样感受拥抱、亲吻和激动；甚至可以体验现实生活中只能想象而不能达到的感受，如：宇航员在太空中上下翻滚的感受；你可以与世界不同地区的人进行广泛的交流与沟通。从

---

① 《马克思恩格斯全集》第42卷，人民出版社1979年版，第125页。

时间上来讲，你可以跨越时间的界限，体验历史与未来；你可以是领袖，让万人拥戴；你可以是亿万富翁，让万人仰慕；你可以是历史某一时代的英雄，也可以是未来的勇士。

现实世界的时空，无论是牛顿还是爱因斯坦的时空都是物理世界的时空。牛顿的绝对时间和绝对空间表现的是物质"静止"的存在形式；爱因斯坦的相对时间和相对空间表现的是物质"运动"的存在形式。但是，二者都是从物的角度出发，都是一种物理世界的时空。此时，感觉的主体和感觉的对象无论是静止的还是运动的，都是在同一个时空中进行的，也就是说，时间和空间同感觉对象和感觉主体都是与一种物质运动不可分离的，表现为时间与空间同构的特征。在数字化平台上，感觉对象发生了根本的变化，一切都是数字化的表现形式，在数字空间、网络空间和虚拟空间中运行的并不是对象本身。这样就出现了感觉主体与客体相分离，时间与空间非同构的现象。用卡斯特的话来说就是"流动的空间"与"无时间的时间"成为了网络世界、虚拟世界的新文化（网络文化、感性文化）的物质基础①。齐鹏则称网络文化中的时空改变为"时空非同构性"②。

总之，网络虚拟技术与网络文化导致了人的感性变革，导致了一种不同于物理世界的新的存在方式和感觉方式。对此，齐鹏认为：网络计算机虚拟技术，"延伸了人的视觉、听觉、触觉等感觉器官，超越了传统的感觉方式、感觉对象、感受性和感觉经验，打破了现实性与虚拟性的时空界限，导致了传统的自然平台上'不存在'和'不可能'的感性解放和心理整合……数字化作为媒介的一种特殊构成方式，对人的感性的影响力更是不可估量"③。

（2）网络虚拟技术与网络文化导致了人的感性退化。数字化时代的一个基本成果就是人的自由活动空间拓展，正是人类活动自由空间的拓展，使人的感觉和感性获得了新的解放和自由。但是，任何事物都存在两面性，这一点对网络虚拟技术来说，体现得更为明显。网络虚拟世界为人类感性带来了解放，同时，它也在一定程度上导致了人类感性方式的退化。这一退化表现在以下几个

---

① ［美］曼纽尔·卡斯特：《网络社会的崛起》，社会科学文献出版社 2001 年版，第 465 页。
② 齐鹏："21 世纪人类感性方式的变革趋势"，《哲学动态》2004 年第 2 期，第 33 页。
③ 齐鹏："人的感性解放与精神发展"，《哲学研究》2004 年第 4 期，第 75 页。

方面：

首先，沉迷于网络世界，导致人对自然世界的疏离。数字平台为人类提供了一种超现实的存在，此时，人类沉迷于电子音乐、动画造就的动感十足的电子视听世界，特别是青少年，有不少人沉迷于电子游戏，上网成瘾，大部分时间和精力都被虚拟世界吸引，对现实世界，自然世界关注的时间和精力自然就减少。因此，现在的部分青少年甚至丧失了对自然的基本兴趣，丧失了对现实自然的基本感受。

其次，沉迷于网络世界，导致人际关系的冷漠。网络世界中，各种网络社区为人们的交往提供了丰富的形式，网络社区可以说是人类交往方式的一次革命。但是，网络社区的交往多了，现实世界的交往却在减少，人们宁愿在网络世界中与他人进行天马行空式的聊天，也不愿意与现实世界中的活生生的个体进行交流。然而，网络世界中的交流并不能代替现实世界的交往，缺乏现实世界的交往，会导致人的现实交往能力的下降，最后，导致心理问题的产生。这一点，在青少年中表现得特别明显。当前，部分青少年犯罪都与过分沉迷于网络、缺乏现实的人际交往相关。从马加爵到赵承熙都能够找到这方面的迹象。李极冰在评价"弗吉尼亚校园枪击案"时指出，"此次枪击案实际上就是信息科学带来的负面作用。虚拟社会的扩张使人际交往的领域缩小，造成许多人不知如何处理社会、人际关系，从而处在情绪边缘状态，一旦爆发就会造成全社会的悲剧"①。

(3)网络文化对感性的追求导致道德理性的丧失。网络文化中的感性悖论除了体现于感性方式的退化之外，更主要体现在对感性追求而导致的道德理性的丧失。感性和理性是一对范畴，既相互牵制又相互促进。感性的发展、完善离不开理性的规制，理性的发展、完善也离不开感性的丰富。但是，在网络文化中，数字化、虚拟技术提供各种超现实的图像和声音，为人的眼睛和耳朵提供了各种感性刺激，人的整个生活都被感性刺激所包围。此时，人沉迷于感官刺激，用感官刺激来代替人们的思维，使人们的大脑逐渐丧失了活跃的感性思维和理性思维功能，成为各种图片和声音信息容器，这些图片和声音即使能为

---

① 李极冰："评论：美国校园枪击案折射信息社会困境"，http://news.sina.com.cn/o/2007—04—27/100011727608s.shtml。

人类提供知识，也只是一种现成的、缺乏思考的知识。经常性地接触这些图片和声音、经常性让这些图片和声音占据人类的大脑，最终会导致人的感性思维和理性思维的功能退化。感性思维和理性思维的退化将加速道德理性的丧失。人类在各种网络文化的感官刺激下，能保持必要的节制、遵守基本的规范，这和人类的思维、理性控制相关。因此，随着感性思维和理性思维的退化，人类的基本的道德理性将面临危机。现代社会，不知道或不理会社会基本道德规范的个人大有存在，"对亲情的冷漠、对法律的漠视"等现象，在网络虚拟世界中更是越来越普遍，并且这一现象也从虚拟世界带到了现实世界之中。这一切都是道德理性丧失的表现。

网络陷阱的各种现象更是道德理性丧失的体现。这些现象也是过分感性化、感性悖论的体现。网络病毒的制造、传播、流行和网络黑客追求感官刺激、追求一种畸形的自我价值实现不无关系。网络欺诈则更是为了满足自己的感官私欲，利用网络的匿名性、便利性，或是骗取钱财，进行享受；或是恶作剧式的欺骗，慰藉自己的畸形心灵。网络色情更是直接为了感官的刺激。网络隐私也隐含了过分追求感性刺激的因素，或者是为了钱财，或者是为了好奇心，等等。总之，各种网络陷阱、各种网络非道德行为，都与过分的追求感性刺激有关，甚至在一定程度上可以说是感性对理性的颠覆。

（二）人类存在方式的异变与网络存在方式的重构

网络对人类的影响是全方位的，它给人类带来了一种新的世界（虚拟世界）、新的生活（虚拟生活）、新的存在方式（数字存在）。虚拟世界、虚拟生活、数字存在将给人类的存在方式带来变革，这一变革既展示了人类发展的积极一面，如：数字生存展示了人类平等之前景，虚拟生活展示人类感性之解放。但是，任何技术都将给人类带来悖论，网络也一样。数字生存带来了数字共产主义与数字鸿沟的悖论，虚拟生活带来了感性解放与感性退化之悖论。面对悖论，要想更好地促进人类发展，唯有对虚拟存在方式进行重构。下面从这两个方面来谈谈虚拟存在方式的重构。

1. 数字悖论与数字生存方式重构

数字鸿沟这种问题的特殊性，无非是把贫富差距从工业化时代的物质财富差距，延伸到信息化时代的数字财富差距。它背后的"原问题"是"工业时代的秩序"是否可以原封不动地照搬成"信息时代的秩序"。数字鸿沟的存在，已说明这一照搬是行不通的。因此，要消除数字鸿沟，必须重构数字时代的新秩序、重构数字化生存方式。对于重构数字化时代新秩序，巴比鲁克认为信息和知识都是典型的公共品，从公共物品的角度出发，巴比鲁克提出了数字社会应该是数字共产主义社会，数字化时代应该实现新全球信息资源共享，逐步缩小数字鸿沟，应该努力把数字鸿沟变为数字桥梁，促进全球公共领域的形成，建立未来新的世界体系。

数字生存方式应该是什么样的生存方式？作为生存方式的内容很多，可以从不同的方面来说明，在此，从行动理念和群体生活方式两个角度来说明。

（1）构建新的竞争方式。与工业时代相比，数字时代应该具有什么样的行动理念？创建工业社会秩序的行动理念是自由竞争和垄断竞争，这种适者生存的竞争秩序导致了工业社会的财富差异。如果把这种行动理念带到信息社会，自然会带来信息社会的数字财富差距，导致数字鸿沟的加大。因此，要缩小数字鸿沟，必须改变工业社会的这种竞争方式。

数字时代应建立什么样的竞争方式？协调博弈代表了人类生存的进化趋向，它和"竞争合作"（Co-competition）同为英语中的新词，恰好表征了数字化时代生存哲学走向的基本特征。数字化时代是生产、创造与生活相统一的时代，同时也是一种更高层次的生存方式的信息化，它是趋向美好生活的实质性自由的扩大。如果数字化时代公共领域的特质更具开放性，而网络参与者的实践观又具自主性，那么它很可能创造一个更深层次的民主。人类生存的状态会一代比一代更加数字化，作为一种技术进步，数字化把人类提升到一个更高的生存层次——和谐共存。如果数字科技的潜力得到充分开掘，长远看必将意味着共存与和谐的增进。当代博弈论把人具有理性的假定扩展为"交互理性"与"理性的共同知识"，1994 年诺贝尔经济学奖授予了对博弈论有突出贡献的三位数学家和经济学家纳什、豪尔绍尼和泽尔滕，这使"理性人互动行为"的博弈论全面进入社会科学领域，它对人的基本互动协作的行为学及文明发展论有极为重要的启示意义。互动导致了一种"竞争合作"。"竞争合作"作为英语中的一个新词，恰好代表了一种人类生存哲学的走向，其深刻的哲学意味是：竞争合作中一个策略的成功，应以对方的成功为基础。其实，2500多年前的孔子也有立己立人的思想。约翰·巴娄在《网络空间独立宣言》中这样写道：我们正在创造一个每一个人都能进入的，没有因为"种族、经济权力、军事权力或出身带来特权与傲慢的世界"。这显然是一种平等而又以能力本位为前提的历史性转折。在财富的现代形象——智慧——成为新生产力象征的数字化时代，这种新价值观也许意味着对未来前景的一种文化自觉。

（2）构建新的公共领域。竞争合作是以交往为基础，通过交往形成公共领域，达成共识。共识是缩小数字鸿沟，实现数字共产主义的基础。数字化时代的交往是超时空交往，它使全球性的普遍交往成为可能。其影响之巨大，早已超出"地球村"的范畴，既给人类生存带来了巨大的挑战，也为人类生存带来了前所未有的机遇。当网络形成一种新的对话机制与舆论空间，对人类生存的政治格局特别是民主化进程就已经是一种新的考验；公众掌握的可主动沟通并兼具监督功能的"公共领域"，实质上已经具有一种相对独立性。在哈贝马斯的"市民社会"视域中，公共领域是社会文化生活的领域。而市民社会的前提是，它本身具有一种独立于国家的"私人自治领域"之性质。然而关键的是，随着现代科学的进步，公共领域不仅会更加促进社会整合与群体认同，也为国家和政治系统奠定了合法性基础。亨廷顿曾将自主性的高低作为衡量政治体制发达与否的重要标志，并用它来衡量制度化的发展。如果公共领域的根本特质在"开放性"，而数字化时代的网络参与者的实践观又是自主性，这对人类生存的文明演化之作用，就可想而知了。

事实上，哈贝马斯交往理论中的"公共领域"就是一个具有批判意涵的概念。公共领域的基础当然是对话，如果有一个共享空间，相互间的交谈就可平等地开始。哈贝马斯没有满足于1990年即已提出的公共领域概念，而是在此后的一系列研究中，将法律、道德、政治一齐纳入其交往理论中。在《在事实与规范之间：关于法律和民主法治国的商谈理论》一书中，哈贝马斯向世人展示了极为广阔的现代视野，在他看来，只有在现代中，政治统治才可能以实证法形式发展成法律型统治。政治权力对于法律之内在功能的贡献，也就是对于行为期待之稳定的贡献，就在于确定一种法律确定性。然而，更为重要的是法律也必须作为正义的来源而始终在场，如果法律被用于任何政治理由的话，这种正义来源就会出现枯竭。在哈贝马斯看来，法律和"交往权力"同源地产生于那种众多人们公开赞同的意见。这种将政治、法律、道德统一起来的"交往理性"，对于当代数字化生存走向是极有启示意义的。毕竟，构成生活世界的，是一个在社会空间和历史时间中分叉开来的交往行动网络。生活世界对文化信念和合法秩序之源泉的依赖，不亚于它对社会化了的个体之认同的依靠；而社会化了的个人，若无法在通过文化传统而表达的、通过合法秩序而稳定的相互承认关系中找到支持，就不可能作为主体而维持自己，反之亦然。作为生活世界之中心的日常交往实践，同源地来自文化再生产、社会整合和社会化之间的相互作用，此时，文化（伦理）、社会（规范）和人格（个人）互为前提，进而建构一个伦理、规范、人格三者相互联系、相互依赖、相互作用的整体的、统一的生存方式。也就是说，在交往理性上，建立起统一的生活世界，解救生活世界殖民化，重新建立新的公共领域。

2. 感性悖论与数字生存方式重构

导致感性悖论的原因可以从不同层面去把握。如果从社会规范的层面来说，是虚拟交往失范导致的，也即是虚拟交往规范缺失导致的，人类的任何交往方式都必须具有规范，网络交往也不例外。因此，从这一层面来说，必须加强网络交往规范的建设，包括法律和道德伦理建设。另外，从更深层面来讲，是人类对待虚拟生活的一种价值取向，是人类对待虚拟生活的一种态度。从该层面来看，有两点特别值得注意：一是虚拟生存（数字生存）的生存意义问题，二是虚拟生存（数字生存）带来的生存风险。数字生存的意义和数字生存的风险对于数字生存方式重构显得更为根本，在此，主要从该层面来进行论述。至于具体的规范重构放到后面再进行论述。

（1）数字生存困境与生存意义重构。当今世界所兴起的信息化、数字化、网络化浪潮，不仅是人类社会的重大科学技术革命，而且也是一场社会的、人的生存方式的重大革命。"数字化生活"概念所表述的就是这种科学技术革命同人的生存方式变革的内在联系和结构关系。无所不能、威力无比的数字化技术对人们的生存方式正起着巨大的支配性、扩张性影响，这种影响已渗透到社会生活的各个领域。现实生活表明，数字化技术的社会应用开拓了人类生存无限广阔的空间，它使人类的生存需要获得极大满足并给人们的生活带来极大便利,它所创造的巨大财富为把人们的生存理想变为现实和实现生命价值创造了物质条件,并最终把人类的生活方式提升到一个新的文明阶段。但现实生活也同样表明,数字化技术在对人类的生存方式产生巨大的、积极作用的同时,也带来很多负面影响。网络陷阱正是其负面影响的主要体现。沉迷于数字游戏带来了网络痴迷;沉迷于感官刺激带来了网络色情;数字化技术成为网络欺诈、网络病毒、隐私侵权的手段。另外,数字化技术产生了虚拟与现实之间的矛盾,使人们难以在虚拟与现实之间进行角色转换,降低了行动者的现实生活能力,它让人们视暴力为正常。数字化一方面压缩了时空,提供了强大的沟通手段,另一方面却造成了实际与情感上的距离,把人剥离自己的生活,造成人们生活的疏离与冷淡,等等。数字技术加速了我们的生活,加强了我们的依赖,结果是我们需要解脱,但为求解脱,我们又求助于数字技术,要它提供最方便的速成方案。于是比尔·盖茨的微软等公司不断生产出寻求数字化"解脱"的新数字化产品供人们消费。但数字化的工具性功能并不能解决数字化生存困境。奈斯比特认为,数字化在将人类文明带上一个新高峰的同时,又将导致因人类对其迷恋而榨干人类灵魂,造成生存意义的缺失①,而这种意义缺失又不是技术自身以至更高的技术所能解决的,解决之道还得求助于人文社会科学,而生活方式研究就是其中一个解决之道。

生存意义的缺失,使人生缺乏灵魂,变成空洞的躯壳;于是,感性刺激缺乏生存意义的规制,感官刺激成为生存、生活的一切,解放人的感性变成了毁灭人的感性,导致了感性悖论。因此,要解决感性悖论,消除数字技术带来的消极负面影响,消除各种网络陷阱,必须重构数字时代生存意义。人类的生存,历来是物质生存和精神生存的双重体现。人类的生存也是处于事实规定和价值规定的双重规制之中。事实规定为人类生存提供物质财富,价值规定为人类生存提供精神财富,这两种规定对人类来说缺一不可。数字陷阱、感性悖论的产生,在一定程度上是人类关注数字化生存的物质层面,而抛弃了数字化生存的价值层面。从现阶段来看,人的生存活动在数字化技术的支配性影响下形成的外在"事实性规定"方面是显而易见的,也是被人类放大和崇拜的一面。但是,

①　[美] 约翰·奈斯比特:《高科技思维》,新华出版社 2000 年版,第 1 页。

我们必须深刻认识到如下三点：第一，包括数字化在内的科学技术文化是把握人的全部生存方式的维度之一，而不是全部维度，我们的世界、我们的生活要比科学技术所展现的关系维度丰富、深奥得多。第二，数字化技术是改变我们生存状态的"引擎"，但工具理性话语描述的人的幸福还是较低层面的，人的幸福和生活质量只有在文化价值层面才能做出终极的高层次的解读，而这些并不是"数字化"所能完成的。第三，数字化技术极大地影响着人们的生存方式，甚至可以说，在人类的文化史上，还从来没有出现像数字技术一样改变人类生存方式的变革。虽然数字技术对人类生存方式的变革是全方位的，但是，并不能说数字技术将决定人类的生存方式，因为人的主体自身具有极大的能动选择性，人们自己的价值观和文化选择将实现对"数字化生存"的超越，赋予自己的生活以终极意义。这一终极意义是人类实质自由的增长，或者说是人类全面自由的实现。

数字生存的意义重构具体体现在如下三个方面：第一，把人的生存方式的功能性活动和价值性活动、科学文化和人文文化、现实和理想统一起来，这种统一不是媚俗而是高雅，是诺贝尔奖金获得者阿马蒂亚·森所说的生活"可行能力"和实质自由的扩大。第二，主体可以对"什么时候数字化生存"、"什么时候不数字化生存"作出选择，人类必须在虚拟世界和现实世界的生存中取得平衡。用奈特比特的话说就是"知道在工作与生活中，何时该拒科技于门外"，"何时该用电脑，何时该拔掉插头"，"学会在科技主宰的时代如何过人的生活"，从而把握"调整人性的尺度"①。第三，在数字化时代要以高度的文化自觉保持文化和生活方式的多样性，这种多样性是人文生态平衡的必要条件。人们可以自由地选择自己所喜爱的生活方式，包括非技术化的"传统"生活方式，不能以强制和特权的方式让人们遵从一种"好的生活方式"。

（2）虚拟生存风险与生存方式的反思性重构。数字化、全球通信系统的形成以及知识的爆炸性增长，使人类的支配领域和行动能力不断扩大，其结果是我们生活的社会和物质世界出现了越来越多的"人为不确定性"，增加了越来越多的"人为风险"。在很大程度上可以说，"风险"将构成数字化、全球化时

---

① ［美］约翰·奈斯比特：《高科技思维》，新华出版社2000年版，第33页。

代的中心问题和我们必须应对的"生活秩序"。数字化时代，我们所面对的人为不确定性和人为风险同传统社会（包括农业社会和工业社会）的风险完全不同，传统社会所面临的是"外部风险"，如糟糕的收成、洪灾、瘟疫或者饥荒等。"人为风险"是人们自己制造出来的，是由我们不断发展的知识对这个世界的影响所产生的风险，是指我们在没有多少历史经验的情况下所产生的风险。数字技术（也包括其他新技术，如克隆技术等）的科技成果或技术改变可能造成我们尚不能完全预料的消极后果，这种后果既可能是物质生活领域的，也可能是社会、生态、人文与伦理领域的。那么，现代人该如何应对这种"人为风险"？对此，当代的哲学家达成的共识是人的反思性对于"人为风险"的控制和防御具有重大意义。反思性即主体对自己行动进行反思，对行动的后果进行反思，对行动的未来潜在风险进行反思，是主体自我选择性增加的体现。当人为的不确定性有可能直接侵入到个人和社会的生活时，我们必须经常建构潜在的未来，建构潜在的风险，每个人对自己的生活必须采取积极和充满风险的方针、对策，必须对自己已经认为理所当然的种种做事方法进行没完没了的修正。从某种意义上说，每个人必须对自己的生活进行反思，反思应该成为人们生活的一种主要手段。

数字化时代，由于"人为风险"的增加，"生活方式决定"的观点应上升为解决当今社会问题的新标准和社会建构的新方向。数字化同全球化是一个并行不悖的过程。"数字化生存"时代同时也是"全球化生存"时代。那么，如何认识和解决数字化、全球化中出现的各种社会问题呢？在此，我们必须把全球化、数字化看做是生活方式的转变。全球化不仅应该理解为全球经济、全球政治，而且还应该理解为一种新的生活方式——全球生活。归根到底，全球化就是以一种非常深刻的方式重构我们的生活方式。即使单纯从全球化引起日常生活的变化方面看，它也至少与全球市场中出现的全球化同样重要。用生活方式来定义全球化和通过重构生活方式来解决全球化中出现的各种问题，也是当代哲学家、社会学家吉登斯思想的深刻体现。正是基于这种认识，吉登斯提出了在当今人类社会从工业化向信息化转变过程中，政治取向调整的总方向发生了"从解放政治向生活政治转变"的观点。吉登斯所说的"生活政治"是一种生活决定的政治，是生活方式的政治，是社会认同和选择的政治。他认为，随着生活政治的到来，解放政治的问题的重要性没有削弱，但信息化引起的整个社会结构、生活结构发生的"解传统化"变化的"新条件"已改变了解决问题的标准，对许多问题的考察（如堕胎、家庭问题等等）不能再按"解放政治"的标准行事，而应以生活本身的价值、"生活决定的政治"作为解决问题的标准。在操作层面他提出了用"生活方式博弈"（Life-style Bargaining）的方法解决经济的、生存的、情感的、政治的和生活风险的各种问题，从而重构人们的生活方式。吉登斯的"生活政治"主要是从发达国家的社会现实中提出的，其生活政治的概念自然不能简单照搬到解决我国发展遇到的社会问题上，但"寰球同此凉热"，在我国信息化已经迅猛发展的今天，发达国家出现的许多社会问题在我国也会同步出现，因此用"生活方式的政治"的观点解决"数字化生存"中的风险及各种新的社会问题（如网络社会带来的各种道德伦理问题，各种网络陷阱的问题），建立新的生活方式的平衡，也是必须做出的回应。

生活方式建构对于解决网络时代的风险、解决网络社会的各种问题具有重大意义。而生活方式的建构作用则取决于自身的"反思性"。数字化条件下生活风险的增加同生活方式的反思性构成了一个交互作用的过程。吉登斯对于人类从工业社会向信息社会、知识社会的转型做了独特的概括，他把现代化分为"简单现代化"和"反思性现代化"两种类型。简单现代化是旧式的、直线发展的现代化；而反思性现代化则与此形成对照，它意味着适应现代秩序中的极限和矛盾。在"简单现代化"中人们在生活中主要遇到的是"具有广泛的可预料性"的"外部风险"；而在"反思性现代化"中遇到的更多是"人为风险"。在这种社会中，生活环境（如网络社会的网络环境）日益成为我们自己行动的产物，我们的行动也反过来越来越注重应付我们自己所造成的风险和机遇，或对其提出挑战。无论是网络社会的出现，还是"克隆人"、智能机器人的出现都是如此（如网络社会我们所面对的是我们自己所造成的各种网络风险和网络机遇或者网络挑战）。因此，面对着今天我们所面临的危及我们生活方式的"人为风险"，我们对风险的评估不能简单地交给科学家去完成，而是要不断增强从个人到团体的所有社会主体的反思能力，重新评价既有的价值、理念与制度，重新认识自己生存的环境及我们自身。所有形式的风险估算和应对策略，都暗示着对价值和所中意的生活方式的考虑。这就是说包括信息化、数字化引发的人类生存问题不能完全由科学本身去解决，不能只从技术角度来衡量技术创新的影响和价值，而应把"对价值和所中意的生活方式的考虑"作为出发点，从而做出适应性的生活决策，消除"数字化生存"风险中可能出现的消极后果，实现高科技和高情感的平衡。

三、人在妥协中发展

无论是信息异化还是道德异化都是人类发展所面临的问题。人类发展本身就是一个遇到问题、解决问题、促进发展的过程。无论是第四章所提到的主体性悖论、自由悖论、民主悖论，还是本章提出的数字悖论、感性悖论都是网络时代提出的新问题。因此，网络文化下人要发展，必须面对这些问题，解决这些问题，从而促进人类的进步和发展。

（一）妥协和进取之辩证法

妥协和进取是一对矛盾，作为矛盾统一体，二者在一定条件下又可以相互转化。为了实现二者的转化，必须创造条件，寻求有效的转化手段。对于信息异化而言，克服异化的最有效的手段就是技术（知识）的普及；对于道德异化而言，重建网络道德规范是克服异化的主要举措。

1. 信息异化与技术（知识）普及

信息异化是由数字鸿沟导致的，是不同人在信息享有、信息交往过程中所表现出来的不平等，其本身是技术力量、知识力量、认知力量在不同个体身上的不平衡所导致的。信息异化给人类的发展带来挑战，但是，人类发展正是不断战胜挑战，实现自身目标的过程。对于信息异化来说，它唤起了人们对信息技术的重视，看到了信息、技术、知识作为人的本质力量的构成因素。因此，它既是人类发展的新问题，也为人类发展提供了新的目标，提供了克服信息异化的方式。这一方式就是技术普及、知识普及。具体来说，要做好下面两项工作：

（1）教育普及与教育网络化。教育对数字鸿沟产生了一定的影响，调查显示，高文化程度与低文化程度的群体之间存在数字鸿沟。教育程度导致数字鸿沟的主要原因是教育能形成读、写等基本能力，而这是使用网络、使用信息技术的必需技能；同时，教育程度与利用信息资源、欣赏信息价值的能力都有很强的相关性。因此，为了缩小数字鸿沟，必须进行教育方式的重建。重建的主要内容有：首先，必须实现义务教育普及，改善义务教育现状。义务教育是形成基本读写能力的环节，所以，普及义务教育也是缩小数字鸿沟的基础。在农村，我国已经普遍实行了免费义务教育，城市从2007年起也实行免费义务教育。这些政策的出台，将极大地改善我国义务教育的状况，真正实现全国范围内义务教育的普及。在普及义务教育的同时，也必须改变义务教育的现状。20世纪以来，人类社会在科学、贸易、医疗、交通等诸多领域都发生了深刻的变化。然而教育，尤其是发展中国家的中小学教育，却几乎同100年前保持着同样的风貌：学生们在教室中抄写教师的板书，努力记住抄写下来的知识来应付考试。这一现状已远远不能适应数字时代的要求。因此，如何把计算机、网络基本知识融入到义务教育阶段，成为当前中小学教育改革的一个重要主题。义务教育阶段，对计算机、网络知识的重视主要体现在两个方面：一是在教学内容中增加计算机、网络知识，使计算机、网络基础知识成为义务教育的主要内容之一；二是利用通信技术改善义务教育方式，如利用多媒体、网络技术增加义务教育的生动性，等等。其次，加速高等教育网络化进程，发展在线远程教育。在信息社会，通信技术已经成为高等教育必不可少的手段。如：多媒体技术在高等教育教学中的普遍使用、在线远程教育的发展等等，这些技术手段为高等教育带来了深刻的变革，借助于这些手段，高等教育教学方式正发生着全面而深刻的变化。特别是在线远程教育，它已经成为发达国家高等教育的一种主要方式。在线远程教育的好处在于提高了教学质量和效率，使教学资源得到更广泛的应用，提高了教学资源的使用效率；同时也改变了学生的学习方式，学生在更容易获取好的教学资源的同时，学习变得更为主动。新型在线远程教育具有很多的优势，如：借助于网络的在线远程教育可以让学习者更多地与他人互动，甚至可以和世界上任何地方的他人进行互动，这种全球范围的互动可以培养学习者用一种全球视角去理解复杂的国际问题。再如：借助于网络的在线教育使终身教育变成每一个学习者都可以享受的教育模式。信息通信技术为新的教育体系（电子教学、远程教育、基于网络的教学）带来如下特征：数字化的文本、图片、音频与视频，形成多媒体数字信息；数字化的信息更容易获取、传输、存储和处理，更具有互动性；个人可以在几秒钟内从世界的任何地方获取信息；个人可以自己决定学习的时间和地点，可以在家中接受教育；学习者的学习显得更加自主和积极；学习者可以同世界其他地方的学习者互动；有机会在线参与国家与国际事务；可以在全球范围内获得资料以及与专家交流，等等。

（2）适度知识产权保护与网络技术普及。知识产权保护是当今世界的一项重要国际规范，是知识技术生产传播领域的重要规范。知识产权对知识生产、技术创新具有重大意义，在一定程度上促进了知识生产与技术创新。但是，任何事物都具有两面性，知识产权保护也不例外。在一定意义上，过度的知识产权保护会阻碍技术的推广，降低知识的社会价值。汪丁丁认为，"一个社会试图保护信息占有者的知识产权时，它便面临着社会的'数字悖论'"[①]。现阶段的知识产权保护存在一些过度保护的情况，主要体现为三个方面：一是基本科学原理等公共知识产品可能间接被某些知识产权过度保护。技术的进步从来不是孤立的，每一项技术进步都在一定程度上免费占用了更基本的科学原理的"知识产权"。因此，当某网络技术的发明者申请专利保护时，便很可能通过其垄断权利阻止其他发明者继续免费占用这些更基本的科学原理的公共知识产权。二是专利所有者通过对其专利软件与其他应用软件的"界面"的独占，间接地控制了软件最终使用者自由组合各种软件的"消费权利"。正如一位家庭主妇有充分的自主权决定她晚饭的菜单，而不必去菜市场征求各类菜肴卖主的法律许可证。软件的使用者本来也应该具有充分的自主权来决定其软件的自由组合。可是当我们使用软件时，我们却经常会害怕侵犯了我们软件"菜单"里各种"菜肴成分"的卖主的专利权。三是软件专利很可能禁止软件用户利用"逆向工程"（Reverse Engineering）方法建立最适合每一用户自己的应用程序的各种界面。利用这一"禁止权"，专利所有者可以从一项专利软件的卖主演变为我们每个最终消费者全部"消费生产"的干预者。

到底应该建立一个什么样的知识产权制度？知识产权的适度保护问题现已成为国际社会关心的问题。与此相呼应的是国际知识界兴起的"废黜知识产权

①　汪丁丁："中国如何应对'数字悖论'"，http：//tech.sina.com.cn/it/e/2002—01—30/101639.shtml。

运动"。当然，从知识产权制度本身来看，其对知识的发展，对技术的创新，在当代社会还是具有重大意义的，完全废黜知识产权制度是弊大于利。如：不对知识产权进行一定的保护，将减弱软件研发的经济动力，不利于知识与技术的创新。但是，知识产权的过度保护也将导致很多新的问题。如：知识产权保护将扩大不同国家和地区的数字鸿沟。现阶段，重大的知识产权保护大多数来自于西方发达国家和地区（其中有些是跨国公司从经济不发达国家和地区获得的局部知识，像草药、偏方、人体基因和细胞样本等，却以跨国公司名义申请的专利保护），这将大大提高发展中国家使用者的费用，导致发展中国家和地区的人们因不能支付相应的费用而不能使用相关产品，这是导致全球数字鸿沟的原因之一。另外，过度的知识产权保护将不利于技术的创新，将与知识的公共物品性质相背离。这一切都说明，过度知识产权保护不利于人类技术力量的增长。计算机、通信、网络技术在当代社会占据着知识、技术的制高点，因此，也是知识产权保护的重点对象，而对计算机、通信与网络技术的保护自然会影响网络技术的普及，是网络技术普及的主要障碍之一。

2. 网络道德异化与网络规范重建

各种网络陷阱都是网络道德异化的表现，如：网络虚假信息、垃圾邮件、网络色情暴力的泛滥；博客随意披露他人隐私；网络"恶搞"挑战道德底线；少数人借助网络制造和传播谣言，危害社会稳定；网络诈骗、网络盗窃、网络洗钱等网络犯罪成为社会公害；网婚、网恋、网络痴迷严重影响网民尤其是青少年的身心健康；网络病毒和电脑黑客威胁网络安全和电子商务，等等。之所以产生各种网络道德异化，主要有以下几个方面的原因：一是网络文化传播的随意性、匿名性等特征导致信息发布的违规行为。在网络虚拟世界中，一方面，每个人都可以通过自己的网页、博客、BBS等随时随地地向社会发布信息，也就是网络信息发布具有随意性；另一方面，网络信息发布者的真实姓名、性别、年龄、形象、信用程度等都是隐匿的，也就是处于"无标识状态"之中。"无标识状态"下任意发布信息，自然很容易产生"违规"言行。二是网络传播无国界、信息流动速度快助长了网络道德失范与违法行为。由于网络传播的无国界、信息流动速度快，使得网络违规与犯罪难以擒服。这样，某些人便蓄意制造谣言和矛盾，挑起事端，破坏社会稳定，获取非法利益，或者企图达到其他不可告人的目的。三是作为网络文化的主要参与者——青少年，由于年龄的原因容易产生网络违规行为。据2007年1月公布的最新中国互联网发展状况统计报告显示，40岁以下的网民占网民总数的90.7%，其中30岁以下的占72.1%，24岁以下的占52.4%[①]。可见，我国的网民总体来说偏向年轻。由于年龄和阅历的原因，他们约束自身言行的能力和抵御各种社会诱惑的能力相对较弱，容易成为网络不良信息影响的对象。上述三方面的原因导致网络虚拟世界的违规、犯罪行为更为严重，道德异化更为突出。

针对各种网络犯罪、违法和道德失范，网络虚拟世界向人类提出了新的挑战，为人类的管理提出了新的课题。从网络管理所使用和遵守的规范角度来看，网络文化的规范和管理主要有三种形式：一是运用法律法规对网络文化进行管理。由于互联网的信息交流具有开放性、匿名性和高速流动的特点，目前仍缺乏有效的身份验证机制。这样，一方面使得网络犯罪变得更为容易，例如计算机病毒、黑客攻击、网上诈骗、色情网站和网上出版物的侵权问题，以及恐怖主义、邪教组织等利用互联网进行犯罪等；另一方面使得控制网络犯罪有相当大的困难。网络与信息安全已从一个经济文化问题上升为事关国家政治稳定、社会安全、经济发展和社会主义精神文明建设的全局性问题。没有网络的可靠性、安全性和依法管理的有效性，就没有网络文化的健康发展。上述问题必须依法管理和解决，加强立法已成为我国网络文化发展的当务之急。如通过法律保护知识产权和隐私权来迫使人们遵守相应的规则，依法行使权利，积极承担相应的义务。二是运用行政手段对互联网进行管理。国家承担着维护社会稳定与发展的责任，有义务规范和管理网络文化，以调整网络空间的社会关系和社会秩序，保证其健康协调发展。无论是网络基础设施的建设规划还是内容提供，都不可避免地要求政府的行政参与和支持。政府可以通过自上而下的管理体制以及特别的监管部门对网络进行行政规制。政府对网络空间的行政管理，主要体现在对互联网服务供应商的有效行政规制上。互联网服务供应商、内容提供商连接着现实和虚拟世界，他们了解客户端位于什么地方，并向客户收费。政府应要求供应商提供各种真实资料备案，监督其合法经营。事实证明，

---

① 中国互联网络信息中心（CNNIC），《第19次中国互联网发展状况统计报告》，2007年1月。

网络中出现的很多问题可以在互联网服务供应商这个环节和层面上得到解决。只要政府加强对互联网服务供应商的行政管理，就可以在一定程度上监督和控制垃圾邮件、有害信息及网络违法犯罪行为。三是加强网民素质教育，弘扬时代主旋律。培养和提高网民对有害信息自觉抵制的意识和能力，对于建设社会主义网络思想阵地具有重要意义。胡锦涛同志强调："充分发挥互联网在我国社会主义文化建设中的重要作用，有利于提高全民族的思想道德素质和科学文化素质，有利于扩大宣传思想工作的阵地，有利于扩大社会主义精神文明的辐射力和感染力，有利于增强我国的软实力。"当前，一方面要综合运用包括大众媒介在内的各种方式加强对网民的思想政治教育，提高其是非判断力和敏锐性；另一方面要有针对性地加强网络伦理教育。通过思想政治工作和网络伦理教育，促使人们自觉树立网络自律意识，遵守网络道德，不断建立和巩固网络社会主义思想阵地。很多网络用户是未成年人，其思想尚不成熟，道德意识和法律意识尚不明确，一些人出于好奇在网络上浏览垃圾信息，有的甚至采取具有危害性的行为。因此，要普及网络法律教育及网络道德教育，使网络用户认识到自己的权利和义务，树立正确的文化观念，引导网络文化朝着积极健康的方向发展。

　　网络规范管理的重点还在于网络规范建设，包括道德规范、法律以及行政法规的建设。经过多年的努力，无论是国际社会还是中国社会都建立了一些网络管理的伦理规范、法律以及行政法规。伦理规范方面，如华盛顿的计算机伦理研究所提出过"计算机伦理十诫"；我国于2003年发布的《公民道德建设实施纲要》中也有关于网络道德的内容，旨在建设"网络文明工程"；2004年又专门提出了《全国青少年网络文明公约》。法律和行政条例方面：如1986年美国联邦颁布了第一部关于计算机犯罪的法案《计算机欺诈与滥用法案》（CFAA），1994年9月，根据计算机犯罪的日益复杂化、多样化，修订了CFAA；英国在对1990年以前计算机滥用情况进行调查的基础上制定通过了《计算机滥用法》（Computer Misuse Act）；我国在1996年2月1日发布了《中华人民共和国计算机信息网络国际联网暂行规定》；1997年修订的《刑法》就对计算机犯罪进行了规定，第285、286、287条规定的计算机犯罪内容可概括为：侵入计算机信息系统罪，破坏计算机信息系统功能罪，破坏计算机数据和应用程序罪，制作、传播破坏性程序罪，利用计算机工具的传统犯罪。2000年12月28日，全国人民代表大会常务委员会通过了《关于维护互联网安全的决定》，扩大了网络犯罪的具体对象；2005年颁布并实施了《互联网新闻信息服务管理规定》；2006年出台了《信息网络传播权保护条例》。因此，无论从伦理还是从法律法规方面，国内外都在进行积极的探索，制定了一系列的伦理规章和法律、行政规章。但是，现阶段的网络伦理规范和法律行政规范都远未能满足网络发展的需要。网络规范的建设要注意三个方面：一是网络伦理、法律和行政规范的制定要与导致网络道德异化的原因结合，使其更具有针对性、实效性。如：针对青少年网络犯罪的特点，孙铁成认为计算机犯罪刑事责任者能够扩大到14—16周岁的未成年人。他指出：从已有的计算机犯罪案例来看，进行计算机犯罪的，有相当一部分是未满16周岁的青少年。根据1997年《刑法》第17条第2款的规定：已满14周岁不满16周岁的人，犯故意杀人、故意伤害致人重伤或者死亡、强奸、抢劫、贩卖毒品、放火、爆炸、投毒的，应当负刑事责任。也就是把未满16周岁的青少年的网络犯罪行为排除在刑事责任外[①]。二是网络伦理、法律和行政规范要充分考虑物理空间与网络空间的区别和交叉，现实道德与网络道德的冲突，内容的地域性与传播的超地域性的矛盾等；要充分考虑网络行为的虚拟性、身份的隐匿性。三是法律规范与行政规范、伦理规范有机结合。现代社会虽然是法制社会，法律规范在网络规范建设中也具有重要意义，但是纵观世界各国的网络立法情况，可以说都不够完善。网络最发达的美国，也主要靠行政管理规章及行业自律来规范网络的发展与运营方式；我国虽然在《刑法》中增添了网络犯罪条款，但很笼统，面很窄。可能是由于网络发展太快，让任何一个政府都不可能有充分的时间和精力来完善法律并使之用来规范管理。同时，网络伦理的建设也必须有法律的协同，所谓"法律协同"就是"利用法律的刚性强化人们的伦理道德意识，逐步培养符合网络规范的道德行为"[②]。由于网络世界道德相对主义盛行，网络行为的匿名性，网络伦理建设中的法律协同也就显得更为重要。

---

① 孙铁成：《计算机与法律》，法律出版社1998年版，第445—446页。

② 宋吉鑫、杨丽娟："论网络伦理建构中的法律协同"，《社会科学辑刊》2007年第1期，第75—79页。

（二）克服妥协寻求发展

普及技术（知识）克服信息异化和重建道德规范克服道德异化，是网络时代人类克服困境不断进取的体现。困境的克服自然导致人的本质力量得到新的发展，这一发展具体体现在人类技术力量的增长和人类交往能力的提高上。

1. 人类技术力量的增长：网络技术（知识）普及与人的发展

在马克思、恩格斯看来，科学技术是推动人类历史前进的革命性力量，技术是人的本质力量的体现。但是，在技术发展史中充满了技术异化的现象。现阶段，学术界谈论技术异化往往是从多个角度进行，如：从生态学的角度来看，由于任何技术都是人创造的，其本身就是非自然的，从而意味着对自然的干预和破坏，它在给人带来利益的同时，也会带来损害，正是所谓技术"双刃剑"。在技术与人的发展之间，人类最能够做的是从技术的社会属性角度出发，克服技术的异化。所谓技术的社会属性，即技术的人性方面，它是人的本质力量的外化。任何技术的目的性都不是天然所固有的，而是生活于特定社会中的人所赋予的。人正是根据自己的目的性去积极主动地创造条件引导自然，从而达到自己的目的。马克思认为正是人的生存需要构成技术产生的根本动力；正是技术在生产中的广泛应用激发了人们新的需求，进一步推动了技术的发展。因而作为人的有目的的活动，技术承载着人的利益要求和欲望，体现着人的价值追求和价值赋予，是人追求更合理的生活和更有意义的存在的最基本的方式和方法。由于技术集中展现着人与自然、人与社会间的能动关系，因而作为人的能动的活动过程，技术就不仅包括作为活动过程的成果的器物，而且渗透着政治、制度、价值观等因素。不仅工具、手段及产品体现着人的意志和需要，而且技术的发明和创造、评价与选择的每一个环节都是为了解决特定的问题和达到特定的目标而进行的，因而有着丰富的特定价值内涵。技术哲学家斯塔迪梅尔基于技术与社会密切相关的分析，也认为：脱离了它的人类背景，技术就不能得到完整意义上的理解。那些设计、接受和维持技术的人的价值观与世界观、聪明和愚蠢、倾向和既得利益必将体现在技术身上，正是从这种意义上来说，没有中性的技术。

对于计算机、通信、网络技术来说，数字鸿沟、信息异化是人类使用网络而带来的最为重要的异化之一。从知识、技术角度来看，网络文化带给人类的最大的异化是数字鸿沟、信息异化。由数字化、网络化发展和利用的不平衡、不平等带来的数字鸿沟正在影响人们对传统的社会行为与社会贫富差距的看法，影响社会阶层和社会结构的变化，从而影响社会关系的和谐，甚至可能导致社会关系的断裂，从而从根本上影响人的全面发展。概括来说，这一影响主要体现在以下方面：（1）人口方面的鸿沟。这是一种先赋鸿沟，是由人的出生所引起的，如性别、种族、地区等。这种鸿沟对社会结构与分层的影响是显著的、深刻的，而且随着数字技术、网络技术的快速发展，它也将成为许多世界性、社会性问题的深层根源。（2）技能鸿沟（如缺乏计算机技能）。这种鸿沟是后天形成的，它与教育和教育公平有关，它虽然是一种技术鸿沟，但它的影响因素绝对不只是来自技术层面。（3）经济机会鸿沟。这种鸿沟是由信息检索障碍导致社会经济地位低下、各种地位相关性加强的不良状态，如教育与就业机会的不均等，它所折射出来的往往是社会公平等方面的问题。（4）民主鸿沟。这种鸿沟是由公民缺乏对电子政府的参与以及缺乏联机技能等原因造成的。数字鸿沟的表现随着数字化、网络化的变化与发展，会有更多的、不同的表现形式，这种表面上的技术鸿沟却深刻地影响经济、社会的发展，影响社会阶层和社会结构的变化，影响人的社会行为与社会贫富差距，从而影响人的生存与发展的公平性、平等性，影响人的全面发展。总之，数字鸿沟将导致数字文化鸿沟的出现和人文生态圈的分层。此时，如果以数字化技术应用程度为标准，可以把人类分为三个不同的人文生态圈：核心圈、中间圈和外围圈。核心圈即人文生态最发达地区，人们的信息化水平、占有网络资源的能力较强，数字化为文化的存在与运作模式搭建了新的平台，因而数字文化的发展速度较快。外围圈即人文生态欠发达地区，由于数字化平台尚未搭建成功，信息贫困者生存、发展的权利受到限制，人们的信息化水平、占有网络资源的能力较低，其数字文化的发展速度较慢。中间圈则是介于二者之间的大部分地区。

消除数字鸿沟、克服信息异化也是网络文化下人类发展必须完成的使命。随着这一使命的完成，人类的技术力量将得以合理的增长，也就是说，变网络文化所带来的消极的数字鸿沟和信息异化为积极的人类本质力量的增长；同时，从社会层面来说，数字鸿沟的消除，数字技术成为社会生产力，促进人的社会本质力量的增长。首先，数字化生存将使人的智力得到提升、观念得到更新，从而形成更加全面的素质和能力体系。从可能性来看，随着数字技术的高度发展，人类甚至可以通过植入相关的记忆或芯片获得人工智能，而这将使人思考问题的速度大大提高；从现实性来看，数字化发展速度快、更新周期短、开放程度高等特点将推动人们形成新思想和新观念，而思想解放、观念更新有利于培养人们的现代意识，如：效率意识、平权意识、全球意识等等。数字化、网络化的多元知识功能则有利于培养社会主体建立健全的人格和独立的精神，形成新的伦理精神和道德观念，有利于培植当代社会所需要的开放、创新、奉献、共享等新意识、新观念。其次，网络化实现了社会财富的巨大增长和自由时间的延长，为人的全面发展创造了条件。计算机网络技术作为当代先进的社会生产力，它的普遍应用，使生产过程的自动化水平大大提高，极大地提高了劳动生产率，实现了社会财富的快速增长，更好地满足了人的全面发展所需要的各种消费需求。网络化不仅有效促进了传统产业的改造升级，提高了传统产业的竞争力，而且正在造就一个庞大的网络产业，形成了新的经济增长点，带来了巨大的社会财富，从而为人的全面发展提供了物质基础和前提。同时，随着网络在生产、生活各个领域的渗透，社会网络化程度不断提高，越来越多的人将从事信息处理等与知识有关的劳动，使得人们可以不受时间和空间的限制，工作时间的弹性和灵活性大大增强，人们的自由时间进一步增多。另外，远程医疗、远程教育、远程会议、远程服务、数字图书馆、电子购物的蓬勃发展，不仅免去了人们奔波的辛苦，而且为人们赢得了自由时间。马克思曾说过："时间实际上是人的积极存在，它不仅是人的生命的尺度，而且是人的发展的空间"①。网络化给人们带来的充裕的自由时间，实际上使人们享有了从事精神生产的广阔空间，只有在自由时间里，个人才能在艺术、科学等方面得到发展，人们的活动和能力才能走向全面性。

2.人类交往能力（道德力量）的增长：网络规范重建与人的发展

前面的分析指出，各种网络陷阱其实也是网络道德异化的体现，而网络道德异化在一定程度上要通过重建网络规范体系来解决。那么，从人的发展角度

---

① 《马克思恩格斯全集》第47卷，人民出版社1979年版，第532页。

来说，重建网络规范体系，解决网络道德异化，到底能解决人的发展的哪个方面的问题，能增长人类的哪种本质力量？在此，我们认为网络道德规范的重建，主要是更好地规范人们的网络交往，增强人类的交往能力，其实，这一能力也是道德力量的集中体现。

（1）社会交往：人的发展之道德维度。对于"交往与人的发展"，马克思在人的本质、人的发展理论中给予了深刻的论述，当代哲学家哈贝马斯也对此问题进行了深入的研究。马克思是从社会关系的角度来揭示"交往与人的发展"之关系。在马克思那里，整个社会关系包括四个层面的交往：技术交往、经济交往、政治交往和思想道德交往。这四个层面的交往构成了现实的社会关系之和。关于人的发展，马克思认为，社会关系的高度丰富和全面发展是实现人的全面发展的主要内容。人的全面性不是想象中的全面性，而是现实关系即交往的全面性。一个被束缚在狭窄生产关系中的人，其发展不可能是全面的。"社会关系实际上决定着一个人发展到什么程度"①，单独的个人只有积极广泛地参与各个方面、各个领域、各个层次的社会交往，也就是同整个世界的物质和精神生产进行普遍的交往，使个人摆脱个体、地域和民族的狭隘性，才能提高自己的能力，实现个人的发展。哈贝马斯则把交往看做是人的理性能力的体现。其交往的合理性就是力图矫正主体行动的强制性与被扭曲的关系，还人类行动的理解沟通关系之本质，从而在理解沟通中实现人的本质，实现人的发展。

马克思从人的社会关系本质出发来论述人的发展，此时，发展是一种全面的发展，其中既包括打破技术（生产力、人与自然）关系的束缚，也包括打破人与人的经济关系、政治关系的束缚，还包括打破人与人的思想关系、道德关系的束缚。因此，在马克思的交往理论中，人的发展包括了上述四种维度。但是，在哈贝马斯那里，交往的维度更多地赋予了道德、伦理的内涵，其交往更是为了实现一种主体间性结构。对此，赵前苗指出："哈贝马斯把道德规范视为一种主体间性结构，主要从两个方面对道德规范进行建构：一是在先验层面上，渗透重建后的理性即交往理性于道德规范之中，矫正其中的强制性关系和被扭曲部分；二是在现实层面上，通过相互作用建立理想的主体间性结构，依

---

① 《马克思恩格斯全集》第 3 卷，人民出版社 1960 年版，第 295 页。

据角色结构的发展促使个体道德资质的形成,凭借原则提供道德依据和资源。哈贝马斯对道德规范的如此建构,确保了道德规范的可论证性和实践有效性,使道德问题重新诉诸一种更完善化的理性观念,最终使道德自我与相关他者实现内在的统一"[1]。因此,在哈贝马斯那里,交往能力其实也是一种道德能力(交往伦理和交往资质的总和)。道德总是要在人的交往关系中体现,因此,交往规范的缺失或者说交往的失范(无序)状态肯定是导致道德异化的原因之一(当然可能不是唯一的原因)。重建交往规范也就成为解决道德异化的手段之一。

(2)网络交往与网络规范。什么是网络交往?网络交往是基于网络空间的一种全新的交往模式,如网上聊天、电子邮件、网络博客、远程登陆、网络新闻、文件传输、网络浏览,等等。与传统的交往形式相比,网络交往具有全新的特点:第一,虚拟隐秘性。网络交往只有一个网名标志某人的存在,只有对方打出来的文字让你去想象,这种文字符号所透露的信息是十分有限的。第二,自由开放性。人们在网络活动中可以摆脱权力、金钱、地位等社会因素的制约;同时,网络主体不必听从于任何权威的命令,你可以自由发表自己的言论,并使其在全球范围内传播。第三,超越时空性。无论何时、何地,足不出户,只要登录网络,你就可以和素不相识的人聊天、游戏,地域、民族、身份等现实的羁绊和障碍被突破,个人的社会活动空间和交往领域得到前所未有的拓展。第四,控制弱化性。在网络世界,没有严密的管理机构和繁杂的规章制度,只有管理员和版主,然而,他们的作用也十分有限,这就使得主体对网络活动的控制远远没有对现实社会中人们活动的控制那样有效。第五,符号互动性。在网络空间,唯一存在的是一个符号——网名——甚至一组数字。人们的网络行为也必须信赖于网络图标或象征符号,这些抽象的图标和符号需要借助于人们的想象力才能在头脑中转换为生动鲜活的场景。由于上述特点,网络交往消除了传统交往的时空障碍,彻底改变了基于血缘、地缘、职缘等传统的人际交往形式和社会关系,将交往范围拓展到遥远、陌生的人群。任何人借助于网络都可以随时与世界各地的人进行点对点、点对面,乃至面对面的远程交

---

[1] 赵前苗:"论哈贝马斯对道德规范建构",《道德与文明》2005年第5期,第34—37页。

流。传统的社会地位、经济收入、文化层次等的差别不再是交往的制约因素。网络交往使得经济交往的速度和频率都发生了革命性的变化，使经济、政治、文化、社会生活等各种社会交流范围越来越广，国际化程度越来越高，这大大加强了个人之间、部门之间、行业之间及不同国家、地区之间的交往和联系，实现了全球性的"普遍交往"，丰富了人们的社会关系。

但是，网络交往也带来了许多困境，前面所提到的各种网络陷阱都与网络交往相关。网络欺诈是网络交往中的一种欺诈行为；网络病毒和网络色情是网络交往中不遵守道德和法律规范、利用网络交往传播病毒和色情物品的行为；网络隐私是在网络交往中窥探和传播他人隐私的行为。总之，网络陷阱的各种表现都是网络交往中不遵守道德、伦理和法律规范的行为，是网络交往中缺乏良好的道德伦理约束的结果，是网络交往中法律可控性低所造成的。因此，要规范网络交往，使其能更好地促进人的发展，必须加强网络道德、伦理、法律法规建设。强化网络交往中的道德约束与法律规制。对扰乱虚拟世界秩序的垃圾信息的制造者，淫秽色情信息的传播者以及信息欺诈、散布"暴力游戏"、"死亡游戏"等不道德行为的实施者应加以舆论谴责，以净化数字化生存与交往的环境。在法律控制方面，一方面要大力倡导并积极参与国际网络立法工作，为形成共同打击数字网络犯罪的国际合作营造良好的氛围和环境；另一方面，要加强国内在保护虚拟世界的个人隐私权、打击网络欺诈等方面的法律法规建设，切实加强执法工作，做到有法可依、执法必严。只有这样，网络交往才能得以健康推进，才能更好地实现网络交往促进人的发展之功效。

第六章　互动与和谐：
网络文化与人的发展（三）

　　网络文化作为信息时代的特有产物，其应时出现和迅猛发展，对社会进步和人的发展起着巨大的推动作用。而社会进步和人的发展，又会在更高层面上推进网络文化的创新和繁荣。网络文化与人的发展的互动与和谐，就是指网络文化与人的发展之间存在着相互影响、相互作用、相互促进的相辅相成之发展关系与状态。在这个互动与和谐进程中，人的发展可以说是网络文化培育的根本前提和主体性要求，网络文化则可以说是人的发展的动力和对象性或载体性要求，互动与和谐的预期目的就是要达到二者的有机融合，即人的发展借助网络文化来提高，同时网络文化在人的发展过程中能进一步得以优化。二者之间的互动与和谐，在本质上说，就是人与人之间的互动与和谐。

一、迈向和谐的互动

人的发展问题，始终是一个被古往今来的人们所广泛关注的问题。不同的时代要求与社会形态，人的发展问题面临着不同的课题。这些课题，既是时代使命与社会发展向人类自身所提出的必须要解决的课题，又是人的发展所不能回避的问题。以数字化信息为基本文化形态的网络时代的兴起和发展，就把人的发展与网络文化连在一起，并作为时代课题提到世人面前。应当说，人的发展与网络文化的关联，是在迈向和谐的互动中展开的。

（一）人的发展目标的和谐

人的发展自身从来就是有目标的。这一目标有一个从片面到比较全面再跃升为全面发展的漫长过程。毛泽东同志早年曾提出过人的发展中德智体"三育并重"的思想。2002 年 11 月，江泽民同志在党的十六大报告中指出："全面贯彻党的教育方针，坚持教育为社会主义现代化建设服务，为人民服务，与生产劳动和社会实践相结合，培养德智体美全面发展的社会主义合格建设者和可靠接班人"①。2007 年 10 月，党的十七大报告也明确提出要优先发展教育、建设人力资源强国，要实施素质教育、提高教育现代化水平、培养德智体美全面发展的社会主义建设者和接班人，办好人民满意的教育②。这就指明了全面发展目标要素的科学内涵，为人的发展目标的要素和谐奠定了坚实基础。其中，四者之间彼此的关系分别为以德育为首位、以智育为功用、以体育为基础、以美育为标尺，四者共同构成人的发展目标的和谐有机体。在网络文化环境下，人的发展"四育"之目标也是如此。

1. 以网络德育为首位

古往今来，人的发展常常是教育的结果，即所谓"性相近，习相远"。教育发展的德智体美四大目标之中，"德"是首位，不可等闲视之。这里的"德"，

---

① 江泽民：《江泽民文选》第 3 卷，人民出版社 2006 年版，第 560 页。
② 胡锦涛：《高举中国特色社会主义伟大旗帜，为夺取全面建设小康社会新胜利而奋斗》，人民出版社 2007 年版，第 37 页。

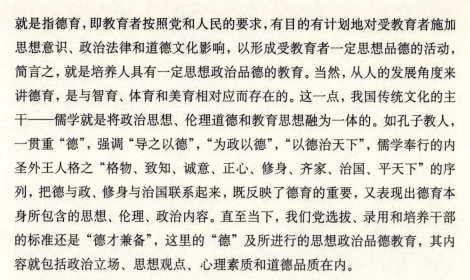

就是指德育，即教育者按照党和人民的要求，有目的有计划地对受教育者施加思想意识、政治法律和道德文化影响，以形成受教育者一定思想品德的活动，简言之，就是培养人具有一定思想政治品德的教育。当然，从人的发展角度来讲德育，是与智育、体育和美育相对应而存在的。这一点，我国传统文化的主干——儒学就是将政治思想、伦理道德和教育思想融为一体的。如孔子教人，一贯重"德"，强调"导之以德"，"为政以德"，"以德治天下"，儒学奉行的内圣外王人格之"格物、致知、诚意、正心、修身、齐家、治国、平天下"的序列，把德与政、修身与治国联系起来，既反映了德育的重要，又表现出德育本身所包含的思想、伦理、政治内容。直至当下，我们党选拔、录用和培养干部的标准还是"德才兼备"，这里的"德"及所进行的思想政治品德教育，其内容就包括政治立场、思想观点、心理素质和道德品质在内。

至于网络德育这一点为什么要置于人的发展目标要素中的"首位"，这是由网络德育在人的发展中所起的作用来决定的，主要表现为对人在网络文化环境下发展的经济政治制度条件、人自身思想政治品德成长条件等均有极其巨大的促进作用。

首先，网络德育能为人的发展维护和巩固一定的经济政治制度，具有影响人才性质和发展方向的功能。一方面，任何社会里在经济上和政治上占统治地位的阶级，总是非常重视通过对人的德育来把该社会占统治地位的意识形态传输给受教育者，并扩大其社会影响，以达到维护和巩固现有经济政治制度的目的。孔子说过："道之以政，齐之以刑，民免而无耻；道之以德，齐之以礼，有耻且格"①。主张用道德礼教来教育和约束老百姓、治理国家，以达到老百姓懂得廉耻并自觉遵循封建伦理规范的目的。可以讲，中国的封建社会能延续两千多年之久，与其充分发挥德育对人的教化功能不无关系。在当前的网络文化环境下，我们强调网络德育在人的发展目标要素中的首要地位，这与封建的、资产阶级的德育相比较，在性质上和作用上有着根本的区别。然而，网络德育对社会发展所产生的能动作用是客观存在的。其具体表现在：一是在网上可以培养具有坚定的社会主义和共产主义信念的人才，建设社会主义核心价值体

---

① 《论语·为政》。

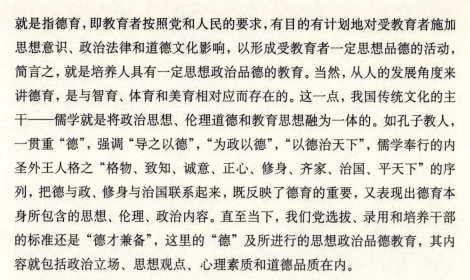
197

系,为巩固和发展社会主义经济政治制度服务;二是在网上可以传播社会主义思想、道德观念,形成正确舆论、影响社会风尚;三是网络德育的社会功能从根本上说,就是培养社会主义事业的接班人,并宣传群众、影响整个社会风尚,进而促进社会主义物质文明、政治文明、社会文明、生态文明和精神文明建设。

另一方面,在一定社会中,德育培养具有什么样的思想道德、法律观念、政治意识的人,是由这个社会的经济政治制度决定的,而人的思想认识和政治方向的培养正是德育的任务。一般地说,德育反映一定社会或阶级的利益,解决人的发展方向、为谁服务的问题。从这个意义上讲,德育的性质从根本上决定了人才的性质和发展方向。任何一个社会或阶级为了保证其人才教育的性质和方向,都是通过控制德育的性质和规定德育的内容来实现的。一部德育发展史表明,德育有决定人才性质的功能。在社会变革中,新型阶级在建立新政权后总是通过德育来改变人才培养的性质和方向,使其为本阶级的经济政治服务。如孔子说:"弟子入则孝,出则弟,谨而信,泛爱众,而亲仁,行有余力,则以学文。"①就是这个意思。新中国成立后,为了在意识形态领域消除剥削阶级的影响,党和政府十分重视加强人的德育工作,取得了明显效果。在当前的网络文化环境下,要在各级各类学校开设网络社会主义思想政治品德教育课,强化各科网络教学内容的科学性和思想性,加强网上党、团、工、青、妇、少先队、班主任等组织建设,通过各种渠道对学生进行网络思想政治品德教育,从根本上坚持人的发展的正确方向,保证在网络文化环境下人才发展的无产阶级德育性质。

其次,网络德育在人的身心和谐发展中具有培养人自身思想品德并制约其发展方向的功能。在人的身心和谐发展过程中,思想政治品德是一个人的个性的核心部分,正如苏联教育家苏霍姆林斯基所说:"人的所有各个方面和特征的和谐,都是由某种主导的首要的东西所决定的,在这个和谐里起决定作用的、主导的成分就是道德"②。可见,作为人的发展中主导成分的思想政治品德,既能决定人的发展方向,又能决定人的发展水平。网络德育的重要意义也

---

① 《论语·学而》。
② [苏]苏霍姆林斯基著,杜殿坤译:《给教师的建议》,人民教育出版社1980年版,第158页。

是如此。

在网络文化环境下，从网络德育与网络智育、网络体育、网络美育的发展关系来看，在人的发展中，由于德智体美等方面是一个整体，因而网络德育与网络智育、网络体育、网络美育有着密不可分的和谐联系。事实上，网络文化环境下人才成长的"德"和"才"两个方面，"才"是指坚实的专业基础、知识技能和综合智能，它是一个人为个人发展和社会服务的本领，而"德"所要解决的是一个人的思想政治方向问题，它决定着一个人为谁服务的方向。只有坚持不懈地开展网络德育工作，才会使为社会主义现代化服务的要求转化为网络行为主体学习行动的强大动力，才能使其沿着社会主义共产主义的方向前进，也才能促进并推动网络德育、网络智育、网络体育、网络美育等方面的和谐发展。

2. 以网络智育为功用

从教育哲学的视角看，智育就是向受教育者传授系统的科学文化知识、基本技能，发展其智力和能力，以及培养其用人类一切精神财富充实自己的愿望和理想的教育活动。在人的发展中，智育是在获取科学知识的过程中进行的，智育担负着发展人的智力的任务，但智育不能仅仅归结为一定知识量的积累，知识水平与智育水平之间，智力发展水平与智育水平之间绝不能划等号。智育是一个复杂的过程，它还包括培养对脑力劳动的兴趣和要求，培养不断充实科学知识和运用科学知识于实践的兴趣和能力，以及形成其科学的世界观。智育是人的发展进程中极为重要的"功用"的手段，意味着用人类社会创造的一切精神财富来充实自身的头脑，并在与其他各育互动和谐中促进人的全面发展。

在网络文化环境下，网络智育这一点之所以在人的发展中处于"功用"的地位，这是由网络智育在人的全面发展进程中所具有的价值决定的。

首先，网络智育不仅是物质生产延续和发展的媒介，而且是人类精神文明发展的杠杆。一方面，人类社会的进步是在一定物质生产发展的基础上实现的，而一定程度物质生产的进行离不开知识和人类智力的功用。因为在生产工具、劳动产品、劳动过程中积淀、物化着愈来愈多的人类知识和智力，生产对劳动者的文化知识水平提出了愈来愈高的要求，而要培养出符合一定生产需要的劳动者，就必须有智育的活动。第二次世界大战以来，社会物质生产与科学技术的结合更加紧密，在现代生产中，甚至具有初等教育水平的工人也不能适应生产的技术要求了，这说明社会物质生产对智育的需求不断地提高。当人类进入网络社会，网络智育对物质生产的重要性就越来越凸显。

另一方面，人类在生产一定程度物质文明的同时，也生产着相应的精神文明。这种精神文明，一般是指人类智慧和道德文明的进步状态，它的产生和发展与人类的知识水平和智力发展紧密相关。马克思在谈到由中国传到中世纪欧洲而广泛应用的三大发明时说："这是预告资产阶级社会到来的三大发明。火药把骑士阶层炸得粉碎，指南针打开了世界市场并建立了殖民地，而印刷术则变成新教的工具，总的来说变成科学复兴的手段，变成对精神发展创造必要前提的最强大的杠杆"①。可见，人类的知识和智力水平的增长及发展影响着人的认识和意识、观念，在一定程度上决定着一定时期的社会精神文明程度。在当前的网络文化环境下，人类知识和智力水平的发展和提高的重要条件是网络智育活动的进行。如果没有网络智育对人传授系统的科学知识和发展其网络智力，人类"数字化生存"之精神文明的发展是不可想象的。因此，只有充分发挥网络智育的功能，才能普遍提高网络社会的文化科学水平，促进人类数字化之精神文明世界的发展。

其次，网络智育是人的全面发展的必要条件。人的全面发展包括人的身心各个方面的发展。网络智育无论对身还是对心的发展都是必要的，而在人的心智方面的发展中，网络智育有着特殊的作用。心智方面的充分自由发展意味着人在发展中能全面地、自由充分地再现历史形成的人类知识经验及能力，并在此基础上得到进一步提高。而要实现人的心智的充分自由全面的发展，必须依靠智育的过程。网络智育实质上就是科学知识和人类智力的再生产过程，是把人类千万年积累起来的物质文化、政治文化、社会生态文化和精神文化转化为个体的知识结构和智力结构。而个体的知识结构和智力结构又具有能动的创造作用，它能创造出新的科学和技术，生产出新的智力。在这个过程中，人能逐步认识到生活的全部丰富性和复杂性，认识到人的数字化发展的无限可能性，唤起内心深处追求真理、追求自我完善、全面发展的信心和勇气，不断地孕育

---

① 《马克思恩格斯全集》第47卷，人民出版社1956年版，第427页。

出鲜艳的智慧之花,结出日益丰硕的智慧之果。应该说,网络文化的出现为人在该方面发展提供了更优良的条件。

3. 以网络体育为基础

身体是人的发展的根本与基础,体育是人的全面发展教育的重要组成部分。广义的体育包括身体锻炼教育和卫生保健教育两个方面,狭义的体育仅指身体锻炼方面的教育。身体锻炼教育和卫生保健教育都是为增强人的体质、促进人的健康服务的,但前者着重炼体强身,后者着重防病保健,而且体育活动必须遵守卫生要求,才不致造成身体伤害,卫生工作只有与体育锻炼相配合才能收到更好的效果。二者是既有区别又有联系的重要工作,应当很好地结合和协调起来。在网络文化环境下人的发展进程中,必须通过体育来促进身体的正常发育,保证机能的完善和体质的增强,为更好地从事社会主义网络文化建设和管理乃至整个社会主义现代化建设和保卫祖国的事业打下物质"基础"。

网络体育这一点在人的发展进程中之所以处于"基础"地位,同样是由网络体育在人的发展过程中所起的重要作用来决定的。当然,网络虚拟世界与物理空间的体育功能不完全相同,但大部分是一致的。

首先,网络体育能促进人的身体健康。马克思曾经指出:"未来教育对所有已满一定年龄的儿童来说,就是生产劳动同智育和体育的结合,它不仅是提高社会生产的一种方法,而且是造就全面发展的人的唯一方法"[1]。这就明确指出了体育在人的全面发展教育中的重要地位。科学史也证明:"生命在于运动。"有运动,才有生命的存在和发展。据专家研究统计,人的血液循环周身一次,需要 21 秒钟,在运动时就只要 10 到 15 秒钟。人的呼吸,静坐时每分钟 10—12 次,出步时每分钟 20 次,登山时每分钟 30—40 次,运动比赛时每分钟 60 次。这样,在运动时通过肺部的空气的体积,就由 3—4 公升增加到 80—100 公升。因此,在网络文化环境下,有计划、有规律地参加网上体校、网上健美等网络体育锻炼,对于促进身体各器官和系统的健康发展是有益的。

其次,网络体育能促进人在德智美育等方面得到全面发展。人的身体发展和精神发展是紧密联系、不可分割的,二者在整个人的发展中是和谐地结合在

---

① 《马克思恩格斯全集》第 23 卷,人民出版社 1972 年版,第 530 页。

一起的。体育和德智美诸育也是统一不可分割的。关于这一点，毛泽东早年在《体育之研究》一文中作过精辟的论述。他说："体育一道，配德育与智育，而德智皆寄于体，无体是无德智也。""体者，为知识之载而为道德之寓者也，其载知识也如车，其寓道德也如舍。"总而言之，"善其身无过于体育。体育于吾人实占第一位置，体强壮而后学问道德之进修勇而收效远"①。他认为，"体育之效"在于"强筋骨"，进而才能"增知识"、"调感情"、"强意志"。可见，"勤体育，则身心可以并完"。事实上，健康的身体是革命的"本钱"，也是学习、工作、生活的必要条件。因为体育能使人保持清醒的头脑，有助于提高大脑的工作能力，使人注意力集中，观察力敏锐，思维灵活，效率倍增。在当前的网络文化环境下，网络技术及其文化的广泛运用，要求网民在短时间内快速、准确地判断和处理许多数据，这不仅需要思想的高度集中，而且需要充沛的精力，需要人的体质和智力更好地结合，这也要求人们必须坚持不懈地加强网络体育锻炼。

4. 以网络美育为标尺

审美是人的发展的精神范畴，因而美育又称审美教育，是指运用自然美、社会生活美和艺术美使受教育者形成正确的审美观，培养感受美、鉴赏美、创造美的能力的高尚精神教育活动。美育作为人的全面发展教育的重要组成部分，带有两个鲜明的特点：一是形象性。各种类别的美都是以形象或神似形式表现出来的，自然美固然有可感知的具体形象，就是社会生活美，人们要感受它也必定是与具体可感的形象联系着的，这个特点在艺术美中表现得更清楚。二是情感性。美育过程是以情动情的过程。美的欣赏既能认识事物，又能使人衷心喜悦乃至灵魂陶醉。美育首先是靠情感来打开审美者心灵的大门，在沁人肺腑的美的熏陶中陶"情"冶"神"，发展和提高审美能力的，因而美育能使人在轻松愉快之中，不知不觉、自然而然地受到精神启迪，收到其他教育方式难以达到的效果。

网络美育这一点在人的发展过程中之所以能处于"标尺"的位置，也是由网络美育在人的发展进程中所起的不可替代的功用所决定的。

---

① 《毛泽东早期文稿》，湖南出版社 1990 年版，第 66—67 页。

首先，网络美育具有使人形成社会主义共产主义道德品质和促进人的智力发展的功能。一方面，美育与德育相互渗透、相辅相成。孔子说："君子成人之美，不成人之恶"，说明美是善的意思，亚里士多德认为美就是一种"善"。在网络文化环境下人的全面发展教育中，网络美育利用美的形象进行教育，引起人的内心的共鸣，使人爱美恶丑，从善拒恶，进而养成高尚的品德和情操。另一方面，在网络美育和网络智育结合的过程中，往往是艺术教育和科学教育结合、形象思维和抽象思维互相渗透，从这两个方面认识世界，能充分发挥人的大脑两半球的功能，比之只用其中的任何一种方式都更优越，因而网络美育能更好地促进人的智力发展。

其次，网络美育具有促进人的健美发展和提高人的劳动生产技术的功能。体育是健与美的结合。在网络体育中，身材、线条、姿态、筋骨、肌肉、肤色等，是人体自然美的表现；追求优胜、追求祖国荣誉、团结互助、勇敢顽强、胜不骄、败不馁，是精神美的表现；动作协调、节奏明快、反应敏捷，是技巧美的表现。在网上体育运动中，精湛的技巧美与人体美、精神美交相辉映，形成了一个个体育健儿动态的完美形象，能有力地促进人朝健美方向发展。同时，美产生于劳动，劳动创造了美。在现代网络生产中，工业艺术把美与网络技术结合起来，劳动本身成为美的创造过程。劳动产品既具有实用价值，又具有审美价值，既能满足人的物化上的需要，又能给人以精神享受，进而成为人的发展美的标尺。在网络文化环境下人的全面发展教育中，只有当人用美的创造精神来对待劳动生产时，才有助于人的劳动观点的确立、劳动技能的形成，进而更好地推动人的全面发展。网络实践所形成的网络美育之美也是如此。

（二）人的发展与网络文化的互动

党的十七大报告指出："加强网络文化建设和管理，营造良好网络环境"[①]。而人是德智体美的承载者，也是文化发展的主体，更是网络文化建设和管理的基本力量。网络文化建设和管理又具有为人性，是人的发展在技术文化创新方

[①] 胡锦涛：《高举中国特色社会主义伟大旗帜，为夺取全面建设小康社会新胜利而奋斗》，人民出版社 2007 年版，第 36 页。

面的重要表征。两者相辅相成、相互渗透又相互促进,共同形成人的发展与网络文化的互动关系。

1. 网络文化对人的发展的促进

历史地看,从来没有一种科技手段能够像因特网这样,不仅迅速兴起为一种新型文化形态,而且日益彻底地改变了人的生产生活方式,变革着整个世界的文化格局和所有人的文化生活,并进而促进着人的发展。

首先,网络文化对人的思维观念的促进。在某种程度上,网络文化决定人的认知方式和思维模式,对人的信息记录、表达和传播具有决定性的影响,甚至还使信息的内容发生形变。诚如罗杰·菲德勒所说:"变革的催化剂——即媒介形态变化的概念,它刺激着人类以新的方式看待他们和他们的世界——一直在影响着人类社会体系和文化的发展……每种催化剂一旦被人类心灵揭示出来,都会对某个曾剧烈转换并改变文明进程的发明和革新产生强大的刺激作用"[①]。网络文化对人的思维观念的促进,主要体现在四个方面:

一是非线性网络思维与信息传递的多感觉通道共存。人的网络思维是由众多点相互连接起来的,呈现非平面、主体化的无中心、无边缘的网状结构,由于电脑超文本的链接功能,赋予人可以随意地从电子文本的一点跳到另一点,从而打破了线性叙事的神圣规律。同时,网络的多媒体手段,消解了人的不同感觉通道之间的界线。人们依凭网络可以进行完善的信息交互、转换和融合,能从多种感觉通道去感知关于同一作品的信息,从而获得更加形象、完整、深刻、系统的认识。这一点,许多百科类光盘系统都提供了文本、声音、图像、视频、动画等不同媒体通道的切入方式,以便让人全方位、立体化地去感受信息对象的艺术魅力。

二是时空间隔被压缩为零并超文本全方位辐射兼有。网络中没有时空方位的坐标,只有一个个网点。由于时空间隔被压缩,意味着人的工作和社会节奏将大大加快,并改变着人的传统生活方式。这一时空观念的变化,对一个人乃至一个民族的文化精神都具有深远影响。超文本则是一种相互链接的数据,主

---

① [美] 罗杰·菲德勒著,明安香译:《媒介形态变化:认识新媒介》,华夏出版社2000年版,第45页。

要由节点、链和网络三个基本要素组成，是含有热单词、热短语或热图形的文本。信息存储于节点，上下文关系则是由链来表示的。点击某个热词语或热图形，浏览器就会跳到当时超级文本的另一地点或另一超级文本。超文本组织信息的方式与人类的联想记忆方式有相似之处，可以更有效地表达和处理信息，且各种观念都可以被打开，从多种不同的层面予以详尽分析。

三是中心消解和信息无终极的流动。在网络文化世界里，每一部电脑都是一个终端，不存在统辖所有电脑的某个中心。这一中心的消解和网络终端的边缘化，使整个网络充满着生命活力，一个中心的消解却激活了所有局部的潜能。网络超文本是一种具有流动性的开放性结构，它处于多个维面的交叉点上，向多重时空辐射和伸展，具有无限大的结构空白和读者参与创造的浩瀚空间。它既呈现出个性化的变化格局，又可以进行网络化的或接力式的集体创作，任何一个作者都可以变动文本的结构，从而使集体创作的电子文本总是处于动态的格局之中，不会有终极的形态。

四是人机对话的互动性与将抽象化为现实的虚拟手段兼备。网络文化中的信息流动是双向度的，人们不仅具有自由选择性，而且还能对信息对象施加影响，能按照人的个性和意愿进行加工和改造。这种人机对话的互动性有利于人的主体意识的强化，使人类的文化艺术获得多元化的发展。网络的虚拟手段，是连接现实和未来的中介和桥梁，它可以成为人们的理想、预测、设想等超前意识的一个模拟实验室。人类把控这一手段，进而接纳当代因之应运而生的新理念、新制度、新行为与新模式，就能学会如何在这样的时代生存生活并推动自身进一步发展。

其次，网络文化对人的社会发展性的促进。网络文化正日益全面而深入地介入到人类社会生活的各个领域和方面，成为每个国家、每个地区、每个组织和每个人的生存与发展都必须掌握和使用的基本生产资料和离不开的生活手段。虽然网络文化的发展尚处初级阶段，但它所具有的巨大社会文明效应已经并且正在日益显著地表现出来。

一是网络文化正在变革传统的生产方式和经营方式，并成为未来经济发展的生长点和发动机。以往的经济发展主要依靠劳动力、物质资源和资金等项投入，经济的发展程度取决于这些外延性扩大因素的密集程度，因而属于粗放型的生产经营方式。在网络文化条件下，信息是第一生产要素，信息技术是最为关键和必需的生产工具，经济决策和经济运行要通过网络系统以信息化的方式进行，由此大大降低了生产成本，提高了经济效益，从中可见网络文化对于经济发展的巨大推动作用。

二是网络文化大大加快了社会政治水平的发展，刺激了社会的文化产业和文化市场的形成，促进了社会的精神文明建设。一方面，网络文化蕴涵着民主精神和民主要求，它的发展和运用能够弘扬民主精神、促进民主发展。网络的结构是一种民主精神的显示，它的共时性让所有终端用户共享信息。在网络文化世界里，大家是平等的，没有身份和性别的差异和意识形态的束缚，具有平等、自由的交流权和发言权；且网络文化的自由特性、民主精神和平等要求会有力地冲击传统的大一统文化结构和意识形态，起到解放思想、更新观念、伸展人的自由个性和促进社会民主发展的重要作用。另一方面，网络文化是一个高度产业化、市场化的大众文化形式，它的发展一方面直接缔造了庞大的网络经济和网络产业，同时对于整个社会的精神文明发展也产生了巨大推动作用，最终促进着人的发展。例如，网络技术的发展推动着网络教育的迅速发展和科学文化知识的普及应用，良好网络信息的传播也有利于抑恶扬善、纯洁社会风气等。

三是网络文化改善了人的生活质量，促进了人的发展。网络文化深入人们的日常生活，人们利用网络不仅可以广交朋友、增进友谊，还可以做许多与现代生活密切相关的事情，诸如网上录取、网上娱乐、网上征婚、网上购物、网上聊天、网上求职、网上办公等。可以说，上网使人开阔了眼界，增长了见识，促进了人的知识和智力的发展。

2. 人的发展对网络文化的促进

自人类诞生以来，人就与文化在相互规定中升华，即文化是人化之物，同时又能"化人"，人通过文化而得以形成。事实上，不仅网络文化对人有促进作用，人更是网络文化产生和发展的主体。因为人原本就是有自我创造性、自我目的、自我意识和自我尊严的活生生的宇宙主体，人既是生产过程中物质产品和精神产品的生产者，又是物质生活和精神生活的需求者，从而自然是生产过程以外物质产品和精神产品的消费者。基于此，人需要丰富的社会文化教育和多样的社会文化活动。人，决不会满意于思想禁锢政策和文化禁锢政策，决不会满意被从脖子上砍去思维的脑袋。人的大脑不只是生产过程中的自动控制机，它的最本质的功能是人通过它意识到自己是人，意识到自己的文化思维能力和精神文化需求，进而创造出自己所需要的文化产品来。因此，网络文化的产生、兴起和繁荣，正是人这一创造主体发挥自身功能的结果。

这里应当指出，网络及其文化虽不是中国原创，但其下一代互联网技术我国却居世界前列。作为中国下一代互联网项目的发起及主管单位代表，国家发改委伍浩在2007年6月"中国下一代互联网示范工程技术论坛CNGI—ETF2007"会上表示，我国下一代互联网示范工程CNGI项目启动以来，以它的投资规模大、技术起点高、强调产业化和注意技术创新，在国内外产生了很大的反响。它不仅带动了我国下一代互联网的科学技术实验、应用示范和产业化工作，大大提高了我国在国际下一代互联网技术竞争中的地位，同时也使许多发达国家在下一代互联网领域与我国的科技界和产业界建立了密切的合作关系，共同推动了全球下一代互联网技术的进步。国家对下一代互联网的支持已从实验技术支持发展成为实践理论全面的支持，这为我国科技工作者提供了一个研究创新的重要阶段。因而，通过几年的建设和技术攻关，CNGI项目一期建设均已通过了初步的验收，以真实原地址认证等为代表的独创性成果已达到世界先进水平。这些成果的获得，使我国下一代互联网技术已经处于世界前列①。这一事例也表明，人是网络文化发展的促动主体。

2007年1月，胡锦涛总书记在中共中央政治局第三十八次集体学习时强调，要以创新的精神加强网络文化建设和管理，并指出：能否积极利用和有效管理互联网，能否真正使互联网成为传播社会主义先进文化的新途径、公共文化服务的新平台、人们健康精神文化生活的新空间，关系到社会主义文化事业和文化产业的健康发展，关系到国家文化信息安全和国家长治久安，关系到中国特色社会主义事业的全局。在2007年6月召开的全国网络文化建设和管理工作会议上，中共中央政治局委员、书记处书记、中宣部部长刘云山表示，建设中国特色网络文化是党中央从中国特色社会主义事业总体布局和文化发展战

---

① "我下一代互联网技术居世界前列"，《光明日报》，2007年6月10日，第6版。

略出发作出的重大部署。加强网络文化建设和管理，是发展社会主义先进文化、满足人民群众日益增长的精神文化需求的迫切需要，是占领思想文化阵地、促进社会稳定和谐的迫切需要，是顺应人民群众强烈愿望、保护青少年身心健康的迫切需要，是树立国家良好形象、增强国家文化软实力的迫切需要。专家也普遍认为，互联网技术与社会文化生活的结合催生了网络文化这样一个全新的文化形态，已对我国的政治、经济、社会以及国际交往、国家安全产生了极为深刻而重要的影响。党的十七大报告明确指出："加强网络文化建设和管理，营造良好网络环境。"[①]因此，充分认识人是网络文化的促动主体，并下大力气推动网络文化建设和管理工作，当前既是必需的，也是紧要的。

（三）人在与网络文化互动中走向和谐

网络文化是以各种网络产品为依托，按照一定的网络规范组成的包含所有与网络有关的精神现象的总称。人与这一网络文化的互动，是在动态中走向和谐的。这种和谐关系，主要体现在网络实践促进人的身心和谐、人际关系和谐以及网络生态和谐发展等方面。

1. 网络实践促进人的身心和谐发展

人的发展要求多样性方面的和谐统一。人们在紧张的学习、工作和生活之余，适当地参加一些网上专题讲座、网上时事报告会、网络社区工作和兴趣小组活动等网络实践，有利于提神健脑、恢复体力，不仅可以益智养德、健体强身、愉悦身心，还有利于陶冶情操、振奋精神，形成广阔而坦荡的情怀，促进人的身心和谐发展。

对于基于网络实践的合作学习而言，就是如此。这种基于网络实践的合作学习是指在网络通讯工具的支持下，人与人之间可突破地域与时间上的限制，相互帮助、共同活动来实现人与人、群体与群体之间的共同学习与提高，共享合作学习成果。在网上，人与人之间的相互支持与配合，小组之间的交流与沟通、相互信任，这些都是提高网上合作学习效果的重要因素。在网络合作学习

---

① 胡锦涛：《高举中国特色社会主义伟大旗帜，为夺取全面建设小康社会新胜利而奋斗》，人民出版社 2007 年版，第 36 页。

中，有利于学习者的积极参与、高密度的交互作用和积极的自我认知，使网上学习过程不只是一个单纯认知的过程，同时还是一个交往与审美、身体与运动交融的过程。学习者在网上合作学习中的身体活动、情感交流与行为合作，能有效促进其身心互动，培养其良好的合作精神和认同他人、积极交往的信心。

再以创设网络心理和谐而言，也是如此。心理作为情感的上位概念，只有确保人的身心健康发展，才可能使之有情感的发展。网络心理和谐发展既是人的心理教育新的发展方向，也是一种专门的网络实践教育活动，它专门针对人的网络心理问题进行防范和治疗。因此，作为人的身心和谐发展的重要方面，创设网络心理和谐很有必要，其重要意义在于引导人在关注身体强健的同时要正确认识虚拟世界与现实世界的心际关系，通过关注人的内心世界和情感反应，使之构筑起现实社会与网络社会和谐统一的完善人格。

2. 网络实践促进人际关系和谐发展

网络实践基础上形成的人际关系所描述的是一种经由互联网媒体形成的人际关系。在网络空间展开的人际互动双方，并不像在现实社会交往中那样面对面地亲身参与沟通，而是一种以"身体不在场"为基本特征的人际关系，是一场陌生人之间的互动游戏。在网络实践中，人们可以隐匿自己在现实世界里的部分甚至全部身份，而重新选择和塑造自己的身份认同，从而促进人际关系和谐发展。

在某个意义上可以讲，网络社会是工业社会的发展结果，而网络社会的崛起又得益于工业社会经济与科技的进步。但是，网络社会空间一经形成，就开始了重塑和变革由工业社会所塑造的社会结构，重塑和变革基于工业文明的原子式人际关系的进程。因为网络实践不仅创造了人际关系形成的新平台，从而使人际关系呈现出与工业社会迥然不同的特色，而且由于人际交往心理和动机的改变也使人际关系的实质内涵完全不同于工业时代。网络世界展示的新生活质态，不仅体现在使人际交往成本降低，交往频率提高，联系速度加快，而且体现在创造了人际关系的全新空间，使人际交往从原来"点对点"、"点对面"的熟悉的强联系人群拓展到了遥远、陌生的弱联系人群，呈现出"面对面"人际关系所没有的新和谐形态。

事实上，人在网络实践中依凭网络的匿名性和开放型特征，使自身更为自由，更充分地在陌生人面前展示自己。与现实社会不同，在网络实践基础上形成的人的自我选择和自我塑造几乎不受任何限制，因为没有谁能完全拥有和控制网络，也就是说，在网络空间里每个人既是参与者又是组织者，既是观众又是演员。这使网络空间成了一个真正自由的场所，一个完全开放的空间，其中存在着无数的不确定因素与无限的可能性，任何人都可以在其中按照自己的意愿和喜好与别人交流和沟通。同时，网络实践也提供了比以往任何人际交往方式都要广阔的对话界面。人们不仅可以利用网络延伸人际交往的范围，使人际关系交往范围超越地域的限制，而且可以利用网络认识各种各样的人，接触更多的陌生人，并与之进行交流和互动。网络实践的这种沟通、联系功能，让许多原本没有机会相识或者没有条件保持联系的人得以沟通和交谈，进而互相了解，甚至能够维系感情和友谊[①]。基于此，我们说网络实践促进了人际关系的和谐发展。

3. 网络实践促进网络生态和谐发展

网络生态是网络环境诸要素及其相互关系所构成的具有一定社会功能的复杂有机整体。其要素主要包括网络主体、网络信息、网络技术、网络基础设施、网络政策法规等方面。其中网络主体是网络生态要素的主导性和能动性方面，主要有国际间组织、政府、企业（其他组织）和个人等。网络信息是网络生态的对象性要素；网络基础设施是网络生态"物"的要素和工具性要素；网络政策法规等则是网络生态的协调性要素。

应当指出，上述各要素相互依存，共同构成网络生态这一整体。其中任何一个要素的缺失或改变都将程度不等地影响网络生态的其他部分，影响整个生态功能的发挥。网络实践促进网络生态和谐发展，正是从网络生态这一整体视角来分析的。而网络生态之所以能保持其整体性，形成一定的结构和功能，也正是由于各要素之间内在地存在着有机的联系。其中网络主体即人的因素是网络生态的核心，人与信息的关系在整个网络生态中占主导性和能动性的地位。在网络实践中，网络生态系统及其要素之间的相互作用是发展变化的，网络生态系统内部时刻进行着信息的加工、处理、转换、传输，系统与外界也时刻在

---

① 董少华："论网络空间的人际交往"，《社会科学研究》2002 年第 4 期，第 93—94 页。

进行着物质、能量和信息的交换。而且，网络生态是一个开放性的人工系统。因为网络因人的需要而创建，依人的智力和劳动而建成，网络的各个方面无不打上人的烙印，这种人工智能系统一经形成，便有其自身的发展规律，与其他自然生态系统相比，具有更强的可塑性和可操作性。

实际上，网络生态作为社会大系统的子系统之一，不可避免地要与其他社会子系统发生相互联系、相互作用。社会大系统及其子系统共同构成了网络生态系统的环境。从最广泛的意义上讲，网络生态是由网络与网络环境共同构成的。如果说上述的网络生态是狭义的，它是广义网络生态系统的"内环境"，那么与网络系统发展息息相关的社会政治、经济、文化等系统共同构成了网络生态系统的"外环境"。在网络实践中，"内环境"与"外环境"相互联系、相互作用，共同构成了广义的、完整意义上的网络生态系统。社会大系统不断与网络实践之间交换物质、能量和信息，不断地向网络生态系统输入技术、设备、人员等物质流输入资金和政策等能量流，输入各类信息汇集而成的信息流。网络生态系统也在不断地向社会大系统输入各类信息，培养人才，影响社会政策，影响资本市场。它输出较少物质，更多的是信息、知识和"能量"，而信息、知识和"能量"正是社会大系统所必需的，也是网络实践展开所必要的。也正是在这个意义上，可以说网络实践促进网络生态的和谐发展。

二、人在互动中的本位

马克思主义理论研究问题往往是从人出发的，但这不是费尔巴哈所讲的那种名为现实而实则抽象的人，而是真正现实的人、实践的人、处于一定社会关系中具有超越性的人。马克思曾经批评费尔巴哈"没有从人们现有的社会联系，从那些使人们成为现在这种样子的周围生活条件来观察人们"，因此他"没有看到真实存在着的、活动的人，而是停留在抽象的'人'上，并且仅仅限于在感情范围内承认'现实的、单独的、肉体的人'，也就是说，除了爱与友情，而且是理想化了的爱与友情以外，他不知道'人与人之间'还有什么其他的'人的关系'"[1]。为

---

[1]《马克思恩格斯全集》第3卷，人民出版社1960年版，第50页。

此，马克思和恩格斯在《德意志意识形态》里详尽地展开了他们的论点："德国哲学从天上降到地上；和它完全相反，这里我们是从地上升到天上，就是说，我们不是从人们所说的、所想象的、所设想的东西出发，也不是从只存在于口头上所说的、思考出来的、想象出来的、设想出来的人出发，去理解真正的人。我们的出发点是从事实际活动的人……"①在人的发展与网络文化互动关系之中，这里的"人"也不是纯抽象意义上的，而是本位意义上的，是现实的、虚拟实践的、具有超越性的人，具体体现在人在互动中的主体性、社会性和超越性等方面。

（一）人在互动中的主体性

在马克思主义哲学视域中，主体不是如同"唯心主义者所认为的那样，是想象的主体"②，而是具有对象性的客观存在物，因为像"绝对精神"那样一个在自己以外没有任何对象的存在物，它便不可能是对象性的存在物，不可能对象化地活动着。马克思主义哲学认为，主体应是作为对象性存在物的人。如马克思所说："主体是人，客体是自然。"③而人是"自然的、肉体的、感性的、对象性的存在物"④。当然，主体是人并不表示任何一个人都是主体。且不说具有人的机体的狼孩构不成活动主体，也不说野蛮人或婴幼儿由于不能把自己和自然界明显划分开来而还没有成为自觉主体，就是正常成年人，尚不具备人在一定历史发展阶段上在某个领域内已经达到的最低限度的实践技能、经验和科学文化水平，他也不可能在该领域内取得自觉的积极的活动者的主体地位。自然，这并不排除他可以在其他方面、其他领域成为自觉的主体。在实践活动日益深化、网络及其文化越来越发达的今天，更是如此。因而，人的发展，要求作为主体性的人具有越来越多的知识和越来越高的网络技术文化水平。

一个具备了一定的网络知识和技能的人，如果不进行虚拟实践活动，就不会形成人在自身发展与网络文化互动中的主体性，也就不能表现和确证自己的

---

① 《马克思恩格斯全集》第3卷，人民出版社1960年版，第30页。
② 《马克思恩格斯选集》第1卷，人民出版社1995年版，第73页。
③ 《马克思恩格斯选集》第2卷，人民出版社1995年版，第3页。
④ 《马克思恩格斯全集》第42卷，人民出版社1979年版，第167页。

主体地位。他就只是一个可能的主体，而不是一个现实的主体。因为人以网络文化作为对象，并不是孤立地、消极地站在网络文化面前；人掌握一定的计算机网络知识技能，并不是为了单一的自我欣赏、自我满足，而是想通过这一平台和自己的努力来创新网络，使网络文化为自己的目的服务。人在展示自己与网络文化互动中的主体性的过程中，人的发展得到提升，网络文化也变得更属人性，从而也就使人不断地证明和巩固着自己与网络文化互动中的主体性地位。人在互动中的主体性，实质上是人在网络文化中对自我本质的一种肯定，是具有自我意识与主观能动性的具体活生生的单个人的觉醒。没有这种觉醒，人在互动中的主体性就无从谈起。它主要体现在人格自主性大大增强、选择自由性大大强化和显能潜能自发性大大激活等方面。

一是人在互动中的人格自主性大大增强。网络文化的机制与格局，造成了人的主体性的全面觉醒，它主要表现为：人在网上能鲜明地认识到自我身份地位是与他人不同的。如果人在网上没有这种清醒的认识，就很有可能滑入失去社会角色的境地，是一种去我或无我行为。虽然在网络文化世界中，这种可能性不太容易变为现实，但防止这种转变却是任何一个网络人必须首先注意到的问题。另外，还要认识到在网路文化世界里，人作为主体地位的特质与精神承担者是可以大有作为的。人完全可以充分发挥自己的智慧与能力，在充分掌握已具备的网络文化信息资源基础上，利用网络技术及其文化条件进行各种创意的虚拟，最大限度地利用时空虚拟技术，使网络文化资源得到合理利用，营造一种使网民"入网情深"的氛围，进而凸显出人在互动中的主体性。

二是人在互动中的选择自由性大大强化。网络文化具有开放交互性以及即时隐匿性等特点，因而每个人一旦上网，就会几乎不受约束，言论自由选择度空前提高，几乎到了无话不说的地步。这种状况随着上网人的道德自律和法规他律的完善，今后会有进一步改观。但不管怎样，在网络世界中，言论的自由度是大大强化了。同时，在网络文化中，个性的自由度也得到充分张扬。上网者对网络文化世界里所变现出的丰富内容有充分的选择权利。这样，由于网络人的人格受到空前尊重，他事实上已经完全摆脱了世俗社会的经济、政治、文化等各种复杂关系的束缚，成为入网的自由人，从而大大强化了人在互动中的选择自由性。

三是人在互动中的显能与潜能的自发性大大激活。显能是指具体人在从事某一活动中所必须表现出来的能力，分为一般性能力和特殊性能力。在网络文化学视域中，这种显能一般指称为从事网络活动所具备的能力，包括网络人的观察力、记忆力、判断力、分析力、综合力以及完成虚拟活动所具备的技术操作的能力等。这一显能，使网络人完全可以在网上通过自我虚拟的方式，在网络文化世界中充分显示出来。在网上虚拟交互平等开放的人际氛围里，由于人们的社会显相特征被网络技术手段遮掩了，其主体地位的自主性被充分发挥，加上外部权威被"人—机—人"内部系统的机制削减了，因而人一旦入网，就在各种网络文化资源的催化下，其个体的潜能素质被网络技术手段和各种有效信息资源大大激活了。这种激活过程，不但对人的文化素质的提高，而且对其个性能力的充分发展，都起到了很强的拉动作用。可见，这种倍增效应的出现，无疑与人的主体性作用发挥有直接关系，但主要是网络技术及其文化与人的互动共同作用的结果。

（二）人在互动中的社会性

网络文化与人的发展的互动所引发的技术和经济上的变革，必然导致整个社会的深刻变革，推动社会发展进入网络时代。网络时代不同于农业时代和工业时代，它是以网络技术为基础、以网络经济为物质支撑、以网络文化为主要精神特征的新时代。这一新时代具有明显不同于以往时代的特点，其集中体现在虚拟性、开放性、快捷性、多元性和平等性等方面。正因为网络时代所具有的这些特征，使人类社会的存在形式发生了深刻变化。人始终是社会性的存在物，社会交往作为人类存在的一种形式，在网络时代也发生着巨大的变化。这一点，正如马克思所说的手推磨是农业社会的标志、蒸汽机是工业社会的标志一样，互联网则是知识经济时代的技术标志。网络文化的迅速发展，使人类交往的文化结构形式发生了根本变化，在由网络连接起来的社会里，一个高度交往化的网络时代正在孕育起来，人类交往则冲击着工业社会的交往限度而日益向更新、更深的层次发展，人在网络文化与自身发展的互动中，人的社会性得以凸显。

人的社会性是政治伦理学的一个重要范畴，也是人的本质属性的重要内容之一。对于这个古往今来关于人性的一个基本伦理理念，人们也有不同的看法。如人是"二足而无毛"的动物，"食色，性也"，这就从人的自然性上对人的本质属性做出一家之言的诠释。当然，在中国古代圣贤之人那里，基于动物的人的自然性始终未被看做是人的本质属性的决定性因素。因为中国哲学家、伦理学家、思想家对人的发展问题的思考，基本不是首先思考人与宇宙自然的关系，而是从反思人与社会的关系开始的。职是之故，人的社会性要求一直被视为是人之为人的本质之所在。从孔子的"人仁说"、墨子的"兼爱说"、孟子的"性善说"、荀子的"性恶说"到王阳明的"良知心性说"、朱熹的"纲常伦理说"，无一不是从人的社会性规定中诠释人的本质属性的。同样学思理路的诠释，在西方哲学家那里也得到了体现，并且得到了更为充分的阐释。从亚里士多德的"人是政治的动物"、人文主义者的"人是理性的动物"、爱尔维修的"人是有感觉的动物"、费尔巴哈的"人是理性、意志、心的动物"到马克思的"人是社会关系的总和"、恩格斯的"人是会制造工具的动物"、海德格尔的"人是会言语的动物"、卡西尔的"人是符号的动物"等，无不是从人的社会性特征中来揭示和诠释人的本质属性的。

那么，在网络文化与人的发展互动中，人的社会性消失了吗？没有。人在互动中的社会性恰恰得到了新的凸显和张扬。因为人通过网络间的混合纤维、同轴线缆、蜂窝系统及通信卫星的信息传播，及时地与任何人进行交往，其实质是一种联结不同网络终端的人脑思维的虚拟化、数字化的交流与互动，这种交往形式具有一种精神性的内在化特质。人凭借网络文化交往系统，跨越了时空的限制，所指涉的不只是来自网络文化所形成的那个看不见却感觉得出来的空间，而且也包括所谓"虚拟实在"这种人为创造的情景①。在这个不断扩大和无限延伸的网络文化空间里，人们建立起广泛的社会联系，构建出共同的文化世界和可供选择的身份。这一承载文化的网络平台，不仅拓展了人类的交往范围，同时也深刻地改变着人与人、人与社会乃至人与自然的关系，将人类社会的交往带进了一个全新的时代，也使人类交往所形成的社会关系无论在深度

---

① 米平治："网络时代社会交往的变化以及问题初探"，《大连理工大学学报（社科版）》2002年第1期，第60—61页。

上还是在广度上都发生了很大的变迁。正是这种跃进式的"变迁",大大彰显了人在与网络文化互动中的社会性。

(三) 人在互动中的超越性

"场"原本是一个物理学概念,如电磁场等;每个电视帧都是通过扫描屏幕两次而产生的,第二次扫描的线条刚好填满第一次扫描所留下的缝隙,每个扫描也称为一个场。这里引申到哲学社会科学领域尤其是人学领域,是一个标示人的存在域的哲学范畴,分为"在场"和"未出场"两种形式。人的发展与网络文化的互动,使人能生存在虚拟与实在的双"场"统一性之中。而人必须有"未出场"的方面,才能使"在场"非同反响,即人的生命力必须具备那种与人的"终极关怀"相一致的东西。人也是在自己理解和构建的意义中"求生"、"致福"的,进而使生命获得勇气、激情和祥和。人正是在对孜孜以求的意义的听从中展开自身生命的可能性,构建和成就着自己,超越着自我①。在这个意义上说,人也是在自身发展与网络文化互动中展示着自己的超越性。

从理论上看,这一人在互动中的超越性本来就是人自身发展的表征。因为人的生命中的自我意识同时也作为一种社会意识存在,是必须在一切他所知道的对象那里得到直观化的,因而这一自我意识要有生命、要富有超越性,这个人就必须是一个有想象力、理解力的充满生机的主体。显然,在网络文化与人的发展互动中,人的超越性是与人的理解力和想象力密切相关的,而并非只是去运用表象思维。在网络文化世界里,想象作为产生于人的筹划、理想、自为与可能性等主动自我实现的东西,既是在现实的时空秩序中的拓展,又是对原有时空、在场范围内的超越,且在这一超越中实现着人自身的发展。因而这时的人的超越性不是在已有时空秩序内的思维或技术理性的计算。这一点,柏格森有一段富有诗意的话,他在描述人站在机械化了的时空秩序与真正的超越之境之间的距离时使用了"帷幕"的术语,他说:"在大自然和我们之间,不,在我们和我们的意识之间,垂着一层帷幕,一层对常人说来是厚的而对艺术家和诗人来说是薄得几乎透明的帷幕。是哪位仙女织的这层帷幕?是出于恶意还是

---

① 高绍君:《意义与自由》,湖南人民出版社 2005 年版,第 92 页。

出于好意？"①而艺术家和诗人之所以能穿透帷幕，就在于他们富有生命力的直觉、理解力与想象力。因此，在人的发展与网络文化互动共荣中要实现对自身的超越，也必须要像艺术家和诗人那样具备"穿透帷幕"的能力，给自己的生命赋予丰富的直觉、理解力和想象力，凸显出人在互动中的超越性。

从现实来看，人在互动中的超越性也是人文精神张扬的基本体现。网络的兴起和发展，曾经使人文精神发生潜移默化的转移，对人的存在方式也出现过分割性的理解，因而要在技术扩张的所有场合，尤其是网络生态文明环境下，尽可能发挥人文精神的超越、渗透和引领作用，保证人文精神在网络文化中超越与塑造的整体效应。同时，网络文化的无限性、无极性，一方面给予个人和组织极大的自由选择空间和机会，另一方面在无限的丛林中任何人都有可能迷途，外在影响的弥漫性侵入直接化为内在的心理感受，数字化的过度弥漫有使自我丧失的危险。这样，过多的负荷和信息压力超出了一般人所能跟踪和识别的能力，数字的复杂性使数字自我穷于应付，进而失去判断力、超越力和反思力。因此，从数字自我入手张扬人文精神，把提升数字自我作为网络文化建设的逻辑起点和最终归宿，加强自我素质、自我提高等个人成长的技术与人文方面知识的综合培养，在个人情感力、思维力、道德力和心理力等方面加强训练，成为人在互动中超越性建构要做的重要工作。

三、人在和谐中实现全面自由发展

"和谐"，既是"道"的要求又是"圣"的呼唤，因而一直以来就是人类所向往的一种美好生活之状态。我国近代著名思想家魏源指出：和谐是"弥世乱于未形"、"奠天下于太平"的要求，"惟道非圣不元，圣非道不大，道圣符契，天下文明"②。在中国优秀传统文化的汪洋大海中，"和谐"是一种凝聚不散的精神。早在甲骨文和金文中就有"和"字，并被应用到天、地、人之间，无所不在，赋予其一种内外协调、上下有序的状态之意，而且一直得到继承、丰

---

①［法］柏格森：《笑》，中国戏剧出版社 1980 年版，第 92 页。

②《魏源全集》第 5 卷，岳麓书社 2004 年版，第 797 页。

富和发展。在西方文化的无数典籍中，"和谐"观念也有深厚的思想根基，认为"和谐"是事物之间最佳的结合，强调的是事物各要素之间的均衡发展与协调配合所呈现出来的美感。马克思、恩格斯在继承和发展东西方和谐思想优秀成果的基础上创立了唯物辩证法和历史唯物论，深刻揭示了社会系统内各要素之间的普遍联系、对立统一及其相互转化的规律，阐明了社会结构、人与社会、自然以及人自身的和谐辩证关系。在网络文化与人的发展之互动与和谐中，充分吸收和大胆借鉴人类在和谐理念上所取得的一切优秀成果，对于把握人在和谐中实现全面自由发展，具有重要的鉴诚和指导作用。

（一）人的自由个性的和谐发展

人，历来是哲学研究的真实主题和核心内容，东西方哲学自身发展史也表明人对自身的反躬自问始终是萦绕哲学之中的主线，以至于可以说哲学就是人学。哲学的理论旨趣在于对人的存在、本质、价值、个性、发展的总体把握，基于哲学自身的性质与使命，哲学离不开人。当然，在历史发展的不同阶段人类自身生存方式具有不同的内容和形式，哲学对人的生存和发展的把握也具有不同的内容与形式①。这一点，在网络文化与人的发展之互动和谐中，人的自由个性的和谐发展就是一个有力证明。

马克思一向把人理解为追求自由个性的人，这样的人在历史发展过程中是逐步实现的。在资本主义以前或资本主义时期，人要么依附于血缘共同体，要么被迫受物的统治而难有独立性。未来理想社会的基本原则和价值目标是每个人能力的全面发展，其最高成果是具有自律性、自由性、独创性和独立自主性的自由个性的和谐实现，而每个人能力的全面发展是未来社会的目的本身。从内容来看，这一人的自由个性是由彼此密切联系和相互作用着的成分所组成的多层次、多方面、多要素的有机整体，是由不同子系统所构成的具有整体功能和综合功能的一个特殊系统。它主要包括：一是个人倾向性特征，包括人的需要、动机、兴趣、理想、信仰和价值观等，是自由个性的动力因素。二是个人心理特征，包括气质、性格和能力等。三是个人的社会人格特征，主要包括个

---

① 钟明华：《人学视域中的现代人生问题》，人民出版社 2006 年版，第 1 页。

人的道德风貌、习惯、社会形象、社会角色和其他精神状态，是不同个人之间相互区别的重要标志①。可见，从构成上讲，人的自由个性包括个人兴趣、志向、信仰、需要等等得到充分展现和满足，个人体力、智力水平得到全面提高和发挥，个人的气质和性格更加完美，社会形象得到优化以及各种个性要素彼此和谐和相互协调。

事实上，在网络文化与人的发展之互动和谐中，其中的"人的发展"在一定意义上说就是"有个性的个人"代替"偶然的个人"。正如马克思把自主活动等同于主体性活动，等同于个性，把人的个性又称自由个性一样，因为只有独立才能自主，只有自主才能自由，只有自由才有个性。也正如有的学者指出的，所谓"有个性的个人"就是社会关系、交往条件与个人相适应，个人对社会关系有自主性；而"偶然的个人"就是不能支配自己的命运，其生活条件受偶然性即价值规律的盲目力量支配。人的自主活动的发展就是对异化劳动的否定，表现为主体对于生产力、生产关系和自身本质的占有，以及人对于自然、社会和自己本身的自由。基于此，马克思和恩格斯认为，人的发展的全面实现、自由个性之和谐发展只有到了"外部世界对个人才能的实际发展所起的推动作用为个人本身所驾驭"②的时候，才能真正达成。

应当说，在网络文化与人的发展之互动和谐中，人的自由个性的和谐发展体现在很多方面。例如，网络文化使人的传统思维方式、价值观念和行为方式、认知模式都发生了巨大变革，使人的思维方式由一维向多维、平面向立体、线性向非线性、收敛型向发散型转变，改变着人的文化价值观及信息观、交往观、时空观、等级观、实体观等，并产生出新的认知模式，体现出人与机的协同性、即时交互性和动态创新性等特征。借助于网上交友、聊天、参与论坛等活动，人们可以更便捷地反观自身、透视自己的自由个性的和谐发展。又如，网络文化扮演着时空超越者与压缩者的角色，使远隔万里的东西两半球的人可以在网上"面对面"交谈，从而极大地提高了人的实践活动特别是交往活动的效率，同时为不同国度、不同民族的不同文化形态间的交流、对话提供了机会，使人

---

① 黄楠森：《人学原理》，广西人民出版社 2000 年版，第 311—312 页。
② 韩庆祥等：《马克思开辟的道路》，人民出版社 2005 年版，第 147 页。

类不但加速了全球经济一体化进程，而且在电脑空间里密切了人类跨地区、跨种族的交流而构建出"网络地球村"，优化着人的心理认同与文化认同之和谐发展感。再如，网络文化的信息化和开放化使人的视野空前开阔，头脑异常活跃，它所创造的虚拟实在拓展了人的想象力、创造力，更新了科研方式和生活模式，推动了科技文化、教育文化的快速发展。借助网络技术，经济学家可以构建经济模型进行分析，历史学家可虚拟某一朝代的"实时历史"进行研究；理工科大学生可以"钻进"物质内部观察分子结构，医生可以借助心脏或大脑模拟手术以制定手术方案，科学家可以进行登临金星模拟考察⋯⋯总之，网络技术使人上天入地，且如身临其境，为人的创造力的发挥提供了一个巨大的网络文化空间，有利于人的智能的倍增和自由个性的和谐发展。

（二）人与社会关系的和谐发展

如同人的自由个性的存在是一个生成过程一样，人的存在的社会关系也有一个生成与发展的过程。社会关系是在人的存在的基础上发展起来的，而社会作为人类存在的文化形式则是在一定的社会关系中形成与发展的。正是人为了实现生存所开展的生产实践活动，在改变着世界和人类自身的同时，也改变着人类生产关系的结构和形式，从而推动着人与社会关系的合理转变与和谐发展。这一点，在网络文化与人的发展之互动和谐中，人与社会关系之间也是如此。

事实上，人与社会关系的发生，从严格意义或者从现代意义上来说，是与社会的生成同一的。马克思说："生产关系总和起来就构成所谓社会关系，构成所谓社会，并且是构成一个处于一定历史发展阶段上的社会，具有独特的特征的社会。"①显然，马克思在这里所指的"社会关系"、"生产关系"、"社会"三者之间存在着内在统一性。这种统一性表明：生产关系是社会关系的主要内容；社会关系与社会具有同构性；以生产关系总和构成的社会关系而形成的社会是处在一定历史阶段并具有自身特征的社会。由此可见，马克思是在生产关系、社会关系与社会的统一性上来认识社会关系的，而且他这里所指的社会关系并非是指人存在的初始形态的社会关系形态，而是指人类社会生成具有直接同一

---

① 《马克思恩格斯选集》第 1 卷，人民出版社 1995 年版，第 345 页。

的社会关系①。基于网络文化之上的人对社会关系的理解，当也取此意义。

人在和谐中实现全面自由发展，一个重要方面就是要实现人的社会关系之和谐发展，包括个人与人类的和谐发展、个人与集体的和谐发展、个人与他人的和谐发展、个人自身内部各个方面的和谐发展，这是人在社会关系上全面自由发展的要求。而社会关系的丰富性与劳动的自觉性、能动的系统性密切相关，随着后两者的逐步提高和全面发展，原有的建立在低生产力水平上的简单、狭隘和封闭的社会关系，会随着劳动的自由自觉和能力的体系完善而不断走向丰富、全面、自由和开放的社会关系；原有的因受诸如血缘关系、权缘关系、物缘关系等支配的盲目被动发展的社会关系，会不断走向以人的能力为主导价值观的社会关系；原有的个人之间分离对立的社会关系，会不断走向以一切人全面自由发展为基本原则的社会关系。而且可以讲，把人从一切束缚中解放出来的价值理想，就是马克思一生奋斗的至上目标。而这些束缚从大的方面讲，主要是来自于外界和内心两方面。首先，外界的束缚主要是指"使人成为被侮辱、被奴役、被遗弃和被蔑视的东西的一切关系"②，这些关系的存在，使人日益"非人化"。"关系"是马克思对个性解放作出价值理想承诺的出发点，是人类生存的前提和基础，同时具有二重性特征。关系的二重性使其在以一种长期约定俗成或某种强迫性的社会约束机制来统一规范的同时，必定对人的发展产生一定束缚。从宏观来看，关系是协调个人与整体的手段，其目的在于消除人类的发展与个人发展的背离状态，使具体的个人在强调全面自由的同时能兼顾到他人，约束自身行为使之符合社会舆论与规划，推动人与社会关系的和谐发展。因而，某种意义上可以说社会关系决定着一个人发展的程度与范围，不管个人在主观上怎样脱离或超越某种关系，实际上在社会意义上总还是这些关系的产物。其次，内心的束缚主要是指精神感觉。在心理上，人总是不自觉地把自己放在与外界事物的对立面上来思考问题。因而，即使完全自我的行为，也总是把外界事物放在首位来思考，甚至作为自身行为结果的衡量标准。可见，人的全面自由发展，除了人的自由个性的和谐发展以外，还要倡导和实

---

① 张治库：《人的存在与发展》，中央编译出版社 2005 年 12 月版，第 63 页。
② 《马克思恩格斯选集》第 1 卷，人民出版社 1995 年版，第 10 页。

现人与社会关系的和谐发展，这一点在网络文化世界中也是这样。

应该说，在网络文化与人的发展之互动和谐中，人的社会关系的和谐发展也体现在许多方面。比如，网络文化推进了人类社会文化的转型与跃升，对未来政治和人的发展产生深刻影响。网络文化是人类社会文明的划时代成果，也是由农业文化、工业文化向信息网络文化，由传统文化向现代网络文化的社会革命性发展。有人认为，网络文化是比蒸汽机更危险的社会"革命家"，网民将成为资本主义发展的真正掘墓人，成为社会主义文明的真正创建者，其基本依据就是在社会主义文明世界里，网络文化与人的发展之间，人对政治社会关系之间建立起和谐发展的联系。又如，网络文化作为"新经济"的重要组成部分，作为经济文化综合体的典型形态，正形成庞大的、有巨大经济效益产生的网络产业，它体现了信息力、文化力与经济力的完美结合，生发出一种新型的社会生产力——经济生产力，使生产力产生了质的飞跃，有力地推进了人类经济社会的发展，有利于以信息化带动工业化，促进人与经济社会关系的和谐发展。再如，网络文化由于其双向互动性和双向交互性，给多国别、多民族、多领域、多形态的文化交往开辟了广阔的前景，使人的交往水平得以跃升、交往内涵得以丰富。正如网络专家所说，互动是电脑化空间的关键词。这种建立在双向互动基础上的网上交流，不仅具有巨大的虚拟实践意义，而且还具有相当的哲学启示，它将大大深化对历史唯物主义交往范畴的理解。美国著名政治学家、历史学家塞缪尔·亨廷顿指出："人类的历史是文明的历史。不可能用其他任何思路来思考人类的发展。这一历史穿越了历代文明，从古代苏美尔文明和埃及文明到古典文明和中美洲文明再到基督教文明和伊斯兰文明，还穿越了中国文明和印度文明的连续表现形式。在整个历史上，文明为人们提供了最广泛的认同。"[①]因此，在网络文化与人的发展之互动和谐中，也产生和推动着人的社会关系的和谐发展。

（三）人与自然关系的和谐发展

早在100多年前，恩格斯就说过："我们不要过分陶醉于我们对自然界的

---

① ［美］塞缪尔·亨廷顿：《文明的冲突与世界秩序的重建》，新华出版社1999年版，第23页。

胜利。对于每一次这样的胜利，自然界都报复了我们。"①历史昭示人：人类在开发利用自然的时候，必须懂得尊重自然、保护自然，选择一条既能保持经济增长，又能保证生态平衡、资源永续利用的文明发展道路。现实警醒人：人类不能与自然规律相对抗，否则就会饱尝违背自然规律的苦果和灾难。时代呼唤人：改变狭隘的人类中心主义，摒弃无视自然权利存在的旧文明，转向一种尊重和关心自然的新文明——生态文明，实现人与自然关系的和谐发展，这是人类可持续发展的必然选择，也是网络文化与人的发展之互动和谐的内在理路。

　　自然，原本"是人类赖以生存和发展的生命圈"②，也就是马克思在《1844年经济学哲学手稿》中指出的："人直接地是自然的存在物。""说人是肉体的、有自然力的、有生命的、现实的、感性的、对象性的存在物，这就等于说，人有现实的、感性的对象作为自己本质的即自己生命表现的对象；或者说，人只有凭借现实的、感性的对象才能表现自己的生命。"③但是，在人的发展与自然发展之间的关系途中，并不一直都是和谐的。在农业文明时代，人类与自然的关系处于初级和谐状态，物质生产活动基本上是利用和强化自然过程，缺乏对自然实行根本性的变革和改造，对自然的轻度开发没有像后来的工业社会那样造成巨大的生态破坏。但是，这一时期的社会生产力发展和人的进步也比较缓慢，没有也不可能给人类带来高度的物质与精神文明和主体的真正解放。从总体上看，农业文明时代尚属于人对自然关系认识和变革的幼稚阶段。随着资本主义生产方式的产生，人类文明出现了第二次重大转折，即转向工业文明。从蒸汽机到化工产品，从电动机到原子核反应堆，每一次科学技术革命都建立了人化自然的新丰碑。自然不再具有上古时代的神秘和威力，人无需像中世纪那样借助上帝的权威来维持自己对自然的统治。人们进行机械化的大生产，大规模地开采各种矿产资源，构建出符合自己意志的现代都市和各色文明形态，把自然当作可以任意摆布的机器，可以无穷索取的原料库和无限容纳工业废弃物的垃圾箱。基于此，工业文明的出现，使人和自然关系的和谐发展出现了根本性的改向。就是说，曾经陶醉于征服自然的辉煌胜利的人们开始认识到，工

①　恩格斯：《自然辩证法》，人民出版社1971年版，第158页。
②　项久雨：《思想政治教育价值论》，中国社会科学出版社2003年版，第214页。
③　马克思：《1844年经济学哲学手稿》，人民出版社2000年第3版，第105—106页。

业文明在给人类带来优越生活条件的同时，却给自然造成了空前严重的伤害，因而使人类自己面临着深刻的生态危机，如全球气候变暖、臭氧层遭到破坏、酸雨和空气污染、土壤遭到破坏乃至荒漠化程度加剧、海洋污染和海洋过度开发、生物多样性锐减、森林面积减少、有害废物的越境转移及淡水受到威胁等，人与自然发展的良性关系遭到破坏。因此，重建人与自然和谐发展的友好关系，就成为网络文化与人的发展之间一个不可逾越的时代性命题。

与人的一切发展实践和文化形态一样，网络文化与人的发展的互动和谐之间，在人与自然关系的和谐发展之间，也是现实性与理想性的内在统一，是过去、现在与未来的有机统一。这一点，正如曼纽尔·卡斯特认为的，"网络社会代表了人类经验的性质变化"。人类社会经历过三个阶段：一是自然支配文化；二是现代工业社会中自然受到文化的支配；三是超越自然，人工自然再生成为文化形式。未来网络社会就是第三阶段①。只有进到了这一阶段，人与自然关系的和谐发展才有可能，才算真正克服了工业文明时代人与自然关系的紧张与恶化。有学者大胆预测认为，"以民为本"或"以人为本"是网络文明的最根本特点，并进一步提出网络文明的公式是：蓝色文明＋黄色文明＝绿色文明。其中绿色既象征人与自然的完美结合，又正好是中国黄色文明与美国蓝色文明的结合。中国的黄色土地文明推崇人之家庭与自然的和谐，美国蓝色海洋文明的特点是宽大和实用，合在一起将是科技、人性与自然的完美结合，将酝酿出人类社会新千年之旅的绿色网络文明。这虽然是一家之言，但却预示出网络文明的兴起和繁荣，不仅仅是自然和物质丰富的社会标志，更重要的是人之理智健全、精神发达的社会标志。世界因之变成一个人与人和谐相处的大家庭，人与自然关系的发展也逐步走向和谐美满，世界将变成一个生机勃勃、丰富多彩的地球村②。人类将在这种网络文化与人的发展互动中实现从清明或精明、到禅明或澄明乃至圣明即"极高明而道中和"之地域，又好又快地迈向人与自然、人与人、人与社会、人与自身和谐发展的共产主义文明之大同胜境。

---

① 曼纽尔·卡斯特著，夏铸九等译：《网络社会的崛起》，社会科学文献出版社2001年版，第577—578页。

② 常晋芳：《网络哲学引论：网络时代人类存在方式的变革》，广东人民出版社2005年版，第393页。

第七章 统一与升华：
网络文化与人的发展（四）

随着计算机技术、网络技术、通讯技术等信息技术的发展，互联网对人们的工作、生产、生活和学习等方面的影响迅速扩大，人类已无可争议地进入了一个信息化、网络化的崭新时代，一种前所未有的文化形态——网络文化日益被人们所认识和关注。网络文化的数字化、开放化、自由化和个性化，不断促进着人类发展境界的升华。

一、为了升华的统一

网络文化开辟了人类文化以及整个人类社会发展的新境遇。网络的出现，不仅使得信息、知识的传播更加快捷、方便，而且使得信息、知识的传播具有交互性、广泛性，同时也使得信息、知识的占有具有共享性、平等性。网络文化的这些特性是由网络文化要素决定的，网络文化要素的升华就是网络文化的升华，进而更好地促进人的全面发展。

（一）网络文化要素的统一

网络文化对人的发展的促进作用，从本质上说，是网络文化要素相互联系、相互作用、达到统一的结果。下面，笔者就网络文化的要素作一阐释，以使我们更深刻地把握网络文化的本质特性及其发生发展规律。

1. 网络文化的要素

网络文化尽管具有丰富的内容和多样的形态，但构成网络文化的要素是一定的：即网络主体、网络媒介、网络信息等。

其一，网络主体。马克思主义认为，主体是有头脑、能思维并进行社会实践活动和认识活动的社会的人或人的集体。"网络主体广义讲，是指从事网络活动的个体；狭义讲，是指从事网络虚拟交往活动的那部分个体，即'网民'。"[①] 我们这里所说的网络主体是指一切网络用户，包括在网络空间进行信息传播和人际交往的个人，以及进行各种经营活动的组织及其从业人员，都可称为网络主体。文化是人的文化，文化为人所创造和持有，文化的主体是人。网络文化也是人所创造的，网络主体是网络文化中最有活力、最重要的因素。

其二，网络媒介。所谓媒介，是指人类信息传播过程中运载和传递信息的物质性实体，是连接传受双方的中介物。它可以是自然物，也可以是人造物，可以是单一的物体，也可以是一系列物体的组合。自从人类发明文字以来，媒

---

① 李葉："网络虚拟主体对其现实本人思想道德的挑战及对策探析"，《西南民族大学学报（人文社科版）》2003年第6期，第322页。

介作为人们获取信息、传播文化的主要渠道,在人们的日常生活和实际工作中起着十分重要的作用。每一种新的媒介的产生、使用和普及,都给人类的生活方式带来了翻天覆地的变化。纸质媒介的产生,使人类的文字信息传播成为了可能,报纸、广播、电视等大众传播媒介具有发行量大、覆盖面广、可读性和科普性强等特点,电子媒介则具有容量大、体积小、阅读方便等特点。但上述种种媒介都始终受到时间、空间的制约,始终不能摆脱被动接受、单向交流的局面。网络媒介则不同,它是以地空合一的电信设施为传输渠道,以功能齐全的计算机为收发工具,依靠网络技术连接起来的复合型媒介。这种复合型媒介,具有更新速度快、时效性强、信息量大、完整性和客观性强、超时空等特点,对人类社会的经济、政治和文化结构产生了巨大冲击,为人类文化传播活动提供了一个崭新的平台,通过这个平台,人们既可以向广大公众进行开放式的大众传播,也可以从事横向和纵向的组织传播,还可以向特定的对象进行人际传播。网络媒介直接促成了网络文化的形成,并成为网络文化的重要传播平台和组成部分。

其三,网络信息。信息和物质、能量一起被称为构成系统的三大要素。自1948年信息论问世至今,关于信息的定义已经不下百种,代表性观点有如下几种:信息是谈论的事情、新闻和知识;信息是系统的复杂性;信息是事物相互作用、相互联系的表现形式;信息是物质的普遍属性;信息是概念分布发生变化的东西;信息是用于消除不确定性的东西。综合各种关于信息的观点,我们可以给信息下这样一个定义:信息是物质存在的一种方式、形态或运动状态,也是事物的一种普遍属性,一般指数据、消息中所包含的意义,可以使数据、消息中所描述事件的不定性减少。信息与文化关系紧密,文化的发展过程实际上就是一个信息量不断增加的过程,"信息的增加、传播、感知、接受、使用、再生产,是社会文化形成、发展、演化的根本原因"[1],信息交流"是一切生活方式的主要成分,因而也就是各种文化的主要成分"[2]。同理,网络文化生产和发展的根本原因乃在于信息量的剧增,网络文化生成和发展的基本要素是网络信息,网络信息在网络文化形成和发展中具有关键性作用。

---

① 董焱:《信息文化论:数字化生存状态冷思考》,北京图书馆出版社2003年版,第29页。
② 倪波、霍丹:《信息传播原理》,书目文献出版社1996年版,第1页。

2. 网络文化要素的统一

网络主体、网络媒介、网络信息等网络文化要素相互联系、相互作用、相互影响，统一于网络文化的生成与发展过程中。

首先，网络主体是网络文化生成与发展的决定性要素。这是因为：其一，网络主体是网络文化的创造者。网络主体受到网络中的知识、方法、立场、观点等的刺激、影响，并对信息进行选择、消化，从而创造出新的网络文化；其二，网络主体诉求是网络文化发展的原动力。马尔库塞曾说："技术仍然依赖于其他非技术的目的……自由的人可以为自己确定目标。"①网络文化的发展服从和服务于人类生产和交往的需要。网络文化发展的目的在人本身而不在人之外，只有人才是主体。人的休闲娱乐诉求、自我表达诉求、自我调适诉求、自我形象诉求、社会参与诉求、社会交往诉求等，是网络文化发展的原动力；其三，网络主体是网络文化的传播者。在网络环境中，任何网络文化都是通过"人—机—符号—机—人"的模式表现和交流的；其四，网络主体决定和支配着网络媒介、网络信息等其他网络文化要素的发展水平和使用方式。网络文化的其他要素都服从和服务于网络主体的需要。

其次，网络媒介是网络文化生成与发展的重要平台。麦克卢汉认为，媒介的发展不仅影响着人类的感官组织，"不同的媒介对不同的感官起作用：书面媒介影响视觉，使人的感知成线状结构；视听媒介影响触觉，使人的感知成三维结构"，"电子媒介是中枢神经系统的延伸，其余一切媒介（尤其是机械媒介）是人体个别器官的延伸"②，而且影响着人的整个心理和整个社会，"在机械时代，我们完成了身体在空间范围内的延伸。今天，经过一个又一个的电子技术发展之后，我们的中枢神经系统又得到了延伸，以至于能拥抱全球。人的任何一种延伸，无论是皮肤的、手的还是脚的延伸，对整个心理的和社会的复合体都会产生影响"③。网络媒介的出现必然会引起人们的信仰、感受、思考、行动和相互作用的变化，引起人类文化的变化。

网络媒介在控制方式、互动方式、价值传递、选择方式等方面，均表现出

---

① [美]马尔库塞著，张峰等译：《单向度的人》，重庆出版社1988年版，第199页。
② [加]马歇尔·麦克卢汉：《理解媒介》，商务印书馆2001年版，第2页。
③ [加]马歇尔·麦克卢汉：《理解媒介》，商务印书馆2001年版，第2页。

与传统媒介不同的特点。在控制方式上，传统媒介具有层次控制、缺乏弹性、集中管理的特点，网络媒介则具有缺乏控制、可塑性强的特点；在传播方式上，传统媒介是点对面的单向传播，网络媒介则既可以单向传播，也可以多向传播；既可以同步传播，也可以异步传播。与传统媒介相比，网络媒介最主要的特征是交互性，它打破了传统媒介单向传播的方式，使人们不仅可以随时随地获取自己所需的信息，而且可以保持与外界的广泛交往。随着网络信息技术的发展，网络媒介吸引着越来越多的人进入网络世界，网络化生存方式正日益成为人们新的生存方式。网民们逐渐改变原有的生活方式、行为准则，并逐渐形成为网络群体所普遍认可的、不同于传统社会的行为习惯、处事态度、默许符码、价值观念等。可以说，互动式的网络媒介对于网络文化的产生起着至关重要的作用，并以其传播优势使得网络文化的影响力迅速增强。随着网络媒介的改进和普及，网络文化成为社会主流文化的趋势日益增强。

最后，信息是网络文化的主要资源。信息历来是人类社会发展的关键性因素。谁最快地掌握了最重要的信息，谁就掌握了行动的主动权，成为竞争中的优胜者。信息灵通，就可以视野开阔、高瞻远瞩；信息阻塞，就会情况不明、失去机缘。在传统社会，时空一直是阻碍人们获取信息的主要障碍。随着互联网络的产生和发展，从根本上消除了这一障碍，并且使信息的传播表现出多方面的特征。其一，网络信息传播具有平等性。在网络出现以前，大众接受的信息一般都要经过"信息过滤器"的"过滤"，经过信息制造者和发布者的加工处理并带上强烈的目的性和主观色彩。这使得信息的传播带上了"垄断"的色彩。互联网络的出现有效地消除了"信息过滤器"，打破了少数人对信息的"垄断"，使人们能够平等地享有互联网络范围内的所有信息，同时也使自己的信息与别人共享；其二，网络信息传播具有自主性。网络使得信息接受者不再只是被动的信息受用者，而成为具有自主性、主动性的信息选择者和欣赏者。人们可以根据自己的意愿寻找、捕获符合自己需要的信息，可以自由地利用信息；其三，网络信息传播具有及时性。互联网络能够快速高效地传输所有数字化的信息，人们可以随时在网上发表自己的思想观点，且排版、发行合二为一，信息的发送和接受可以同时在瞬间完成，真正做到及时；其四，网络信息传播具有超时空性。在数字化网络社会里，由于互联网络的开发与应用，消除了时空的距离,使得地球变成了"地球村","秀才不出门,便知天下事"在今天成为了现实。无论打网络电话,还是发电子邮件,抑或是网络聊天,都与空间的距离无关。在网络这个高度动态、开放的系统中,人们可以跨越时空限制而尽情地传递、交流信息。网络信息传播的上述特征,使得信息的价值急剧飙升。在当代社会,信息成了普遍的社会资源和社会财富,成了网络文化的主要资源和网络文化吸引力的关键之所在。

(二) 网络文化促进了人的发展要素的统一

网络文化不仅促进了网络主体、网络媒介和网络信息等网络文化要素的统一,而且促进了人的发展要素的统一。

1. 人的发展要素

马克思关于人的发展理论是马克思主义理论的重要组成部分和重要贡献之一。人的发展推动着社会的进步和发展,社会的进步和发展集中表现在人的发展上。人总是在一定的时间中存在,在一定的空间范围内活动,通过自己的实践而实现自我发展的。因此,实践、时间、空间、个性构成了人的发展的要素。

其一,实践。实践是人类有目的地改造世界的感性物质活动。实践之所以成为人的发展的根本性要素,是因为:

第一,实践创造了生产力。人的发展的最根本前提是生产力的发展,也就是说,是生产力的发展决定着人的发展。而生产力的高度发展是人类创造性实践活动的结果,是劳动的凝结。生产力的形成过程就是实践活动的过程,生产力的发展就是实践活动的发展。

第二,实践创造和改善着社会关系。人的本质在其现实性上是一切社会关系的总和。社会关系规约着人的本质,决定着人如何发展。合理的社会关系,会促进人的发展;反之,不合理的社会关系,则会阻碍人的发展。而现实的社会关系是在实践活动中生成的,社会关系的丰富化、合理化也必须通过实践才能完成。不合理的社会关系是由人的狭隘性的实践活动所造成的结果,只有通过实践活动的不断深入进行,人们之间的交往才会更加密切,联系才会更加紧密和多样化,原有的不合理的社会关系才会被全面丰富合理的、符合人的发展需要的社会关系所取代。

第三,实践是提高人的思想道德水平的根本途径。人的思想意识来源于实践,人的思想道德水平的提高也依赖于实践,实践过程本身就是认识和不断地修正、完善认识的过程。实践既改造了客体,也改造了主体;既创造了客体价值,也提高了人的思想道德水平。人的思想道德水平的不断提高是通过实践活动的不断发展而得以实现的。

第四,实践是充分发挥人的潜能的根本途径。人要获得彻底解放和全面发展,就必须大力开发自身潜能。而人的潜能只有通过实践,才会被唤醒起来、发挥出来,变为人的现实能力。人的潜能的发挥和实现是通过人对对象世界的能动改造而实现的,人为满足自身的需要而改造物,在改造物的过程中改造自身,发挥出自身的才能,使自身呈现出从低级到高级、从片面到全面的不断发展。这是一个内外双重改造的过程,人自身的潜能发挥得越充分、越全面,人所利用来为人的需要服务的外部对象就越多,从而使人能更好地生存和发展。因此,人的潜能只有在实践中才能逐渐开发出来。

其二,时间。时间是物质运动的延续性、间隔性和顺序性,是物质存在的一种基本形式。表明一事物和另一事物、一运动过程和另一运动过程之间的间隔长短、事物存在和过程的延续久暂。时间之所以成为人的发展要素,是因为:

第一,时间是人的生命尺度。马克思主义认为,劳动是人的存在方式、生存基础和发展动力,是人自我表现、自我肯定的形式,是人生命存在的基本方式。而劳动是用时间标度的,"因为劳动是运动,所以时间是它的自然尺度"[1],"劳动的尺度,劳动时间——在劳动强度相同的前提下——就是价值的尺度"[2],"活动是由时间来计量的,因此,时间也成为客体化劳动的尺度"[3]。时间是劳动的尺度,因而是生命的尺度。

第二,时间是人的积极存在。这一命题包括三层含义:(1)人是有时间意识的存在物。人的时间意识,一方面来自于对自然流变的把握,另一方面来自于生命之流的体悟。人类既需要与自然环境相协调,也需要人类群体内部的协调。无论是协调对自然环境的行为,还是协调生命个体、协调人类的行为,时

---

[1]《马克思恩格斯全集》第46卷(上),人民出版社1979年版,第154页。
[2]《马克思恩格斯全集》第46卷(下),人民出版社1980年版,第114页。
[3]《马克思恩格斯全集》第46卷(下),人民出版社1980年版,第115页。

间意识都是最基本的需要。因而人类在协调与自然环境的关系中产生了时间意识。(2) 人能够通过自身的活动突破自然生命时间的局限性，能动地把握时间、创造时间，通过自身的能动活动、本质力量的对象化，为自身开辟越来越广阔的时间界域，成为时间的主体性存在、积极的存在。(3) 时间是主体性的存在。人的主体性活动集中表现为有目的的自觉自为的活动。社会时间是人的自觉活动的存在形式和内在尺度，所以是主体性的。人虽受时间的支配，但作为主体，人可以合理安排时间、支配时间、创造时间①。

第三，时间是人类能力发展的广阔天地。人类的发展进步，实质上都是对人类的实践能力而言的，改造世界的实践能力的提高是人类发展的实质。"而人类改造世界的实践能力是在漫长的时间历程中不断提高的"②，时间是人类才能发展的广阔天地，参与了人类社会一切物质文明和精神文明成果的凝结，实际地成为人自身能力发展的天梯。

第四，时间是人全面发展的前提。时间不仅是人的劳动活动和能力的全面发展、人的社会关系全面生成与发展的不可或缺的条件，而且是人的精神发展和个性发展的必要条件。只有随着劳动生产率的提高、劳动时间的缩短，人们有了充足的自由时间，才能从事每个人的才智、体力、品格和个性所需的各种活动，才能成为自己的主人、实现自身的全面发展。

其三，空间。空间是物质的广延性和伸张性，一切物质系统中各个要素的共存和相互作用的标志，也是物质存在的一种基本形式。空间之所以成为人的发展要素，是因为：

第一，空间是人的存在方式。宇宙间一切运动着的物质都有一定的体积、位置、形状以及排列次序和运动规模，"一切存在的基本形式是空间和时间，时间以外的存在和空间以外的存在，同样是非常荒诞的事情"③。在社会领域，任何社会现象也都有其特殊的空间规定性，以人为主体的社会运动总是在一定的空间中进行的。以自然环境为制约的地理空间，以物质资料为形式的生存空间，以生产、制度、宗教、伦理、家庭等社会关系为线索的文化空间，以人际

---

① 杨凤："马克思论域中自由时间与人的发展"，《学术论坛》2005 年第 11 期，第 27 页。
② 孙孔懿：《教育时间学》，江苏教育出版社 1993 年版，第 45—46 页。
③ 《马克思恩格斯全集》第 20 卷，人民出版社 1971 年版，第 56—57 页。

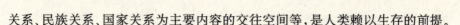

关系、民族关系、国家关系为主要内容的交往空间等，是人类赖以生存的前提。

第二，空间是人的能力发展的必要条件。"世界上除了运动着的物质，什么也没有，而运动着的物质只能在空间和时间中运动。"①人作为自然存在物，永远也不能摆脱空间对其活动的制约，社会空间作为人类活动的结晶又反过来制约和影响着人的活动。在人的实践活动基础上形成的社会空间状态，直接影响着人类改造世界的规模、范围、层次和水平。"社会空间结构的合理性是一个社会发展潜力和生活水平高低的重要因素，如社会分层结构、阶级关系、地理空间的大小、生存空间的分配、文化空间的深浅、交往空间的疏密、社会制度的宽容度等，都是社会结构合理性和有序性的指标。"②

第三，空间的拓展和人的主体性能力的发展紧密相连。人的活动虽然受到空间的制约，但空间并不能完全束缚人，人可以认识、利用空间，并不断拓展自身的活动空间。马克思指出："环境的改变和人的活动或自我改变的一致，只能被看做是并合理地理解为革命的实践。"③这里所谓的"环境的改变"当然包括空间的改变。人正是通过"革命的实践"，才创造出并不断拓展着空间。由于每一代人活动的需要、目的、方式、意志的不同，空间总是也只能从不同时代的人的具体活动中获得其规定性。人的"革命的实践"每一次进步都能开拓出更为广阔的社会空间；反过来，每一次社会空间的拓展，都意味着新的活动领域的开辟，新的需要的产生，新的本质力量的形成，新的社会关系的建立等。空间的不断拓展与人的实践的不断发展、人的主体性能力的不断发展，总是紧密相连的。

其四，个性。个性是指个人独特的心理状态、思维方式和行为模式及其发展过程，是个人区别于他人的主体能动性。个性的构成可分为三个层次："第一，个性指个人独一无二的个别存在方式，即个人独特的心理、行为特征以及独特的发展过程。第二，个性指作为特定成员个人所具有的特征。第三，个性指作为人类主体性个别表现方式的个性，即个人呈现出来异于他人的主体能动性。"④个性

---

① 《列宁选集》第 2 卷，人民出版社 1995 年版，第 137 页。
② 汪天文：《社会时间研究》，中国社会科学出版社 2004 年版，第 59 页。
③ 《马克思恩格斯全集》第 3 卷，人民出版社 1960 年版，第 7 页。
④ 田慧："论网络与人的个性发展"，《西华师范大学学报（哲学社会科学版）》2003 年第 5 期，第 176 页。

之所以是人的发展的要素，是因为：

第一，个性是人的发展的基础性条件。人的需求、性格、兴趣，先天的身体特征和生理特点是人的发展的基础性条件。只有尊重人的差异性、独特性，利用某些先天的个性优势，激发个体的需求，尊重和培养个体的兴趣，提高个体的能力，才能实现和促进人的全面发展。没有个性的发展，只能是畸形的、片面的发展。

第二，自由个性是人的发展的最终目标。马克思在《1857—1858年经济学手稿》中，论述了人类发展的三大形态，也即人的发展的三个阶段，他认为，人的依赖关系（起初完全是自然发生的），是最初的社会形态，在这种形态下，人的生产能力只是在狭窄的范围内和孤立的地点上发展着。以物的依赖性为基础的人的独立性，是第二大形态，在这种形态下，才形成普遍的社会物质变换、全面的关系、多方面的需求以及全面的能力体系。建立在个人全面发展和他们共同的社会生产能力成为他们的社会财富这一基础上的自由个性，是第三个阶段。可见，马克思非常重视自由个性，将之视为人的发展的最高阶段。他认为，在以人对人的依赖关系为基础的社会形态中，人们的个性无法得到解放和发展；在以人对物的依赖关系为基础的社会形态中，是不可能实现自由个性的，只有到了共产主义社会，人类才能真正实现自由个性。

第三，自由个性是实现人的全面发展的必要条件。马克思主义认为，自由个性就是个人的一切才能和精神力量的发展和解放，是个体所具有的天赋、志趣、才能和性格特征得到充分自由地发展。自由个性是实现人的全面发展的前提和保证。一个人只有摆脱了外在的束缚和压抑而成为独立自主的人时，才能根据自己和社会的需要，根据自己的兴趣和爱好去充分发挥自己的独特的创造性，使自己成为一个全面发展的人。一个人如果没有自由个性，那他只能屈从于他人、集体、社会的种种需求，被迫片面地畸形地发展自己。而如果没有具体的个人的全面发展，人类群体的全面发展就会变得空洞、抽象，也就成了一句空话。

2. 网络文化环境下人的发展要素的统一

网络主体、网络媒介、网络信息等要素的统一而形成的网络文化，不仅有效地促进了人的实践方式的变革，而且有效地增加了人的自由时间、拓展了人的发展空间、增强了人的自由个性。在网络文化环境下，人的发展要素正日益走向统一。

（1）网络文化促进了人的实践方式的变革。随着计算机技术、网络技术、通讯技术和虚拟现实技术等现代信息技术的广泛运用，网络虚拟实践应运而生。网络虚拟实践既是人的本质力量、人的不断发展着的创造性、超越性和自主性的充分确证，又是人类充分发挥自身的创造性、超越性和自主性，实现人类自身自由自觉的本性的有效途径，成了人们改造世界、超越现实、创造未来的重要途径，有力地促进了人的实践方式的变革。

其一，拓展了实践的新领域。在虚拟技术出现以前，人类的实践形式主要是物质型的实践，是可以看得见摸得着的、有形的、具有直接现实性的实践。在虚拟技术出现以后，虚拟实践在一定领域成了人们的主要活动方式，但仍然受到很大的局限。互联网的迅速发展，为虚拟实践插上了腾飞的翅膀。虚拟学校、虚拟工厂、虚拟家庭、虚拟社区等应运而生，为主体的实践提供了现实物理空间以外的又一空间。

其二，建构了实践的新基础。在虚拟实践中，虚拟实在是一种新的客观存在，它既不是物理的现实，也不是虚无，而是电子的存在物，这种电子的存在物既是对现实世界的反映，也是一种新形式的人类经验。当实践主体全身心地沉浸在虚拟现实中时，就意味着是对人类某种经验的体验，甚至可以说是对人类经验集合的回忆，从而虚拟实践便成为了对人类经验进行心理体验的一种活动。在虚拟实践中，人类不仅可以凭借经验模拟现实场景，而且可以凭借想象演绎出许多现实世界中不存在的、人类尚未涉猎的领域。虚拟实在已不完全属于感性的客观物质世界，而部分地成了人的经验、观念的产物，它必将构成人类实践的新基础。

其三，出现了实践主体和客体的共生性。一方面，虚拟客体实际上就是主体借助计算机中的逻辑程序来再现思想的产物，这时的客体实际上是主体思想的逻辑延伸，是主体意识的外化。虚拟实在经主体加工修正后不断地主体化；另一方面，人的身心结构逐步浸入虚拟实在之中，主体的认知对虚拟环境和虚拟技术的依赖性正日益增强。在虚拟实践中，实践主客体正日益对象化，即主体日益客体化，而同时客体也日益主体化，出现了实践主体和客体的共生性。

(2)网络文化增加了人的自由时间。自由时间是供人自由而充分发展的时间，它是历史发展到一定阶段的产物，是人类发展主体能力的基本条件。随着现代科学技术的迅速发展，劳动者需要更多的自由时间来不断地更新知识和技术，以适应日新月异的现代社会。随着现代劳动复杂性的增强、劳动生产率的提高，人们需要更多的自由时间来进行社交、娱乐和休闲，以调整和放松处于紧张疲惫状态的身心。自由时间已成为人的全面发展的关键要素，在一定意义上，自由时间的多寡已成为衡量人的发展程度的重要标尺。

网络的出现增加了人的自由时间。计算机网络技术的普遍应用，使生产过程的自动化水平大大提高，极大地提高了劳动生产率。劳动生产率的提高，实际上是劳动时间的节约和自由时间的延长。"目前北欧一些国家已实行了每周35小时或37小时工作制，预计在下世纪初将缩短到每周30小时工作制。"[①]同时，随着网络在生产、生活各个领域的浸润，社会网络化程度的不断提高，时间和空间对人的活动的限制性不断减弱，人们工作时间的弹性和灵活性不断增强，人们的自由时间不断增多。网络为人们赢得了更多的宝贵的自由时间。

计算机网络技术的普遍应用，不仅提高了劳动生产率，实现了社会财富的快速增长，而且产生了新的经济增长点，造就了一个庞大的网络产业，带来了巨大的社会财富，而财富可以增加所有者的自由时间，因为只有通过大工业所达到的生产力的大大提高和财富的大量增加，才有可能把劳动无例外地分配于一切社会成员，从而使得人们的工作时间大大缩短，使其都有足够的自由时间来参加社会活动和其他一切有利于自身发展的活动。

总之，在网络文化条件下，人的自由时间呈现出如下特点："(1)自由时间的弹性化。网络交往自由时间打破了机器大工业'时钟时间'对人们的束缚，大大增加了工作时间的灵活性和弹性，时间的弹性化管理越来越受到人们的重视。(2)自由时间的即时化。信息和网络打破了人们传统的作息节奏和习惯，人们的生活完全打破了传统意义上的时间障碍，具有明显的'即时化'的特点。(3)网络交往自由时间的可逆化。在虚拟社会中，时间超越了传统的线形的和不可逆的特征，呈现出可逆化的特征。(4)网络交往自由时间的个性化。数字时代

---

① 谢小英、施敏："电脑网络技术与人的全面发展"，《社会主义研究》2002年第1期，第89页。

是真正个人化的时代，虚拟交往实践可以使人根据需要对社会时间进行选择，自由时间更多具有了个性化的品格。"①自由时间是人生最宝贵的东西，可以说，网络文化给人们带来的更多的自由时间是它对人的全面发展的第一贡献。

（3）网络文化拓展了人的发展空间。电脑是人类思维的"体外器官"，是人脑力量和实践方式的扩展，人类通过电脑而结成的互联网不仅是一个智能网络，而且是一个庞大的虚拟空间，通过这个虚拟空间形成的网络文化，成为人类生存、发展的第二空间。

其一，拓展了人的交往空间。互联网是由无数电脑联结而成，互联网上的每一台电脑都可以存储和发布信息，而且不受时空的限制，这就为人类的普遍交往提供了条件。具体来说，网络使得人们的交往空间从周围现实、被迫的狭小面延伸到无数的交往点、交往面上，并由此出发向四面八方延伸而形成或长或短的交往连线甚至是全方位的、立体性的交往空间。这极大地拓展了人的交往空间。

其二，形成了流动性的网络空间。互联网络是一个极其开放的结构体系，它能够无限地扩展和延伸，使信息在全球范围内的即时流动成为可能，从而形成流动空间。流动空间可分为三个层次，即电子化的互联网是第一个层次，节点与核心构成了第二个层次，占支配地位的管理精英的空间组织是第三个层次。在网络空间中，传统意义上的地域丧失了意义，人们不再需要拥挤于狭小的城市空间，一切社会活动都可以在地理上获得延伸，也因此构成了一个新的社会形态——网络社会。

其三，使人超越了现实空间的制约。在由原子组成的生活空间中，人们的生活方式受空间的限制；在信息时代，人们交换的最基本的元素是比特，比特没有重量和体积，以光速传递，它完全跨越了空间的障碍。网络的全球一体化直接导致"全球一村"的空间观，在网络世界里，空间被无限压缩，现实空间中的物理距离感消失了。正如尼葛洛庞帝所说："后信息时代将消除地理的限制，就好像'超文本'挣脱了印刷篇幅的限制一样。数字化生活将越来越不需

---

① 施维树、甘再清："网络交往自由时间与人的全面发展"，《西华大学学报（哲学社会科学版）》2005 年第 6 期，第 17 页。

要特定的时间和地点，现在甚至连传递'地点'都开始有了实现的可能。"①伦敦经济学院教授丹尼·奎也说："非物质化的商品全然无视空间和地域。"②电脑大师威廉姆·吉普森则说："全球网络有一天会被视作一件意义极为巨大的东西，与城市的建立颇为相似……全球网是超国家、超地域的。"③人们打网络电话，距离远近是一个性质；发电子邮件，也无须走很长的路。网络文化消除了"这里"和"那里"的界限，使得现实空间的物理距离变得毫无意义，它以十年前还不可想象的方式使人们超越现实空间的制约而紧密相连。

(4)网络文化增强了人的自由个性。网络能够提供个性化的物质产品和精神产品，从而满足人的个性化发展的需求，促进人的个性发展。

其一，网络文化通过提供个性化的物质产品信息，促进人的个性发展。在网络化条件下，生产厂家可以与消费者实现直接的信息互动。生产厂家可以根据网络信息反馈有针对性地生产消费者所需要的个性化产品，通过网络交易形式及时地实现与不同个性的消费者的交易；每个人都可以利用网络平台随时随地与厂家订制自己所需的具有个性化的产品，实现个性化消费。

其二，网络文化通过提供个性化精神产品，促进人的个性发展。网络信息资源的共享性，网络信息传播方式的超时空性、平等性和互动性，使人们通过网络可以自主地选择接受和消化处理自己所需的知识信息，并根据自己的价值判断标准将接受的知识信息内化为主体自身的信念和行为准则，从而使人们在满足个性化精神需求的过程中，激发了人的能动性，丰富了人的个性化内容，促进了人的独立个性的形成和个性化发展。

(三) 网络文化与人的发展的统一之现实路径

我们在看到网络文化对人的发展的促进作用的同时，也必须看到网络文化在某些方面又束缚、阻碍了人的发展。例如：人们如果一味沉湎于网络虚拟空间，就会消极地应对充满缺憾的现实世界，就会造成现实人际关系的冷漠、疏

---

① [美] 尼葛洛庞帝：《数字化生存》，海南出版社1997年版，第194页。
② 戴安·科伊尔：《无重的世界——管理数字化经济的策略》，上海人民出版社1999年版，第24页。
③ 戴安·科伊尔：《无重的世界——管理数字化经济的策略》，上海人民出版社1999年版，第24页。

远甚至恶化，导致人的交际能力、口头语言表达能力的退化；人们如果过于依赖、过分崇拜网络技术，就会使人们放弃自身的主体性地位，就会导致人的异化；网络的虚拟性、开放性易于导致人的道德失范、精神沦落，使人流于放纵、任意妄为，从而产生网络诈骗、网络色情、网络黑客等一系列问题。可见，网络文化是把双刃剑。我们应该切实采取有效的措施，培育健康向上的网络文化，使之有利于、服务于人的发展，从而实现网络文化的发展与人的发展的良性互动。

1. 加强网络文明教育

健康文明、积极向上、生动活泼的网络文化的培育，离不开网络内容的优化和净化，更离不开"网民"素养的提升。加强网络文明教育，既要健全网络文明教育内容，又要增强网络文明教育的实效性，以切实提高"网民"素养。

（1）健全网络文明教育内容。健全网络文明教育的内容应该从网络文化的发展现状出发，不断与时俱进、丰富发展。从目前来看，网络文明教育的内容应该包括以下几个方面：一要加强网络安全教育，增强网民的网络安全意识，广泛宣传信息技术，使网民增加对恶意计算机代码和不良信息的认识，强化网络系统的安全性和可靠性；二要加强网络交往文明教育，引导网络交往向健康的方向发展；三要加强网络精神健康教育，塑造人们优良的网络精神个性品质；四要加强以有益与公正、尊重与允许、可持续发展为原则的网络生态文明教育，帮助人们树立正确的网络生态文明观；五要加强网络法制文明教育，增强人们的法制意识；六要加强网络道德文明教育，使人们明确在网上什么行为是道德的，什么行为是不道德的。

（2）增强网络文明教育的实效性。我们应该在廓清网络文明教育的内容、实施者、受施者、目标、原则、内容、特点、方式、效果评价等一系列基本问题的基础上，把文明教育与网络媒体特点、网络传播特点有机结合起来，把网上灌输教育与网下疏导管理有机结合起来，把实施者的示范教育与受施者的自我教育有机结合起来，注重技术、管理、政策和制度多方面措施并举，从而切实增强网络文明教育的针对性、层次性、说服力和实效性。

2. 建构网络文化的创新平台

有没有创新精神，能不能以变应变，已成为一种文化有没有生机和活力的重要标志，在一定意义上决定了该文化能不能不断发展和繁荣昌盛。网络文化的发展同样离不开创新，我们必须积极建构网络文化的创新平台，促进网络文化的健康持续发展。"建构网络文化的创新平台，就是努力建构一种将虚拟与现实、继承与发展、吸收与创新有机结合的文化平台，将网络文化放在现实社会文化的大背景下，继承优良的传统文化，借鉴外来文化的优点，不断实施技术和文化创新。"①建构网络文化的创新平台，关键是要加强三种"吸收"。

一是吸收现实社会文化的合理成分。网络文化不可能脱离现实社会而独立存在，它既独立于现实社会文化的其他部分，又和现实文化的其他部分相互碰撞、频繁交流。网络文化只有紧密联系现实、服务于现实，积极吸收现实文化中的合理成分，为己所用，才能保持自身发展的旺盛的生命力和强大的吸引力。离开了现实，网络文化的发展就成了无本之木、无源之水，网络文化就会成为曲高和寡、高处不胜寒的"孤家寡人"。

二是吸收民族文化的精髓。从网络文化发展的现实层面看，西方发达国家凭借其信息和技术优势，仍然牢牢控制着网络文化的支配权。因此，广大发展中国家要发展网络文化，就必须注重吸收本民族文化的精髓，保持民族文化的特色和优势。既要以我为主，发掘民族文化中能够促进网络文化发展的成分，确立自身网络文化发展的基调；又要利用网络平台，大力宣扬民族文化，促进本民族的文化认同和保持民族文化的特点，促进本民族文化走向世界。

三是吸收西方文化的精华。保持自身网络文化发展的特色，并不意味着文化封闭和文化自大。网络作为一个开放的体系，人们对它进行文化选择时，是平等的、公开的。一个国家或民族的文化通过网络被接受或认同，必须持有开放的态度，吸收西方文化的精华，虚心学习和创造性借鉴西方发达国家网络文化建设的经验，这是建设中国特色社会主义网络文化的一条重要途径。

3. 促成人文精神与网络文化的有机结合

人文精神是网络文化本身的应有之义。网络技术的本质应是辅人的技术，不能将其非人化。在网络文化培育中，如果片面强调网络技术而忽视人文精神的构建，就会降低网络技术变革之于人类生存与社会发展所具有的整体意义。

---

① 黄文玲、李锐锋："网络文化的价值特性及其发展路径"，《华中农业大学学报（社会科学版）》2005年第2期，第75页。

240

人文精神与网络技术的融合，是网络文化发展的必然趋势。因为"没有人文精神内涵的技术文化是盲目和莽撞的，没有技术融入的人文文化是落后和残缺的"①，特别是作为价值理性的人文精神对于作为工具理性的网络技术具有引导、制约甚至控驭的作用。实现人文精神与网络技术的结合有利于网络文化沿着正确的方向发展。我们应该超越技术层面，把人文精神注入到网络文化发展之中去，自觉发展充满人文精神的网络文化。

二、升华的基本形态

网络文化作为一种崭新的文化形态，正在迅速改变着人类的生产方式、生活方式、交往方式、思维方式以及价值观念，从而增强了人的发展的多面性、跨越性和自主性，促进了人的全面发展。

（一）网络文化促进了人的发展的多面性

网络文化的开放性、虚拟性、交互性、平等性、自主性，使人们的社会交往、精神生活、人格特质和文化自身等方面的发展越来越呈现出一种多面性的特征，这种多面性特征表现在人的发展上，就是促进了人的发展的多面性。

1. 网络文化促进了人的社会交往的多面性发展

交往是人类社会生存的基本特质之一，是社会发展和个体自我满足、自我认识、自我完善的必要和普遍的条件。传统意义上的交往一般是基于权力、地位、职业和利益相近的社会阶层②。在传统社会，人的交往方式的内核与轴心是"血缘"、"族缘"、"地缘"与"业缘"，囿于经济与科技发展水平的落后、地域和时空的局限，人的交往很难跨越疆域的阻碍和狭隘的社会关系的羁绊。随着互联网的产生和发展，诸如电子邮件、远程登陆、网络新闻、文件传输、网页浏览等，给现实的组织结构注入了新的内容和形式，极大地改变了人的交往方式。无论何时何地，人们足不出户，只要登陆互联网，就可以和素不相识的

---

① 黄文玲、李锐锋："网络文化的价值特性及其发展路径"，《华中农业大学学报（社会科学版）》2005年第2期，第76页。

② 李长虹："交往方式的变革与网络主体的伦理倾向"，《理论学刊》2005年第8期，第89页。

人聊天、游戏和交流。在网络社会,人们开始打破思想观念上的保守性,开始摆脱物理时空和用户身份的限制,开始挣脱经济条件、政治地位和文化层次等种种羁绊,交往的开放性和自主性不断增强,传统社会的面对面的、短距离的、以"人—人"为主的直接交往模式逐渐转变为以"人—媒介—人"为主的交往模式,"网络交往不仅有传统社会中的'点—点'的交往,而且有了'点—面'的交往"①,最重要的是,电脑网络技术倍增了社会环境,创新了社会关系,创造了一个大众可以任意选择且同时共享又彼此分离的宽松社会交往环境,人的社会交往正日益丰富和多面,呈现出一种多层次、多维度和非中心化的状态。

2. 网络文化促进了人的精神生活的多面性发展

如果说工业社会存在控制人们精神生活的手段,网络信息技术的出现则使这种控制成为不可能。"在网络时代,精神追求成为人类的主要价值追求。精神是人类生活中最自由的因素,是不可界定的东西。社会可以控制人们的肉体的活动,却不可以控制人的精神活动。而计算机网络的构建则为人的精神自由遨游提供了广阔的场所……信息网络使人们可以自由地从世界各个国家、各个思想家那里得到精神食粮,从而丰富自己的精神储备,增强自己的精神创造力。"②网络信息传播不再是传统的单向式、垄断式的方式,而以一种开放性、多元性、共享性和平等性的方式进行着,人们可以根据自我的精神需求而自由地选择和接受信息。网络文化的虚拟性和隐匿性,使网民可以抛开现实生活的种种顾虑、限制和僵化意识的束缚,自由平等地表达自己的思想,真实地展现自己,可以不用带上种种隐藏"真我"的假面具,不用处处小心设防,可以没有负担地吐露真言,可以大胆地流露内心深处的真实情感,可以进行思想的无忌碰撞、情感的竭诚交融、个性的真实展示。总之,在网络空间,人们可以摆脱社会地位、经济收入、宗教信仰等因素的束缚,挣脱世俗偏见和现实利益的制约,卸下现实世界的种种危机和压力,进行一种自我的宣泄和心灵的沟通。"人们在现实中难以承受的精神危机和压力可以在网络交往中得到缓解,人们在现实中无法进行的精神交流,可以在网络交流中得到补偿,从而更好地满足

---

① 杨立英:"论网络化生存对中国传统伦理精神的消解",《中国青年政治学院学报》2003年第4期,第65页。

② 刘文富:《全球化背景下的网络社会》,贵州人民出版社2001年版,第289—290页。

人的精神需求，完善人的精神境界。"①这样，使人的精神需求得以多方面满足、精神生活得以多面性发展。

3. 网络文化促进了人的人格特质的多面性发展

在现实生活中，在某一具体的场合，人的角色和身份是确定的、单一的、固定的，但是在网络社会中，人们能够以不同的甚至是完全对立的方式在不同的虚拟场景中扮演不同的角色和身份，可以按照自己的意愿充分地创造一个崭新的、与现实生活全然不同、大相径庭的"我"，可以无所顾忌地展现在现实生活中不敢展现的"我"，可以随心所欲地扮演自己所渴盼的种种特质人格。人们可以在有意抛弃现实生活中自己不满意的"我"的同时，展现隐藏在自己内心深处的、最真实的"我"，释放现实生活中工作、学习、生活等方面的各种压力，纠正现实生活中的种种人格扭曲。一个在现实生活中内向沉静、成熟稳重、明哲保身的人，在虚拟世界中可能活泼外向、单纯可爱、天马行空；一个在现实生活中自卑、寡欢的人，在虚拟世界中可能自信、快乐。总之，"在真实世界中，尤其是在现代的都市生活里，我们也都在不同的场合扮演着不同的角色，以局部的人格与他人互动。然而，在网络上与他人互动之时，我们的真实身体往往是待在一个私密的空间，舒适地与他人交谈……我们不仅可以把电脑网络视为一个前台，真实世界当做一个后台，在电脑网络上的不同活动场所也分别构成了一个个几乎互不交叠的前台与后台，这就是社会学家埃尔温·高夫曼（Erving Goffman）所说的'观众区隔'。借此，个人一方面得以塑造一个有别于真实世界身份的人格认同；另一方面也可以同时维持数个不同的身份，因而可以从中主动地塑造一个全新的自我以及相应的人际关系"②。可以说，网络文化使得本就多面性的人格更加多面。

4. 网络文化促进了人类文化的多面性发展

"网络文化是没有屏障的开放性文化，也是一个平等参与的文化。由于计算机的高速发展，计算机的成本越来越低，上网的成本也越来越令平民所能接受，文化参与和信息获取成本的降低，使人人平等参与成为了可能。网络文化，

---

① 田慧："论网络与人的个性发展"，《西华师范大学学报（哲学社会科学版）》2003年第5期，第177页。

② 刘文富：《全球化背景下的网络社会》，贵州人民出版社2001年版，第224—225页。

在参与上是垂直的，在交流上是平行的，在关系上是平等的，在选择上是自主的。"①网络文化消解了权力的中心，人人都可以平等地进入网络编织的文化世界，共享各种文化资源，参与各种文化交流和讨论。任何一种文化都不再是中心，不再享有特权和支配权，都必须平等地接受人们目光的洗礼。任何原先在某个国家内具有绝对统摄力的文化形态与价值，在网络文化中，它只能是多元中的一元，且不论在全球的同一生存平台上是处于优势还是劣势②。网络文化的开放性、平等性、互动性和超时空性，打破了地域、国家和民族等文化交流的屏障和壁垒，使得各种文化可以在全球范围内平等自由地迅速扩散和传播，任何一种文化都可以完整地、快捷地、充分地展示于世人面前，都可以"各美其美，美人之美"；同时网络文化具有互动性，受众的地位得到了尊重，人们不但可以主动获得各种文化信息，而且可以同时成为文化信息的生产者、发布者和评论者。各文化主体可以在网上自由地交流与对话，既可以接受对方的"他文化"传播，也可以向对方传播"己文化"；既可以评论"他文化"，也可以倾听对"己文化"的评论；既可以就"他文化"的发展献计献策，也可以请人就"己文化"的发展传经送宝。网络文化以其特有的胸襟开阔、海纳百川、兼容并包的文化气质，促进着多元文化之间的相互理解、互通有无、取长补短、求同存异、相互融合，促进着人类文化的多面性发展。

（二）网络文化增强了人的发展的跨越性

网络文化的传播跨越了传统时空的范限，跨越了现实年龄、性别、职业、身份的差异，跨越了现存民族、种族、经济、政治的藩篱。这种跨越性的网络文化，促进了信息传播方式、人的生产方式和生活方式的跨越性发展，从而促进了人的发展的跨越性。

1.网络文化促进了人的生产方式的跨越性发展

"现代网络信息技术是最具现代性意义的科技力量，它的兴起标志着现代工业革命迈入信息科技新阶段。网络在人类文明进程中的意义可以和蒸汽机相

---

① 年仁德："网络文化的特征"，《教育探索》2003 年第 8 期，第 37 页。

② 杨立英："论网络化生存对中国传统伦理精神的消解"，《中国青年政治学院学报》2003 年第 4 期，第 66 页。

媲美，但它所代表的现实生产力却大大超过了传统工业技术的力量。"①现代网络信息技术"通过增强劳动者的信息意识和信息能力来提高劳动者的素质，通过劳动工具的智能化来改进劳动工具的质量，通过扩大劳动对象范围来增加新的劳动对象，同时还通过促进科技、完善教育、提高管理水平、强化信息作用来使这些'软要素'在生产力发展中做出更大贡献"②。现代网络信息技术的发展，使劳动者作用于劳动对象的生产工具中增加了信息化、智能化、网络化等新的成分，使社会产业结构、经济形态、管理模式、劳动方式等均发生了深刻变化。网络可以克服工业生产力不必要的能源、原材料等物耗与时空上的不必要的浪费，拉近产销之间的距离，做到直接获取信息按需生产。互联网改变了传统的一对多的关系和生产者的统治地位。消费者可以通过互联网与多个生产者对话，也就迫使生产者不断与顾客进行一对一的对话，确切了解他们的爱好、需求并据此做出恰当、及时的反应，从而在满足顾客的要求和充分利用先进技术的基础上，把商品和服务的生产链条的末端交到消费者手中，一种有效地减少库存的灵活的生产方式由此形成。此外，诸如利用网络在家办公，可省去办公室的耗费和车马之劳；通过"虚拟商店"进行网上销售，既可省力，又可省事省时；电子商务，可省去大量的运输费用，等等。凡此种种表明，现代网络信息技术和信息产品正以其极强的知识渗透性和技术关联性，为人们提供更强大的、更有效率的计算和通信能力，改造和重塑着传统的生产方式，促进人的生产方式向着知识化和信息化转变，促进着人的生产方式的跨越性发展。

2. 网络文化促进了人的生活方式的跨越性发展

网络的出现，为人类提供了名副其实的"第二生活空间"或"第二生活环境"，使人类的生活方式进入了一个跨越性发展阶段。一是促进了人的生活方式由封闭性向开放性跨越。在传统社会，由于宗法血缘关系、族缘关系的局限，时空的阻碍，狭隘思想意识的制约，人的生活方式呈现出封闭僵化、因循守旧的特征。而"随着大众传媒尤其是电子传媒的发展，自我发展和社会体系之间的相互渗透，正朝着全球体系迈进，这种渗透被愈益显著地表现出来。在某种

① 杨立英："论网络化生存对中国传统伦理精神的消解"，《中国青年政治学院学报》2003年第4期，第65页。

② 刘文富：《全球化背景下的网络社会》，贵州人民出版社2001年版，第167页。

深远的意义上，我们今天所生活的‘世界’与以前历史上的人类所聚居的世界显然不同。"①现代网络信息技术正打破传统时空的局限，促进着交往方式的革命性变革，消除着人与人之间的各种界限和障碍，为人们提供了一个特有的开放的生活空间。二是促进人的生活方式由一元性向多元性跨越。在传统社会，由于一元性的"家长制"及其价值观念的影响，以及一元化的权威体制和价值范式的制约，人的生存方式往往表现为一种"大一统"、"家天下"的格局。网络文化通过对不同疆域和国度的物质生活和政治制度的超越、形态迥异的精神文化和价值观念的融合，有效地消解了社会生活中的权威和神圣性价值，为人们创造了一个开放性的社会生活情境，构建了一个没有疆域和文化阻隔的多元共存的文化世界。三是促进人的生活方式由等级性向平等性跨越。传统社会是一个上下有别、长幼有序、尊卑分明的等级差序社会，人的生存状况在很大程度上受到门第差异、等级贵贱、价值尊卑的影响，人的生存方式表现为一种中央控制式的上下差序的结构。而网络虚拟世界是一个"扁平"的世界，在这个世界中，没有神圣的权威崇拜，没有等级差异的秩序，有的只是共同的价值追求、个性特征和兴趣爱好，人们可以根据个人的价值追求与偏好平等地交往与生存。

（三）网络文化提升了人的发展的自主性

"信息网络技术与以往的技术革命相比，最大不同在于，它不只是仅限于物质生产领域，而同时又是文化领域的深刻变革。这个以知识为基础的网络社会从其发展趋势看，使人类正在从为物所役、单纯追求物的占有和享用转向以人自身的发展为目标，重视人的精神、人的文化生活的丰富和创造，使人与自然、人与人、人与自身更加全面、和谐、健康地发展。"②的确，网络的出现，使得人们在思想意识和行为方式上越来越自主，更能够自己为自己做主，同时也必须自己为自己做主、自己对自己负责，人的自主性得到了显著的提升。

---

① [英]安东尼·吉登斯：《现代性与自我认同》，生活·读书·新知三联书店1988年版，第5页。
② 刘云章：《网络伦理学》，中国物价出版社2001年版，第248页。

1. 网络文化促进了人的自主意识的觉醒和确立

网络的平等性有助于人们自主意识的觉醒。在崇尚秩序、等级、权威的传统社会中，人们往往被动地遵守少数"社会精英"自上而下制定的规则，主体行为往往不是出于自主自愿而是囿于被动、被迫；而网络是人们基于资源共享、互惠互利的目的建立起来的。上至显要，下到平民，任何人都可以随时听从自我意识的支配加入到网络中来，得到平等的对待和尊重，享有平等的对话权，在这种"平等"的过程中，人们的自主意识不知不觉地被唤醒。

网络的超时空性也有助于人们自主意识的觉醒。"在前网络时代，传统社会长期处于一种发展比较缓慢、相对封闭、自给自足的状态之中，由于生产力的相对不发达，地理距离与交通工具的限制，人们生活在一个相对狭隘的环境中，人与人之间的交往面狭窄，交往内容相对贫乏"[1]，人们处于一种不由自主的被动状态。而网络的超时空性使得人们的交往范围急剧扩大，交往层次日益增多，交往内容日益丰富，交往方式多种多样，交往越来越方便、自由。但在交往中，人们也面对着愈来愈广泛、愈来愈普遍、愈来愈尖锐的网络冲突与失序。为了使网络交往能够持续发展下去，人们开始自觉地维持网络秩序，人们的责任、义务、权利等主体意识必然被唤醒。"网络是实现某些目的的工具，不管这一目的是在工作中争得上游还是为了某些更有趣或更有意义的事而逃避工作。从如何应对（或改变）你的工作、如何与政府互动式影响，到如何建立新的友谊，现在你对每一件事情都拥有更多的自由，也负有更多的责任"[2]。人们的自觉意识和参与意识大大增强，人们开始自主地确立自己干什么、怎么干，自发地"自己对自己负责"、"自己为自己做主"、"自己管理自己"。

同时，网络的互动性有助于人的自主意识的确立。在传统社会中，人们的活动受经济状况、技术条件、自身能力等的制约，常常是比较被动的。而网络的互动性，使得每个网络主体既是欣赏者、参与者，又是管理者、组织者；既是信息的获取者，又是信息的发布者、辩论者和反馈者；既是"演员"，又是"导演"。在网络中人们可以随时根据自己的意愿，"交互式"地选择信息互动

---

① 赵兴宏、毛牧然：《网络法律与伦理问题研究》，东北大学出版社2003年版，第188页。
② ［美］埃瑟·戴森：《2.01版：数字化时代的生活设计》，海南出版社1998年版，第37页。

的发展方向和进程,人们的主动性和选择性被充分地凸显出来。如果说传统媒介总是存在着确定的言说者,有着鲜明的话语权力分野的话,网络中则没有作为单一主体的信息中心、话语中心和话语权力,没有明显的特权者存在,每一个结点都是自主性的主体,结点之间没有主体与非主体的区别。就现实弱势的维度而言,在现实中被损伤的人的自主性在网络中得到了奇怪的张扬。

2. 网络文化促进人的思想意识和行为方式的自主性发展

网络的开放性本质和数字化的存在形式为人们的思想自主提供了"屏蔽",使人们有了逾越社会现实和释放禁忌压力而宣泄自我的机会空间。在网络上,诸如性别、年龄、相貌、种族、宗教信仰、家庭状况、健康状况等现实特征均失去了原本的意义,人们可以剥去一切自然、社会的"身外之物",卸下"社会负担",拨出"社会迷雾",戴上自己喜爱的"面具",隐藏自己的真实身份和个人信息,把自己变成一个"符号"或曰使自己"数字化",从而在一种更少外在约束的虚拟世界中,从"真我"出发,以轻松自在的心态,尽情地宣泄和释放自我,享受莫大的思想自主。例如:网络聊天室使"自我"有了更多地伸缩自主地表达意见的空间,人们可以自主地交谈,自主地表达自己的思想,自主地发泄在现实世界中不敢发泄的情绪和情感,既可以忘情地高兴、快乐和激动,也可以尽情地不满、痛苦和愤怒。"网络思想自由是网络自由的另一个境界。网络活动自由及其带给人们的体验和感受,进一步唤醒了人们的自由意识,提升了人们的自由精神,深化了人们对自由的理解和认识……网络赋予人类的思想自由是人类自由发展史上的一个新的里程碑。"①

网络还赋予了人们更自主的个体行为选择和表现。网络使人们的行为更加自主。在网络空间里,只要不危害他人和社会,人们可以根据自己的意愿自主地选择自己的生活方式和行为方式,而不受任何人的干涉和压制。网络的超时空性、便利性和功能的多样性,可以使人们满足从生产到生活、从工作到娱乐、从社交到休闲等多方面的需要。人们可以在网上下载信息、发布信息、发送邮件、文学创作、艺术享受、购物、旅游,也可以在网上谈情说爱、广交朋友、谈古论今、吟诗对词。现实社会中的诸多事宜均可借助网络得以实现,"并且,

---

① 李伦:《鼠标下的德性》,江西人民出版社 2002 年版,第 88—89 页。

网络还能满足人们在现实中不能实现的，而且当你使用网络达到自己的目的时更为方便，质量更高，使人的行为选择的时间和空间都大为拓展，剩下来的事情就是网络人行使这种权利，尽情展示你的个人魅力"①。人们可以在虚拟社区里创造一个从没有过的生活环境，可以体验他们从没经历过的生活，使人的个体生活焕发出蓬勃生机。人们可以在网上畅所欲言，尽情挥洒自己的见解和主张，别人不会限制和干涉，只会聆听和交流，并且你可以随时主持、加入讨论，也可以随时退出。人们既是行为的执行者和管理者，又是行为的选择者和调控者，因为整个行为带有很强的个性化色彩。网络使人的行为方式体现出前所未有的便利性和自主性，在很大程度上促进了人的自主性的发展，使人的自主性获得了极大的提升和尽情的张扬，正如尼葛洛庞帝所说："后信息时代的根本特征是真正的个人化"，"个人不再被淹没在普遍性中，或作为人口统计学中的一个子集，网络空间的发展所寻求的是给普通人以表达自己需要和希望的声音"②。

三、人在升华中不断发展

人类创造了文化，文化也创造着人类。人类的生存和发展需要赋予网络文化以发展动力；反过来，网络文化又深深地影响着人类的发展。新的文化模式正在培养造就新一代的网络人，对人类的社会生活产生着广泛而深远的影响。人类正在新的文化模式中不断发展自己的认知能力，不断完善自己的道德品质，不断提高自己的审美情趣。

（一）人在升华中不断发展认知能力

所谓认知，是指个体在原有知识的基础上，通过对新知识的同化、顺应式的加工改造而获取新知识的社会实践活动；所谓认知能力，是指个体在原有知识的基础上，通过认知实践而获取新知识的能力。网络文化在与经济、社会交

---

① 刘云章：《网络伦理学》，中国物价出版社2001年版，第252页。
② ［美］尼葛洛庞帝：《数字化生存》，海南出版社1997年版，第191页。

互作用的过程中,对人的认知方式发挥着潜移默化的影响,拓展了人的认知范围、丰富了人的认知方式、提高了人的认知效率,使人在升华中不断发展自己的认知能力。

1. 网络文化拓展了人的认知范围

在传统的认知活动中,人的认知范围总要受到一定的主客观条件的制约,现代网络技术使得人们可以在一定程度上超越主客观条件的制约,压缩甚至取消现实的时间和空间,使得人的认知循着封闭—半开放—开放—全开放的路线不断上升。网络空间有效地拓展了人的认知范围。电脑的应用是人大脑的延伸,是人类思维能力的扩大。原本由人从事的大量活动便可由电脑和机器人来替代,这极大地提高了运算速度、工作效率和准确性。这种对人的脑力的解放,使人的认知活动具有了更强的创新能力和超越能力。如果说电脑是对人脑的延伸,那么,互联网就是把一切人脑都联系起来。显然,人们的认知范围会不断得到拓展。曼纽尔·卡斯特指出:网络的"新沟通系统彻底改变了人类生活的基本向度:空间与时间,地域性解体脱离了文化、历史、地理的意义,并重新整合进功能性的网络或意向拼贴之中,导致流动空间取代地方空间。"[1]正如曼纽尔·卡斯特所说,网络是一个极其开放的结构体系,它能够无限地扩展和延伸,并通过改变生活、空间、时间的物质基础,通过网络的彼此相连以使信息在全球范围内即时流动,从而形成流动空间。"在网络社会结构中,传统意义上的地域丧失了意义,人们不再需要拥挤于狭小的城市空间,一切社会活动都可以在地理上获得延伸。因此,网络社会构建了一个新的社会时空。"[2]在这个新的社会时空中,人们可以接受远程教育、进行模拟实验,人们的兴趣、意愿可以在一定程度上突破现实物理时空,在网络空间中纵横驰骋,人们的认知活动可以超越在场的限制,人们的认知范围可以随着想象力和创造力的飞翔而无限拓展。

2. 网络文化丰富了人的认知方式

网络信息具有信息量大、传播速度快、不受时空限制等特点,人们在网络

---

① [美] 曼纽尔·卡斯特:《网络社会的崛起》,社会科学文献出版社2001年版,第45页。
② 刘文富:《全球化背景下的网络社会》,贵州人民出版社2001年版,第14页。

世界中无需再像过去那样辛苦地翻阅纸质文件查阅资料，只需要键入相应的关键词，足不出户便可收集到大量的信息，快速、及时地掌握国内外经济、政治、科技、文化、商务、旅游等方面的最新动态。随着万维网技术的发展，人们既可以用"超媒体"的方式，用图形、动画、音频、视频材料来生动地感受外部世界，也可以用直觉的、联想的、非线性的方式将多媒体信息链接起来形成"超链接"。网络信息技术以其强大的功能和全新的方式，放大了人的感官，丰富了人的认知方式。

3. 网络文化提高了人的认知效率

网络文化是一种"速度文化"，具有快速"进化"的特征。它通过改变人获取、交流和处理信息的方式而极大地提高了人的认知效率。一是提高人获取信息的效率。网络文化以其信息量大、信息传播速度快、信息传播形态立体化为显著特征，它既增加了人的信息的占有量、增强了人的信息的可选择性，又提高了人的获取信息的快捷性和及时性。在网络世界中，人们可以非常迅速、便捷地获取自己所需的各种信息。二是提高人交流信息的效率。网络信息传播具有开放性、互动性、平等性和超时空性，人们可以通过 E－mail（电子邮件）、BBS（公告栏讨论组）、FTP（文件传输协议）等形式，在全球范围内，和各类人群快速而广泛地讨论和交流各种信息，动员全球的"头脑"来修正和丰富自己的思想。网络有效地提高了人的信息交流的效率，增强了人的信息交流能力。三是提高人的信息处理能力。过去人们主要靠笔、橡皮擦来处理信息，现在人们可以通过计算机快速、方便地处理和加工信息而不用饱受劳笔修改之苦。用电脑和鼠标器人们可以任意地"拷贝"、"剪切"、"粘贴"和"删除"，"只要一键之劳便可将任何一段文字挪到任何地方。思潮直接涌上屏幕。不再需要苦思冥想和搜爬梳理了——把飞着的思想抓过来就行了！"[①]网络上的许多智力辅助工具（Intellectual assistant）如扩展软件、交互式视盘系统、数据库系统更使得人们在处理信息时如虎添翼。

---

① 〔美〕迈克尔·海姆著，金伦吾、刘刚译：《从界面到虚拟空间——虚拟实在的形而上学》，上海科技教育出版社 2000 年版，第 13—14 页。

（二）人在升华中不断完善道德品质

道德品质是社会的道德原则和道德规范在个人道德观念和道德行为中的体现，是一个人在一贯的道德行为中体现出来的稳定的特征和倾向。它是由道德认知、道德情感、道德意志和道德行为诸要素所构成的，是一定社会、一定时代的经济、政治和文化环境渗透作用于人的道德构成要素的结果。网络文化的虚拟性、开放性、互动性、平等性和自主性等特征，必然会对人的道德认知、道德情感、道德意志和道德行为产生重要影响，促使人在发展中不断完善自己的道德品质。

1. 网络文化增强了人的道德认知评判能力

首先，网络文化增强了人的道德认知能力。道德认知是道德品质的发端和基础，是人对社会现实道德关系的体认。一方面，网络文化的开放性、共享性、自主性等特性，为人们独立自主地获取道德知识提供了一个可以无限拓展的平台；另一方面，网络文化的互动性、平等性等特性为人们提供了一个平等参与各种道德活动的平台，使人们能够不断地接触到各式各样的新事物、新科技、新观念，有利于人们提高自身的道德认知能力，掌握新的符合时代要求的道德知识。

其次，网络文化增强了人的道德评判能力。道德评判是人们在社会生活中依据一定的道德标准，对自己或他人的道德认识和道德行为所做的是非善恶的道德判断。它既能够通过肯定或赞扬的方式以彰显和发扬好的道德观念、道德行为，又能够通过批评或否定的方式以纠正和制止不好的道德观念、道德行为，从而促使人的道德品质不断地由低层次向高层次发展。道德评判能力是人的道德认识能力的重要组成部分。网络文化的开放性、共享性、多样性和信息的海量性，使得道德规范、价值观念的可选择性、可比性大大增强。网络人可以根据自己所处的社会实际和已有的价值观对各种道德规范、道德行为进行比较，选择契合于自己的道德认知和道德行为。在这种选择过程中，人的道德鉴别能力、道德评判能力不断得以提升。

2. 网络文化丰富了人的道德情感

道德情感是人们在一定的道德认知的基础上所产生的内心体验和主观态度

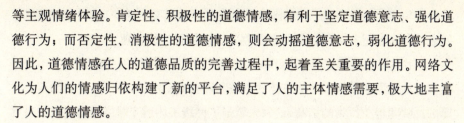

等主观情绪体验。肯定性、积极性的道德情感，有利于坚定道德意志、强化道德行为；而否定性、消极性的道德情感，则会动摇道德意志，弱化道德行为。因此，道德情感在人的道德品质的完善过程中，起着至关重要的作用。网络文化为人们的情感归依构建了新的平台，满足了人的主体情感需要，极大地丰富了人的道德情感。

首先，网络文化满足了人的情感需要。网络文化的开放性、平等性等特性，使得网络人可以打破现实世界中地位、财富、性别、国别等方面的差别，冲破传统血缘、亲缘和地缘的封闭，在无限的时空中平等地占有信息源、平等地交流和交往，构成了一个具有平等精神、博大胸怀、自由语境的新世界。在这个新世界里，自由、民主、平等、宽容、互助、奉献等高尚精神，逐渐引起网络人的共鸣，成为网络社会占主导地位的伦理精神。与现实社会环境相比较，网络文化环境更加平等、宽松、自由、和谐，更有助于人们解开情感之锁、缓解情感压力、调和情感冲突、寻求情感平衡，更适合于人们释放、宣泄情感，从而在很大程度上满足了人的情感需要。

其次，网络文化构建了人的情感归依的平台。网络文化的虚拟性和互动性，使得志趣相投、利益一致的道德主体自然地聚集在一起，建立各种主题不一的虚拟社区，形成多样的赛博社群。人们在虚拟社区中互吐心声、互诉衷肠、寄托情感。网络文化逐渐成为网络人心灵的港湾、精神的家园和情感归依的重要平台。

3. 网络文化加强了人的道德自律

首先，网民道德主体意识的觉醒和道德主体行为的确立加强了人的道德自律。现代信息技术的发展极大地促进了文化、知识、信息的传播，普遍地提高着一般公民的文化知识水平，提高着一般公民的素质和能力，不断地促进网民道德主体意识的觉醒和道德主体行为的确立。网络社会不再强调地位、职业、经济条件、年龄、性别等差异，它充分尊重每个人的人生体验、智慧，尊重每个人的认知、情感、价值选择的自主性，每个人都可以拥有平等的发言权，真实地表达自己的思想观点，每个人都可以高扬自身的个体价值、确立自身的道德理想、谋求自身的道德完善，以轻松自在的形态、自觉自愿的态度去面对社会、面对生活。人们开始不再满足于以往那种依赖、被动遵守型的以他律为主的道德境界,而是自发、主动地判断自我的道德需要、培养自己的道德意识,要求参与和自己有关的道德规范的制定、道德行为的管理。

其次,网络道德规范加强了人的道德自律。一方面,网络道德规范不是根据权威的意愿而是根据网络主体的利益和需要而制定的,是网络主体的道德意愿的反映和道德行为的结晶,这大大增强了网络主体遵守网络道德规范的自觉性;另一方面,网络道德规范只是网络上一般的行为准则,它不具有强制性,而只具有提倡性、倡导性,它只能告诉人们什么是对的、什么是错的,什么是应该做的、什么是不应该做的,什么是有益的、什么是有害的,怎样做能使对方感到愉快而乐意与你交往、怎样做可能会使对方感到厌恶和反感而破坏你在对方心目中的形象,各种行为可能会导致什么样的后果等。因此,网络道德规范从本质上来说需要每个网民的自觉遵守、自觉实施和自我约束。

最后,网络法律法规促进了人的道德自律。网络空间具有极大的自由性和开放性,网络主体作为一个虚拟人而存在,可以无所顾忌地扮演各种角色,"任意"、"自由"地发布、选择各种信息。在这种情况下,仅靠网络道德规范的约束是远远不够的,还必须有网络法律法规的刚性约束来保障。通过网络法律法规的刚性约束,促进网络主体的道德自律。否则,网络主体就有可能摆脱网络道德规范的约束,丧失社会责任感和道德感,放纵自己的行为,危害网络社会。

(三)人在升华中不断提高审美情趣

所谓审美,就是主体内心对美的对象的反应、感受和体验。它是建立在人与世界的精神联系基础之上的,是与人类对美和自由的追求密切相关的。对美的感悟和体验,可以怡养性情、涤荡心胸、张扬个性、拓展生命,激发人们向往和追求真善美、厌恶和憎恨假恶丑。正如康德所言:"美的艺术是一种意境……虽然没有目的,仍然促进着心灵诸力的陶冶。"[①]审美境界的提高,可以宣泄和疏导人原本压抑的情感,慰藉和解放人的精神,匡正与升华人的道德境界,拓展与释放人的生命能量,打碎人的心灵枷锁,从而使得人的心灵更加充实、精神更加自由、人性更加光辉。作为一种新型载体,网络文化在语言程

---

① [德]康德:《判断力批判》(上),商务印书馆1964年版,第115页。

式、文本结构、话语活动、传播方式等方面都呈现出新的特征，展现出新的美的意蕴，增强了人的审美主动、丰富了人的审美内容、拓展了人的审美空间、促进了人的美感认同，促使人的审美活动在"百花齐放，百家争鸣"、"各有所求，各取所需"的基础上，朝着更能代表人类心灵进步的方向迈进，促进人的审美境界不断提高。

1. 网络文化提高了人的审美水平

一方面，网络文化的虚拟性、交互性等特征，使得人们在无拘无束的交流平台上，可以主动展现自己的善恶观、自由表达自己的好恶感，从而酝酿出一种清新自由的空气。这种主动表现的方式极大地增强了人的审美主动性，促进人们的审美体验由被动型转向主动型。在网络审美中，人们可以不顾忌很多客观的外在的条件和束缚而畅谈自己对美的认识和见解，可以主动地传播和体验美的信号。人类开始进入了一个美的表现方式更生动、更具参与性的新时代。越来越多的人为了实现梦想和超越自我，而积极主动地参与网络审美，自由地沉浸于梦幻般的网络审美体验中，自主地遨游于网络审美空间中。另一方面，网络文化的超时空性和平等性，使得"美"可以超越时空、跨越等级。"美"开始走出美术馆、博物馆、展览馆而走入寻常百姓家、贴近大众。更多的人开始有了欣赏"美"的机会，更多的人开始在网络上寻找自己的审美快乐、播撒自己的审美声音、交流自己的审美体验。网络成了几乎没有门槛的"美"的流行发布区和传播区，网络文化的互动性和共享性，为人们提供了一个交流沟通和共同审美的平台，使得有共同审美追求的人们可以就共同关心的审美对象发表看法、交流感受，即使是"千里之外"的"异乡异客"，也可以在"蓦然回首处"遇见审美知音。网络这个平等、互动、共享的"美"的平台，在很大程度上促进了人的美感认同。人的审美主动性的提高和美感认同的增强，极大地促进了人的审美水平的提高。

2. 网络文化丰富了人的审美内容

网络文化是古今中外人类文化之汇聚，它通过无限贮存、载体传播、压缩转换和适时更新等方式，向人们淋漓尽致地展示着各种充足的、最新的美的信息，置身于其中的人们能够随心所欲地在网上找到他们自己的审美契合点，有充分的权利、充足的条件完成符合自己特点、嗜好的审美选择。在网络空间里，你可以阅读到古今中外任何一部文学名著，可以欣赏到层出不穷的网络原创作品，可以观赏到世界各地的名家名画，可以观看到种类繁多的电影电视摄影作品，可以看到令人捧腹的各种FLASH，甚至可以在为数众多的网络游戏中找到自己的梦想，获得虚拟世界的精神满足。网络文化为人们提供了取之不尽、用之不竭的美的信息，极大地丰富了人的审美内容，不断满足人们审美的需要。

3. 网络文化拓展了人的审美空间

网络信息技术的应用，使以前的很多不可能变为了可能，虽然它反映的内容可能不是现实，但它给人的感觉是真实的，甚至比真实更加真实。"电脑合成图像技术的出现使人类进入一个前所未有的视觉空间，数码影像则完全颠覆了巴赞关于电影表现真实的本体论思想而沉迷于各种与真实无关的仿像中。"①现代信息技术的一种酷似和逼真的形态代替了在场的真实，人们运用特技既可以重塑过去用语言和图像所无法重塑的已逝去的"美"的"现场"，也可以模拟只存在于人类想象力、创造力之中的"美"的"虚构"。这些"现场"和"虚构"，既是人类想象力的结晶，又给人类的想象力和创造力插上了进一步飞翔的翅膀。"虚拟信息技术使人如身临其境，它为人类创造力的发挥提供一个巨大的文化空间。人们可以通过虚拟现实技术将丰富的想象力变成现实，从而产生一种沁人心脾的轻松和愉悦。"②人的潜在的巨大的审美欲望被激活，人的审美空间也随着想象力和创造力的不断飞翔而得以无限拓展。

---

① 张君："现代传媒技术对审美文化的影响及反思"，《理论导刊》2006年第7期，第94—95页。
② 刘文富：《全球化背景下的网络社会》，贵州人民出版社2001年版，第115页。

第八章　途径与归宿：
培育指向人的全面发展的网络文化

　　从网络文化这一特定的视角对人的发展问题进行研究，就是要通过培育指向人的全面发展的网络文化，达到促进人的全面发展的目的。但是，培育指向人的全面发展的网络文化是一个系统工程，它要求解决好三个基本问题：一是制订指向人的全面发展的网络文化培育目标；二是构建指向人的全面发展的网络文化培育模式；三是建立和完善指向人的全面发展的网络文化培育机制。本章就以上三个问题进行探讨。

一、培育的目标定位

马克思、恩格斯说:"一切划时代的体系的真正的内容都是由于产生这些体系的那个时期的需要而形成起来的。"①培育指向人的全面发展的网络文化目标就是建立在现代人的需要之上的,换句话说,满足现代人对网络文化的需求就是我们要制订的网络文化培育目标。因此,我们要把培育指向人的全面发展的网络文化目标与制订该目标的客观依据统一起来。马克思关于人的全面发展的理论,科学地揭示了人类发展的客观规律,为培育指向人的全面发展的网络文化目标提供了基本依据。

(一) 目标定位的基本依据

人的自由而全面的发展是马克思主义理论体系的落脚点,是人类社会发展的理想目标。在马克思那里,人的全面发展包括三个相互关联的层面:即人的主体性的发展、人的实践的发展、人的社会关系的发展。主体性、实践和社会关系是马克思关于人的本质含义的三个方面:主体性是人作为社会活动主体的规定性,是主体在与客体相互作用中得到发展的人的自觉、自主、能动和创造的特性。马克思关于主体性的思想,集中体现在《关于费尔巴哈的提纲》中,他指出:"从前的一切唯物主义——包括费尔巴哈的唯物主义——的主要缺点是:对对象、现实、感性,只是从客体的或者直观的形式去理解,而不是把它们当作人的感性活动,当作实践去理解,不是从主体方面去理解。"②马克思通过对主体性的历史和现实考察,认为人的主体性主要表现为:一是人作为主体的自由自觉的能动性。马克思在《1844年经济学哲学手稿》中,从人作为人而存在的必然性、本质和根本方式上指出人首先是一种追求自由自觉活动的存在物,是"能动的自然存在物"③。二是人作为主体的创造性。马克思认为,

---

① 《马克思恩格斯全集》第3卷,人民出版社1960年版,第544页。
② 《马克思恩格斯选集》第1卷,人民出版社1995年版,第58页。
③ 《马克思恩格斯全集》第42卷,人民出版社1979年版,第167页。

主体的"劳动是积极的、创造性的劳动"①。三是人作为活动主体的自主性。马克思、恩格斯在《德意志意识形态》中就把主体的活动称为"自主活动"，并认为"这种自主活动就是对生产力总和的占有以及由此而来的才能总和的发挥"②，社会关系是人的社会本质的体现，"社会关系实际上决定着一个人能够发展到什么程度"③。马克思十分注重社会关系的全面性，他指出："人的本质并不是单个人所固有的抽象物，在其现实性上，它是一切社会关系的总和。"④马克思还认为，人与社会的关系、人与自然的关系、人与自我的关系这三个方面彼此之间不是孤立的，而是同一个过程的三个不同层面。"人对自身的任何关系，只有通过人对其他人的关系才得到实现和表现"⑤，"社会是人同自然界的完成了的本质统一"⑥，而主体人和自然的关系则在社会关系之中才能存在和完成，实践是人的生存方式。按照马克思、恩格斯劳动创造人的观点，人的发展的一切条件中最重要的是人自身的活动，其他条件最终都要通过人的活动发生作用。实践是"使人从动物界上升到人类并构成人的其他一切活动的物质基础的历史活动"⑦。人的发展在人的本质的三个方面，实践本质居核心地位，它是人的主体性本质和社会关系本质的统一。人的实践方式的全面发展也在人的全面发展中居核心地位，也就是说，实践的发展，最终决定了人的全面发展。首先，人的主体性的实现，或者说人的自由自觉活动的实现，本身就表现为一种劳动——实践活动——的解放。其次，人的社会关系的全面发展也依赖于实践的发展，或者说依赖于生产力的发展。人的全面发展的动力根源于人类实践方式的发展，即根源于生产力的发展以及由生产力所推动的人的社会关系——包括物质关系和思想关系——的发展。因此，实现每个人的自由而全面的发展，依赖于生产力的高度发达，以及在此基础上的物质文明、政治文明、精神文明和生态文明的实现。

---

① 《马克思恩格斯全集》第46卷（下），人民出版社1980年版，第116页。
② 《马克思恩格斯全集》第3卷，人民出版社1960年版，第76页。
③ 《马克思恩格斯全集》第3卷，人民出版社1960年版，第295页。
④ 《马克思恩格斯选集》第1卷，人民出版社1995年版，第56页。
⑤ 《马克思恩格斯选集》第1卷，人民出版社1995年版，第48页。
⑥ 《马克思恩格斯全集》第42卷，人民出版社1979年版，第122页。
⑦ 《马克思恩格斯选集》第4卷，人民出版社1995年版，第274页。

马克思关于人的全面发展的内涵在网络文化条件下得到了极大的延伸。因为现实世界中的人,既生活在现实社会中,又生活在网络虚拟社会中。人的全面发展的内涵延伸具体体现为实践内涵的延伸、主体性内涵的延伸和社会关系内涵的延伸。

1. 网络文化条件下人的实践方式的延伸——虚拟实践

对"虚拟"如何界定,目前在学术界还没有一个统一的认识,其中主流观点认为,虚拟是指人借助符号化或数字化中介系统而超越现实性的思维方式和实践方式。"虚拟"并不等于"虚幻"和"虚假",更不等于"虚无"。虚拟的实质是一种物质存在和信息活动的新方式或新形式。它虽然不具有直观可感的有形物质的特征,但它的的确确是一种客观存在,只不过这种存在的表现形式,更多地是由无形的、但能直接看到的数字信息符号和电子信号构成的。所谓虚拟实践,即实践的虚拟化,是指虚拟主体在虚拟空间使用数字化手段,对虚拟客体进行的有目的的感性活动。

"虚拟实践是人类实践发展的一个新阶段,是一种相对独立的新型实践形态,它不是简单地从属于传统意义的现实实践,也不是现实实践的翻版,而是现实实践的延伸和升华。"[①]它"使人的实践对象第一次突破了纯粹形式的外部物质世界的界限,它将数字化符号上升为实践的中介手段,把人类社会活动的信息经由计算机系统进行数字化处理和合成转换,使主体置身于一个新的关系实在的虚拟实境中。实践手段的'数字化',是虚拟实践突破以往实践的局限,并崛起为一种新型实践形态的基石和标志"[②]。虚拟实践为人类打开了探索事物存在和发展的多种可能性的空间,它可以超越现实时空和物质条件的局限,较自由地将事物的多种可能性外化为对象性存在,甚至使以往在现实中无法展现的一些可能性,变为可在虚拟空间中展现的可能性。

"虚拟实践为人的个性发展提供了广阔的空间,它进一步培育了人们的自主意识、平等意识、权利意识、开放意识和自由民主精神,全方位地提升了人的自主能动性和潜能,从而极大地促进了健全人格、独立个性的形成和社会的

---

① 张明仓:《虚拟实践论》,云南人民出版社 2005 年版,第 249 页。
② 张明仓:《虚拟实践论》,云南人民出版社 2005 年版,第 41 页。

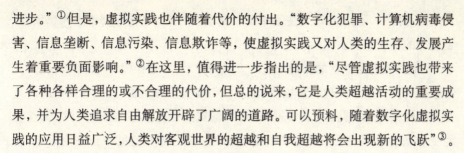

进步。"①但是，虚拟实践也伴随着代价的付出。"数字化犯罪、计算机病毒侵害、信息垄断、信息污染、信息欺诈等，使虚拟实践又对人类的生存、发展产生着重要负面影响。"②在这里，值得进一步指出的是，"尽管虚拟实践也带来了各种各样合理的或不合理的代价，但总的说来，它是人类超越活动的重要成果，并为人类追求自由解放开辟了广阔的道路。可以预料，随着数字化虚拟实践的应用日益广泛，人类对客观世界的超越和自我超越将会出现新的飞跃"③。

2. 网络文化条件下人的主体性的延伸——虚拟主体性

主体性是指人在主体与客体关系中的地位、能力、作用和性质。其核心是人的能动性问题。主体性包括能动性、自主性、创造性和自为性。"哈贝马斯把主体之间的交往看做主体性形成的前提，主体通过交往而认识自身。"④所谓虚拟主体性，就是指网络虚拟空间的主体所表现出来的特性。虚拟主体性较之现实主体性得到了空前的凸显，主要表现在以下几方面：

首先，网络主体的能动性和自主性得到了极大地提升。网络虚拟空间为人们敞开了一个多元化的视界。在这里，每个人可以根据自己的价值取向，自由选择活动的对象目标和运作内容。在每一台电脑终端，每个人都能够以独立的主体身份操作，都能平等地享有充分的主体性地位。更为重要的是，在这自由的空间里，主体可以充分发挥自己的才智，可以尽情地在网络时空中遨游，从而体验到以前从未体验过的自主感和自由感，切实感受到主体性的高扬，使主体意识不断得到强化⑤。

其次，网络主体的创造性得到了空前的超越。在电脑屏幕上展现出的各种图景，虽然可以是对现实生活的真实模拟再现，但这还不是网络虚拟的最优长的功能，而最能体现它的功能优长的是超越现实的创造性。在网络虚拟空间，人们可以利用电脑的智能和虚拟的超现实优长，把现实中的不可能性，或者只能在思维中展现而难以在现实空间展现出来的可能性，变成虚拟空间可以反复

① 张明仓：《虚拟实践论》，云南人民出版社2005年版，第196页。

② 张明仓：《虚拟实践论》，云南人民出版社2005年版，第88页。

③ 张明仓：《虚拟实践论》，云南人民出版社2005年版，第144页。

④ 常晋芳：《网络哲学引论：网络时代人类存在方式的变革》，广东人民出版社2005年版，第32页。

⑤ 李超元：《凝视虚拟世界》，天津社会科学院出版社2004年版，第30页。

再现的可能性，创造出现实生活中难以展现的对象，从而有助于主体想象力、创造力的不断提高。

当然，人的主体性的张扬和主体力量的显示，总是伴随着一定的代价。"人在虚拟空间中处于一种双重境地，虚拟性与现实性的矛盾、人性与技术的冲突是人们经常面临的问题。在虚拟空间，人的主体性在获得发展的同时，又往往经受着新的束缚甚至奴役。在一定程度上，人在虚拟空间中正在沦为电脑、信息、技术的奴隶。"①由此可见，对于虚拟空间中人的主体性，我们不能单以传统的主体性观念来加以考察，它的内涵是随着实践的发展而发展的，从实践的观点看，虚拟空间既不是人的主体性的根本消解，也不是人的主体性的无代价的提升，而是人的主体性发展的一种历史延续。虚拟空间本身并不是一个理想的自由王国，但它却为全面的、开放的、完善的主体性的形成准备着条件②。

3. 网络文化条件下人的社会关系的延伸——虚拟社会关系

社会关系从本质上来说，不过是人的本质力量的外在显现而已。人的本质力量愈丰富，则显现的形式就愈加多样化。与之相应的是，社会关系也愈加丰富和多元化。虚拟社会关系的产生，正是人的本质力量不断提升的必然结果。所谓虚拟社会关系是指虚拟主体在网络虚拟空间建立起来的各种关系的总和。虚拟社会关系的建立，使社会交往扩大化、普遍化和深刻化，对丰富和发展人的社会关系具有重大意义。网络虚拟社会关系表现出以下特征：

首先，网络虚拟社会关系是一种开放型的关系。关系双方既不必有血缘关系，也不必有地缘关系和业缘关系。交往对象的职业性质、社会地位、经济状况、文化背景、政治态度、居住地域等差异，已不再成为影响交往的前提条件。只要有共同的交往需求，就可以自由进行交往③，而且每一个虚拟主体可以同时以多种角色与多个对象交往。因此，网络虚拟社会关系一般可以涵盖现实社会关系，只要是有电脑终端的地方，网络虚拟社会关系都可以延伸至此。

其次，网络虚拟社会关系是一种平等型的关系。在网络虚拟空间里，交往主体是以符号形式出场的，真实个人的"缺场"使主体之间缺乏直接的感性接

---

① 张明仓：《虚拟实践论》，云南人民出版社2005年版，第280页。

② 张明仓：《虚拟实践论》，云南人民出版社2005年版，第280—281页。

③ 李超元：《凝视虚拟世界》，天津社会科学院出版社2004年版，第32页。

触，所以相互之间也就缺乏约束力。在这里，交往主体的地位是平等的，没有高低贵贱之分。在这种情况下，虽然交往主体的责任感和对于对方的责任期望值都比现实交往低得多，但从总体上看，交往主体之间的信息都是一种真情的流露与表达，同时，交往主体之间关系的建立与结束，也不受交往对象和其他任何因素的制约，充分体现了自愿交往的原则。与现实社会中交往主体受各种约束相比，网络交往方式不能不说是一种交往方式的解放。

虚拟实践和虚拟主体性、虚拟社会关系不可分割，彼此是相互关联、相互促进的。在这三者关系中，虚拟实践是基础，虚拟主体性和虚拟社会关系是虚拟实践的体现和结果，因为虚拟实践拓展了人的实践方式，它也必定会拓展人的主体性和人的社会关系。虚拟实践不仅使人的主体性获得了新的发展形式，同时，虚拟实践也创造了新的社会环境，极大地丰富了人的社会关系。虚拟主体性和虚拟社会关系的发展，又反过来促进虚拟实践的深入发展。

（二）培育的主要目标

"目标"一词通常有两种含义，一种含义是"射击、攻击或者寻求的对象"，另一种含义是"想要达到的境地"[①]，英文中目标一词是 objective，表示想要获得或者追求的结果。这里所指的目标是指向人的全面发展之网络文化的培育目标，即指向人的全面发展之网络文化所要达到的预期结果。由于网络文化是以网络为媒介的，因此，这个目标的制订，既要与人的全面发展内容相统一，又要与网络技术特征相符合，从这个思路出发，我们可以确定以下主要目标：

1. 促进人的能力发展之网络文化

能力一般是指个人的综合素质在实践中的外在表现。"人的能力主要是在社会实践中形成、并在主客体的对象性关系中表现出来的客观的能动力量，是人的综合素质的集中体现，是作为主体的人所具有的为了满足自身的社会需要，而在一定社会关系中从事对象性活动的内在可能性。"[②] "人的能力是一个由多种因素有机结合而成的复杂系统，人的能力的全面发展，意味着'全面

---

① 《新华字典》，商务印书馆 2003 年第 10 版，第 344 页。

② 韩庆祥、亢安毅：《马克思开辟的道路——人的全面发展研究》，人民出版社 2005 年版，第 140 页。

地发展自己的一切能力'。"①

"人的发展是随着劳动实践而历史地发展的,人通过劳动,在改造客观世界的同时改造自身,在劳动中获得自身的发展。人类社会发展的历程证明,劳动的产生就是人类的产生,劳动的异化就是人类的异化,劳动的解放和发展就是人的解放和发展。"②"虽然马克思恩格斯所说的人的全面发展包括人的需要、能力、社会关系和个性的全面发展,但主要强调的是人的能力的全面发展"③,并且把人的能力的全面发展当作目的本身。因此,人的劳动能力的全面自由发展是人的全面发展的核心内容。人的能力可以从不同的角度来划分它的种类。"例如,按照根源划分,有先天能力和后天能力;按照展现程度划分,有潜在能力和现实能力;按照作用性质划分,有体力和智力;按照主体划分,有个人能力和集体能力等等。"④在马克思那里,人的劳动能力就是指人的体力和智力。他明确指出:"我们把劳动力或劳动能力,理解为人的身体即活的人体中存在的、每当人生产某种使用价值时就运用的体力和智力的总和。"⑤

人的能力是有其内在结构的,所谓人的能力结构,就是人的能力的全面性与系统性。这里的全面性是指包括各种能力要素,系统性是指各种能力的组成方式。随着社会的发展和科技的进步,人的能力结构是不断改变的,特别是高级的智能结构,必定会不断丰富、发展和改变其能力的作用方式,形成现代人的能力结构。因此,"现代人的能力结构,主要是指现代人的智能结构,其主要构成是三个层面,即学习能力、实践能力和创新能力"⑥。促进人的能力发展之网络文化主要从这几方面展开:

第一,提高学习能力之网络文化。学习能力是现代人认识和适应自然、社会和自我发展变化的本领,是现代人的基础能力。学习能力之所以成为现代人

---

① 韩庆祥、亢安毅:《马克思开辟的道路——人的全面发展研究》,人民出版社 2005 年版,第141页。

② 郑永廷:《人的现代化理论与实践》,人民出版社 2006 年版,第 237 页。

③ 韩庆祥、亢安毅:《马克思开辟的道路——人的全面发展研究》,人民出版社 2005 年版,第67页。

④ 韩庆祥、亢安毅:《马克思开辟的道路——人的全面发展研究》,人民出版社 2005 年版,第90页。

⑤《马克思恩格斯全集》第 23 卷,人民出版社 1972 年版,第 190 页。

⑥ 郑永廷:《人的现代化理论与实践》,人民出版社 2006 年版,第 462 页。

的基础能力，首先是由学习能力的基础地位决定的：一是从学习能力与实践能力、创新能力的关系来看，学习能力是实践能力和创新能力的基础，只有通过学习，获取知识，才能指导实践和创新；二是学习能力是人认识自然、认识社会、认识自身的必要条件。其次学习能力是社会发展和人的自身发展的必然要求。随着经济全球一体化发展和我国社会主义市场经济体制的建立，随着现代科学技术的迅速发展和网络社会的崛起，人们的生产方式、生活方式、交往方式、组织方式和思维方式正在发生深刻的变化，与此同时，人对自身全面发展的追求也愈来愈强烈。人们为适应上述变化和人对自身发展的要求，不得不加强学习，提高学习能力。

现代人的学习能力结构一般包括全面学习能力、自主学习能力、创新学习能力和终身学习能力等层面。"全面学习能力是反映在各种学习内容上的能力，自主学习能力是学习者应有的动力，创新学习能力是实现学习最高目标的能力，终身学习能力是保证学习活动不断丰富、发展的能力。"[①]互联网具有高度的开放性、虚拟性、交互性等特性，因而为人的全面学习能力、自主学习能力、创新学习能力和终身学习能力的提高提供了条件。但是，通过互联网而进行的学习，是以计算机网络使用能力、超文本阅读能力、网络信息选择能力等能力为基础的，因此，提高这些基础能力是提高上述能力的前提条件。

从上可以看出，现代人的学习能力是一个系统，它包括多个层面的能力，这些层面相互关联，相互促进。学习能力是由学习能力要素决定的，学习能力要素的发展就是学习能力的发展，学习能力要素的提升就是学习能力的提升。学习能力要素包括以下几方面：一是学习能力的智力要素，主要是注意力、记忆力、思维力等基本要素；二是学习能力的非智力要素，包括动机、兴趣、情感、意志、性格等基本要素；三是学习能力的知识要素，主要是指有关提升人的注意力、记忆力、思维力和发展人的非智力等知识体系的基本要素；四是学习能力的方法要素，主要是以自主学习为中心的知识提取、阅读、记忆、训练等基本要素。培育提高学习能力之网络文化，实质上就是利用智能网络培育学习能力的诸要素。

① 郑永廷：《人的现代化理论与实践》，人民出版社 2006 年版，第 465 页。

第二，增强实践能力之网络文化。实践能力是人改造自然、社会和人自身发展变化的本领，是现代人的核心能力。实践能力之所以是现代人的核心能力，是由实践在社会和人的发展中的地位决定的。马克思主义认为："实践高于（理论的）认识，因为它不仅具有普遍性的品格，而且还具有直接现实性的品格。"[①] "在现代社会条件下，人的实践活动在广度与深度两个方面都比传统实践活动丰富和深刻。因而在实践能力上也提出了更全面和更高的要求。"[②]

现代人的实践能力结构主要包括协调能力、交往能力、操作能力等层面。协调能力是指实践主体处理、协调各种关系的能力；交往能力是指主体在与交往对象进行信息交流和情感沟通等方面所表现出来的能力；操作能力是指实践主体运用一定工具有目的地直接改变、改造实践对象的能力。互联网的迅速发展，使网络交往已经成为一种普遍的交往方式，因而网络交往能力已经成为一种基础能力。随着网络技术、计算机技术和虚拟现实技术等信息技术的发展，开启了人类实践的新纪元——网络虚拟实践，其地位越来越凸显，因而网络虚拟实践能力也是一种十分重要的基础能力。

同样的道理，实践能力是由实践能力要素决定的。实践能力要素的发展就是实践能力的发展，实践能力要素的提升就是实践能力的提升。由于实践能力和学习能力都是人的能力的体现，因而它们的基本要素具有一致性。但是，由于它们表现的形式不同，因而它们的构成要素又存在着差异性。一般来说，它们的非智力要素是相同的，智力要素和知识、方法要素存在差异性。实践能力要素包括以下几方面：一是实践能力的智力要素，主要是注意力、观察力、思维力等基本要素；二是实践能力的非智力要素，包括动机、兴趣、情感、意志、性格等基本要素；三是实践能力的知识要素，主要是有关提升人的注意力、观察力、思维力和发展人的非智力等知识体系的基本要素；四是实践能力的方法要素，主要包括模拟、观察、分析等基本要素。培育增强实践能力之网络文化，实质上就是利用智能网络培育实践能力的诸要素。

第三，开发创新能力之网络文化。创新能力是人们创造出具有社会价值或

① 《列宁全集》第55卷，人民出版社1990年版，第183页。
② 郑永廷：《人的现代化理论与实践》，人民出版社2006年版，第466—467页。

个体价值的物质产品或精神产品的能力。创新能力是一种综合能力,是人的能力的最高形式。它是在学习能力、实践能力的基础上形成和发展起来的,没有很强的学习能力和实践能力,创新能力就难以形成和发展。当然,创新能力的发展,也会促进学习能力和实践能力的发展。

现代人的创新能力结构一般包括思维创新能力、知识创新能力、技术创新能力等层面。思维创新能力就是突破传统思维习惯与逻辑规则,以新的思路解决问题的能力,它是以合理的知识结构为基础的。知识创新能力就是创造新的经验、新的理论的能力。经验是知识的初级形态,理论是知识的高级形态,社会实践是创新知识的基础,也是检验知识的标准。技术创新能力是指创造新的工艺操作方法、新的生产工具以及物质设备等方面的能力。由于技术是根据生产实践经验和自然科学原理发展而来的,因此,技术创新能力的提高也是以实践能力和学习能力的提高为基础的。互联网是一个超级虚拟空间,为人类的创造性活动提供了前所未有的平台,使许多在现实物理空间不可能实现的创新,在网络虚拟空间成为可能,是实现创新的新的增长点,因而,以计算机网络操作能力、虚拟现实能力为基础的网络创新能力成为创新能力的重要组成部分。

与学习能力和实践能力一样,创新能力是由创新能力要素决定的。创新能力要素的发展就是创新能力的发展,创新能力要素的提升就是创新能力的提升。创新能力要素与学习能力、实践能力要素既有一致性,又有差异性。创新能力要素包括以下几方面:一是创新能力的智力要素,主要是观察力、思维力、想象力等基本要素;二是创新能力的非智力要素,包括动机、兴趣、情感、意志、性格等基本要素;三是创新能力的知识要素,主要是指有关提升人的观察力、思维力、想象力和发展人的非智力等知识体系的基本要素;四是创新能力的方法要素,主要包括观察、分析、否定、激励等基本要素。培育开发创新能力之网络文化,实质上就是利用智能网络培育创新能力的诸要素。

在培育学习能力、实践能力、创新能力要素的过程中,智能网络起着两个方面的作用:一是起着载体的作用,即起着传播知识和技术的作用;二是起着"孵化器"的作用,各种能力以网络为土壤"生长"出来。这里值得指出的是,由于网络参与了以上能力的培育,因而网络也成为以上能力的要素之一。

2. 丰富人的社会关系之网络文化

社会关系"是指人与人之间的关系,它包括与人的生存和发展相联系的一切历史的、现存的、自然的、社会的条件和关系。其中与劳动相联系的生产关系、经济关系以及在阶级社会中的阶级关系,是最基本的社会关系"①。

马克思认为,人是社会的人,人是在社会关系中生存和发展的,"社会关系实际上决定着一个人能够发展到什么程度"②,"一个人的发展取决于和他直接或间接进行交往的其他一切人的发展"③。这里值得指出的是,由于互联网具有开放性、虚拟性等特性,因而由此形成的网络虚拟社会与现实社会(严格来说,现实社会应包括传统社会和虚拟社会,因为虚拟社会也是现实的)对人的发展的影响是有所不同的。

首先,社会关系决定着人的需要的满足程度。在现实社会里,处在不同的社会关系中,人的需要的满足状况是不一样的。处于强势地位社会关系中的人,其需要比较容易得到满足,而处于弱势地位社会关系中的人,其需要就难以得到满足。在虚拟社会里,主体都是虚拟的,虚拟主体具有地位的平等性,他们在虚拟社会关系中的强弱以及对需要的满足程度,取决于他们交往的广度和深度。

其次,社会关系决定人的能力发挥和实现的程度。根据马克思的观点,人是一切社会关系的总和,这就意味着人的能力的发挥要通过社会关系来实现,社会关系是什么样的,人的能力发挥和实现就是什么样的。在现实社会里,处于有利地位社会关系中的人,其能力就比较容易得到发挥,而处于不利地位社会关系中的人,其能力就难以得到发挥。在虚拟社会里,虽然虚拟社会关系决定着虚拟主体的虚拟能力的发挥和实现程度,但是,由于网络虚拟社会是一个开放的社会,由此建立起来的虚拟社会关系也是开放的,因此,虚拟社会关系为主体能力的发挥所提供的机遇是相等的。

再次,社会关系决定人的个性。不同的社会关系会形成不同的个性。换句话说,社会关系是怎样的,人的个性就是怎样的。在现实社会里,无产阶级与

---

① 韩庆祥、亢安毅:《马克思开辟的道路——人的全面发展研究》,人民出版社2005年版,第142页。

② 《马克思恩格斯全集》第3卷,人民出版社1960年版,第295页。

③ 《马克思恩格斯全集》第3卷,人民出版社1960年版,第515页。

资产阶级处在不同的社会关系中，由此就形成了他们不同的个性。正如马克思、恩格斯所指出的："他们的个性是受非常具体的阶级关系所制约和决定的。"①在虚拟社会里，人们形成的社会关系不像现实社会里形成的社会关系那样牢固，不仅是比较脆弱的，而且是多变的，因此，对人的个性的形成影响较小，同时，有利于自由个性的形成。

由此可见，社会关系决定着人的发展，人的社会关系的全面发展是人的全面发展的关键。那么，人的社会关系是怎样发展起来的呢？考察人类发展史，我们不难知道，社会关系是在人的存在的自然关系的基础上发展起来的，现代社会关系是在传统社会关系的基础上发展起来的。所谓现代社会关系，是指伴随着人类传统社会关系的解体，社会现代化的发展和人自身现代化的演进而形成的影响人的存在与发展的各种关系的总和。由于社会关系具有开放性和发展性的特征，因而社会关系的内涵和社会关系的内在结构不断得到丰富与发展。现代社会关系包含着人与社会、人与自然、人与自我等关系。丰富人的社会关系之网络文化也就从这几方面展开：

第一，拓展人与社会关系之网络文化。人与社会关系是以人与人的关系为基础的，人与人之间的关系是任何一个社会的基本关系，是社会关系的初始形态。人与人之间的交往是发展社会关系的前提条件，"正是在交往中，人与人在心理、情感、信息等方面得到交流、受到启发，从而不断丰富自己、充实自己、发展完善自己，逐步摆脱个体的、地域的和民族的狭隘性，在不断交往中逐步形成丰富而全面的社会关系。"②互联网的无限开放性和高度交互性，使得全球范围内的网络主体都可以自由地进行交往，为拓展人与社会关系提供了平台。拓展人与社会关系，实质上是发展人的社会关系，也是发展人的本质。

发展人的社会关系，主要应从以下几方面努力：一是发展网络交流关系，以便于学习、借鉴各种知识和技能，不断提高自身素质；二是发展网络合作关系，以适应和促进科学技术综合化和高度社会化的需要，形成职能互补；三是发展网络信息关系，以获取、选择、优化信息资源，进行科学决策；四是发展

---

① 《马克思恩格斯全集》第3卷，人民出版社1960年版，第86页。
② 郑永廷：《人的现代化理论与实践》，人民出版社2006年版，第237页。

网络交换关系，以广泛交换劳动产品和研究成果，实现自身价值；五是发展网络民主关系，以充分行使民主权利、参与民主管理和社会生活，充分调动积极性和主动性；六是发展网络道德关系，以引导各种关系的协调发展①。拓展人与社会关系之网络文化主要体现在以上六个方面。

第二，促进人与自然和谐之网络文化。自然是人类生存和发展的物质基础，自人类诞生开始，就产生了人与自然的关系。人是自然界的存在物，同时又是自然界的对立物。人既依赖于自然，同时又能动地认识和变革自然，创造出适合自己的生存环境。但是，千百年来，在人类与自然关系中存在的是一种"人类中心观"，这种观念认为人类始终是自然界的主人和征服者，自然界的一切必须服从人类的利益和需要。由于人们对人类与自然关系的错误认识，造成了自然界的极大破坏，给人类的生存环境带来了极大的危害。因此，促进人与自然的和谐，已经成为人类生存面临的重大课题。

培育促进人与自然和谐之网络文化主要有两个方面：一是培育促使网民形成生态意识和生态思想之网络文化。使网民正确认识人类与自然的辩证关系，了解人类只是自然大家庭的一员，与其他成员之间只能和睦相处，实现人与自然和谐统一和协调发展。二是培育促使网民树立正确的道德责任感和生态责任感之网络文化。通过培育网民的道德良心和道德信念，使网民的生态责任感与道德责任感融合在一起，形成热爱自然、保护自然的崇高道德情操。

第三，协调人与自我关系之网络文化。"人与自我的关系，是人关于自我及与自然、社会关系认知的反映，是决定人的存在及发展与自然、社会建立什么样的关系的基础。"②人不仅受着自然和社会的制约和影响，而且受着自我的制约和影响。可以说，人的一生是受自我制约和影响的一生。一是自我的状况制约和影响着人。自我的状况包括身体状况、科学文化状况、思想品德状况等。自我的状况制约和影响着人的活动对象。二是自我的变化和发展规律制约和影响着人。人作为一个自然物，有着自然规律，人受着自我的自然规律的制约和影响。但是，人对自我不是无能为力的，人能够认识自我、改造自我，并

---

① 郑永廷：《人的现代化理论与实践》，人民出版社 2006 年版，第 69 页。
② 张治库：《人的存在与发展》，中央编译出版社 2005 年版，第 57 页。

在改造中提高自我。实际上，人的一生就是认识自我、改造自我的过程。人不仅能认识自己的状况，而且能认识自己的变化和发展规律。人对自我的改造是基于人对自我的认识。人对自我的认识中，有一个理想的自我，而现实的自我总是与理想的自我有一定的差距，于是，人就会按照理想的自我改造现实的自我。人不仅能够改造自我的身体素质，而且能够改造和提高自我的科学文化素质和思想道德素质。然而，人对自我的认识是在与他人和社会的交往中实现的，这个交往过程实质上是一个向他人和社会学习的过程，即是通过他人和社会来反观自己。人对自我的改造和提高是以学习为基础，通过修养、实践的途径而实现的。

培育协调人与自我关系之网络文化的目的在于通过提供相关的网络信息，促使人内部各要素的协调发展，使之成为德智体美全面发展的人。因此，协调人与自我关系之网络文化应包括以下主要内容：一是提供个人、集体和社会的信息，促使其信息交流和反思；二是提供科学文化知识与艺术，促使其提高科学文化素质和艺术创造水平；三是提供思想政治教育信息，促使其提高思想政治素质和道德素质。

3. 彰显人的主体性之网络文化

主体性具有两个向度，即主体性的外向度和主体性的内向度。主体性的外向度是指主体对外处理与客观世界的关系，认识和改造客观世界为人的目的服务的过程，使人成为自然界的主人，并因此获得了对自然界的主体性。主体性的内向度是指人进一步把自身作为认识和改造的客体，内在地指向自身，是一个反身建构自己的主体意识、提高自身主体能力的过程，是一个改造主观世界的过程。主体性的内向度，使人成为自己的主人，成为自身的主体。主体性的内向度与外向度的和谐一致，既指向人面对客观世界时的自由改造，也指向人面对主观世界时的自由改造，实质就是人的解放和自由的实现。而人的解放和自由的实现是马克思主义关于人的主体性发展的理想境界[①]。

人的主体性在网络虚拟空间得到了空前的凸显，这可以从以下几方面来分析：

---

① 郑永廷：《人的现代化理论与实践》，人民出版社 2006 年版，第 247—248 页。

第一，从网络的开放性角度看，网络虚拟空间为人们敞开了一个多元化的视界。在这里，每个人都能够以独立的主体身份操作，都能平等地享有充分的主体性地位。每个人可以根据自己的价值取向，自由选择活动的对象目标和运作内容①。

第二，从网络的功能效用角度看，能够为主体全面发展提供闲暇时间和便利条件。一方面，电脑取代了人的一部分劳动，把人从繁重的脑力劳动中解放出来；另一方面，电脑的高效率能够大大缩减相关的劳动时间。这两方面对劳动时间的节省，可以使人们拥有比原先更多的闲暇时间去从事个人喜爱的、有助于自身发展的活动，从而为主体潜能的发挥提供了条件②。

第三，从网络的智能功能角度看，有助于提高主体的创造性。人们可以利用电脑的智能和虚拟的超现实优长，尽情发挥自己的想象力和创造力，去创造在现实中难以实现的事情，甚至是展示自己的幻想，从而有助于主体想象力、创造力的不断提高③。

总之，网络虚拟空间使人的主体性的发展获得了前所未有的机遇，但是，如前所述，人的主体性的张扬和主体性力量的显示总是伴随着各种代价。人的主体性在获得发展的同时，相伴而生的是新的束缚甚至奴役。对此，我们必须要有清醒的认识。

彰显人的主体性之网络文化主要包括以下几方面：

第一，发挥人的能动性之网络文化。能动性是指人在社会实践中表现出来的认识世界和改造世界的特性。"能动性是人的主体性的基本内涵，也是主体性最基本的特征。它表明，人在现实中并不是单纯受制于外物或他人作用的被动存在，而是能意识到自己与外物的主客体关系并以此来反求和确证自我，由此确定自己的主体地位，实现主体目的。"④

发挥人的能动性之网络文化主要包括以下内容：一是阐述人的能动性的本质特征及其意义的网络文化，使之提高人的能动意识；二是阐述主体与客体关系的

---

① 李超元：《凝视虚拟世界》，天津社会科学院出版社2004年版，第30页。
② 李超元：《凝视虚拟世界》，天津社会科学院出版社2004年版，第30—31页。
③ 李超元：《凝视虚拟世界》，天津社会科学院出版社2004年版，第31页。
④ 王东莉：《德育人文关怀论》，中国社会科学出版社2005年版，第202页。

网络文化，使之达到主体与客体关系的协调统一；三是发挥人的能动性的途径与方法以及如何防止形成网络依赖的网络文化等，使之全面发展人的能动性。

第二，增强人的自主性之网络文化。"自主性是指在一定的条件下，个人对于自己的活动具有支配和控制的特性，它是主体性的核心。自主性表明主体对于影响和制约他的存在与发展的主客观因素有了独立、自由、自决和自控的权利和可能。"①

增强人的自主性之网络文化主要包括三个方面的内容：一是增强人的自主意识的网络文化，使之培育人的自尊、自立、自决、自强意识与品格；二是增强人的自主性之方法与途径的网络文化，使之全面发展人的自主性；三是关涉个人自由与社会发展之关系的网络文化，使之正确处理个人自由与社会协调发展的关系。

第三，激发人的创造性之网络文化。创造性是指人具有超越现实的特性，它是能动性的发展，也可以说是能动性的最高表现。人对自然界、外部感性世界的依赖和掌握，并不是简单把其中的自在的事物现成的拿来，而是通过创造性活动在适合于人的需要的形式上创造具有满足人的生存和发展需要的价值的对象和对象世界，所以人作为主体所从事的自主的、能动的活动，本质上是一种创造性活动。创造性使人的主体性得到最高的实现，同时强化了人的主人身份，使之成为真正的主体。

激发人的创造性之网络文化主要包括三个方面的内容：一是激发人的创新意识的网络文化，使之为开展创造性活动提供动力源泉；二是由创新的知识体系所构成的网络文化，使之为开展创造性活动提供知识保障；三是由创新的技术手段所构成的网络文化，使之为开展创造性活动提供技术支撑。

第四，提升人的自为性之网络文化。"自为性是指人具有自觉地改造、完善自身的特性。自为性是主体活动的最终目的，人的一切活动归根到底都是为了满足人的需要，而人的最高需要就是人本身的完善，即成为自由自觉的、全面发展的人。"②因此，自为性对人的全面发展具有特殊意义。

① 王东莉：《德育人文关怀论》，中国社会科学出版社 2005 年版，第 203 页。
② 王东莉：《德育人文关怀论》，中国社会科学出版社 2005 年版，第 204 页。

网络文化与人的发展

提升人的自为性之网络文化就是要根据时代特征、民族特性和不同层次的主体，从德、智、体、美等方面培育网络文化，以满足不同主体自我改造、自我完善的需要。

促进人的能力发展之网络文化、丰富人的社会关系之网络文化和彰显人的主体性之网络文化是相互关联的，它们在促进人的全面发展中所处的地位是不相同的，其中，促进人的能力发展之网络文化是基础性内容，丰富人的社会关系之网络文化是本质性内容，彰显人的主体性之网络文化是导向性内容，它们共同促进人的全面发展。

二、培育的模式构建

模式是一种概括化的构架，它比概念化的理论要具体，并具有可操作性。它源于客观事物的原型，但又不是客观事物原型的复现，它是经过人们思维加工制作出来的一种认识形式，也是一种可参照模仿的样式或行为规范①。模式可以是多层面、多视角的，既可以从事物的整体来考虑，也可以从事物的局部来考虑，因而，同一事物可以构建出多种不同的模式。模式是与事物发展的目标相联系的，有什么样的目标就导致什么样的模式。培育指向人的全面发展的网络文化模式就是为了实现人的全面发展目标而提供的一个样式。

培育指向人的全面发展的网络文化模式构建是一个复杂的问题。我们知道，网络文化是以网络为媒介的，没有网络媒介，也就不存在网络文化。网络文化又是多形态的，它往往是与网络主体相伴而生，更为重要的是，网络主体的存在，才使得网络文化有其价值和意义。从这个意义上来说，网络文化内容、网络媒介和网络主体彼此相互关联，不可分割，它们共同构成网络文化体系。因此，指向人的全面发展的网络文化，也是一个体系，这个体系是由人的全面发展内容（即指向人的全面发展的网络文化内容）、网络主体和网络媒介所构成。在这个体系中，根据网络媒介、网络主体和人的全面发展内容各自所处的地位不同而形成不同的模式。它可以有三种基本模式，即以网络媒介为中心的

---

① 黎军：《网络学习概论》，上海人民出版社2006年版，第121页。

模式、以网络主体为中心的模式和以人的全面发展内容为中心的模式。

（一）以网络媒介为中心的模式

以网络媒介为中心的模式，就是把网络媒介置于指向人的全面发展之网络文化体系的中心地位，而将网络主体和人的全面发展内容置于服从"中心"的地位。在这种模式中，可以充分发挥网络的功能优势，通过网络功能优势的发挥，吸引广大网民，从而达到促进人的全面发展的目的。因此，要根据网络的不同功能，选择人的发展所需要的内容。

以网络媒介为中心的模式，就是要以互联网的诸功能为主线培育网络文化。网络的主要功能有交互功能、存储与检索功能、虚拟与智能功能等。

1. 利用网络的交互功能，培育指向人的全面发展的网络文化

交互性是互联网的一个显著特征，它改变了人的交流沟通方式。传统的人际传播是"点对点"的"对话式"双向传播；传统媒体的传播是"点对面"的独自式的单向传播，编读双方无法随时随地进行双向沟通。而互联网为人类传播活动提供了第三种传播形式——电子交互式传播。这种传播既综合了人际传播与传统媒介传播的特点与优势，又不是两者简单的整合和延伸，而是一种全新的创造。它既可以是同步交互，也可以是异步交互；既可以是群体交互，也可以是个别交互，形成了四种基本类型：一是个人对个人、个人对多人的异步交互工具，如电子邮件、博客；二是多人对多人的异步交互工具，如新闻讨论组、BBS；三是个人对个人、个人对多人的同步交互工具，如在线游戏、在线聊天；四是多人对个人、个人对个人的异步交互工具，如浏览网页和远程通信等。随着网络信息技术的不断进步，新的交互工具还会不断产生，交互工具也会更加人性化。

利用互联网的交互功能，培育指向人的全面发展的网络文化应着重解决以下几个问题：

第一，充分利用网络交互工具。目前，网络交互工具的种类众多，就其功能来说，它们都能实现人与人之间的交流和互动，我们应充分发挥这些交互工具的作用。一是要通过网络交互工具不断扩大社交圈。要打破现有交往的局限性，增进区域之间、行业之间、民族之间、国家之间的交流，努力拓展社会关

系。二是要发挥不同交互工具的优长。如：利用网站、博客、播客、电子邮件等交流互动平台发布促进人的全面发展的各类信息；利用对等互联网 P2P（Pear to Pear）、TELNET（远程登录）等信息交互平台在尊重他人知识产权的前提下，积极传播促进人的全面发展的网络文化资源；利用网络论坛、网络新闻组等公共网络交流平台或MSN、QQ等聊天工具开展一系列关于人的全面发展的主题讨论。

第二，科学开发网络交互系统。当前，网络交互工具呈现多样化，随着网络信息技术的发展，新的交互工具还会不断产生。但是，使用效果好的交互工具并不很多，甚至存在着交往障碍。这就需要我们科学地开发网络交互系统，着重解决好以下两个问题：一是要解决交互工具的语言转换问题。互联网虽然为人的广泛交往铺好了"路"，但不同民族、不同国家的语言文字不同，使网"路"相逢也无法交流。因此，在开发交互系统时，要切实解决好不同语言文字间的即时转换问题，达到使用不同语言文字网民之间的畅通交流。二是要解决交互工具的技术标准问题。现在，种类众多的交互工具，其操作界面、使用方法等各不相同，人们使用起来不是得心应手，而是"棘手"；加之大多数交互工具是出于商业和娱乐用途，在其他环境下使用并不适合。因此，我们在开发交互系统时要统一系统内各交互软件的操作界面、使用方法，使其操作方便、简明好用；同时，各种交互软件在功能上应做到取长补短，优势互补，并尽可能实现功能的整合，做到"宽口径"、多功能。

2. 利用网络的存储与检索功能，培育指向人的全面发展的网络文化

互联网是无中心的星状结构，具有无限的扩展性，每台电脑终端不仅可以制造信息，也可以存储信息，因此，它拥有无限量的有机的存储库。同时，互联网"提供了一种称为搜索引擎的系统，它们有各种名字，如 Yahoo 和 Alta Vista，日日夜夜在万维网上巡行，调查它们发现的每个着重显示的词，把它们发现的所在地址存储到一个庞大的索引之中"[①]。加之信息是通过超文本等方式进行链接，因而可以很方便地进行信息检索。"所谓超文本，是设计成模拟人类思维方式的文本，即在资料中又包含与其他资料的链接。用户单击文本中

___
① [美]迈克尔·德图佐斯著，周昌忠译：《未来会如何》，上海译文出版社1999年版，第49页。

加以标注的一些特殊的关键单词和图像，就能打开另一个文本。在超文本结构中，一个关键人名、地名、时间，甚至每一个词语、每一个句子都可以链接另一个声音文本、图画文本、动画文本或影视文本。"①由于网络以超文本方式组织信息，这样，网络不仅可以利用自身存储的大量数据和信息，而且可以在极短的时间内，检索所有联网的计算机的数据库，从而快速、准确地找出所需要的信息。我们利用互联网强大的存储、检索功能，建立起人的全面发展所需要的信息库，以供网民检索之用。

人的全面发展信息库，可以根据需要和可能来建设。一般来讲，人的全面发展信息库可分为大型综合性、中型基础性和小型专一性三种类型。大型综合性信息库应提供系统的人的全面发展信息，包括促进人的能力发展之信息、丰富人的社会关系之信息、彰显人的主体性之信息以及与人的全面发展相关的各类信息，如人文科技信息等，以满足各类各层次网民对自身发展之信息的需要。中型基础性信息库应提供人的全面发展所需要的基本信息，能满足一般网民对自身发展基本信息的需要。小型专一性信息库又可分为两种情况，一种是针对人的全面发展的某一方面内容进行建设，如人的社会关系方面的信息建设；另一种是针对某一特定群体来建设，如大学生群体、未成年人群体，为这些特定群体提供自身发展所需要的信息。一般来说，此类信息库应具有鲜明的特色。全国应有大型综合性信息库，各行业和有条件的单位可建立中型基础性或小型专一性信息库，并可对大型综合性信息库实行链接。

3. 利用网络的虚拟与智能功能，培育指向人的全面发展的网络文化

虚拟功能是互联网最大的特点之一。网络上的所有信息都是以比特形式存在的，都是数字化、虚拟化了的。虚拟的鲜明特色在于超越现实性的限制，指向现实中的各种可能性和不可能性。具体来讲，"虚拟存在着三个向度：指向现实性；指向现实中的可能性；指向现实中的不可能性"②。虚拟指向现实性，不是否定和代替现实，之所以指向现实，一方面是因为对现实的需要，另一方面是出于对现实的不满足而企图超越现实，是对现实的狭隘性、局限性的否定

---

① 李超元：《凝视虚拟世界》，天津社会科学院出版社 2004 年版，第 200—201 页。
② 张明仓：《虚拟实践论》，云南人民出版社 2005 年版，第 69 页。

和超越。从现实与虚拟的关系来看，现实规范着虚拟，虚拟引导着现实；现实使虚拟获得存在的根基，虚拟则使现实超越存在的单调。虚拟指向现实中的可能性和不可能性，这是虚拟的主要内容，也是虚拟的最大价值所在。"目前的虚拟现实技术已经证实达到虚拟某些'不可能'和'不存在'的水平，衍生出一个不同于既有世界的虚拟世界。对各种可能性和不可能性的虚拟，大大地扩展了人的生活空间，改变和丰富了人的生存和发展方式，提高了人的选择能力和创造能力，促进了人对现实性的超越和自我超越。"①

互联网的智能功能主要不在于网络技术本身，而在于网络技术与计算机技术、通讯技术等信息技术的"联姻"。计算机具有十分强大的存储能力、记忆能力和运算能力，而且越来越人性化、智能化，从而使互联网成为一个智能网络。随着计算机技术、网络技术、多媒体技术、信息存储技术、通讯技术等一系列新技术的发展和应用，以计算机技术为基础的互联网的功能越来越强大，应用领域越来越广阔，使人们获取信息、识别与评价信息的能力，加工处理信息的能力，创造传递信息的能力都在迅速提高②。

利用互联网的虚拟和智能功能，培育指向人的全面发展的网络文化，主要是围绕人的全面发展开展虚拟现实活动。互联网的虚拟和智能功能为主体的虚拟现实提供了良好的条件。虚拟现实活动的主体是计算机和网络同现实的人相耦合而成的人—机系统，对象是虚拟客体，这样使虚拟现实活动具有很大的自由开放性，使虚拟现实活动的内容与形式极其丰富。特别是多媒体技术在网络中的开发应用，使虚拟现实又进一步将声音、文字、影像、图表、视频等信息符号类型融会其中，并在信息数据处理和传输的过程中整合在一起，取得声影兼备和图文并茂的传播效果。

开展虚拟现实活动，应注意以下几点：

第一，注意层次性。虚拟现实技术有初级和高级之分，桌面级虚拟现实系统是一种初级系统，沉浸式虚拟现实系统是一种高级系统。桌面级虚拟现实系统是利用个人计算机和低级工作站实现仿真的系统，其成本较低；沉浸式虚拟

---

① 张明仓：《虚拟实践论》，云南人民出版社 2005 年版，第 69 页。
② 黎军：《网络学习概论》，上海人民出版社 2006 年版，第 152 页。

现实系统是采用头盔显示，以数据手套和头部跟踪器为交互装置的系统，其成本较高。它们与互联网结合，形成网络文化的一个亮点。现在，国内外已经通过虚拟现实与网络的结合，建成了多个商业宣传网站，并且应用于游戏。我们开展虚拟现实活动时，要把虚拟现实技术的层次性与人的全面发展需要的层次性结合起来，进行多层次的虚拟实践活动，防止片面追求高级虚拟现实技术。这不仅能节约成本，对主体进行多层次的实践体验也是有益的。

第二，注意渐进性。虚拟现实的指向主要有两种，一种是客观现实存在的再现虚拟，一种是超客观现实存在的虚拟。在这两种虚拟中，客观现实存在的虚拟是超客观现实存在虚拟的基础。我们只有打好客观现实存在虚拟这个基础，才能实现超越客观现实存在虚拟。但是，超客观现实存在虚拟是虚拟现实的最大价值所在，因此，虚拟现实的重点应放在超客观现实存在虚拟上。要以提高人的实践能力特别是创新能力为重点，广泛开展虚拟实践活动，努力使主体的想象力、创造力得到开发与提升。

（二）以网络主体为中心的模式

以网络主体为中心的模式，就是把网络主体置于指向人的全面发展之网络文化体系的中心地位，而将网络媒介和人的全面发展内容置于服从"中心"的地位。在这种模式中，网络主体即网民的实际需要是构建指向人的全面发展之网络文化体系的出发点和落脚点。

这种模式中的主体是多角度多层面的。从现实特征看，按人的成长阶段分，可分为未成年人和成年人，其中，未成年人又可分为儿童、少年等，成年人又可分为青年、壮年和老年等；按受教育程度分，可分为小学、中学、大学和研究生等；按宏观职业分，可分为工人、农民、商人、教师、军人、公务员等。从虚拟特征看，根据网民上网活动的目的可分为信息类网民、学习类网民、娱乐休闲类网民、沟通类网民和复合类网民等类型。信息类网民主要使用信息获取服务；学习类网民主要使用网上学习资源服务；娱乐休闲类网民主要使用基本服务和休闲娱乐服务；沟通类网民主要使用交流沟通服务；复合类网民除了使用基本服务外，还往往使用多个其他方面的服务。

那么，人的现实特征与虚拟特征是什么关系呢？人尽管生活在现实社会和虚拟社会两个社会中，但最终还是要回到现实社会中来，因而人的虚拟特征必然与现实特征相联系，虚拟特征是现实特征在虚拟条件下的反映或延伸。因此，以网络主体为中心的模式，应以人的现实特征为主线，培育指向人的全面发展的网络文化。以人的现实特征为主线，既可以按人的成长阶段划分为主线，也可以按受教育程度划分为主线。但是，以上"主线"并不是都具有鲜明的特征，不具有典型意义。按照马克思的观点，人与人的差异主要是旧式分工造成的。马克思曾引用亚当·斯密的话说明这个问题："他很清楚地看到：'个人之间天赋才能的差异，实际上远没有我们所设想的那么大；这些十分不同的、看来是使从事各种职业的成年人彼此有所区别的才赋，与其说是分工的原因，不如说是分工的结果。'搬运夫和哲学家之间的原始差别要比家犬和猎犬之间的差别小得多，他们之间的鸿沟是分工掘成的。"①恩格斯在《反杜林论》中尖锐指出："由于劳动被分割，人也被分割了。为了训练某种单一的活动，其他一切肉体的和精神的能力都成了牺牲品。"②既然主要是分工造成了人与人之间的差别，因而按职业划分为主线是较科学的。由于未成年人、大学生都处于学习阶段，还未进入职业生涯；老年人已走过职业生涯，进入老年生活。他们都处于特殊时期，具有鲜明的特征。比如，未成年人普遍具有猎奇心理、模仿心理、逆反心理等心理特征；老年人普遍具有孤独心理、垂暮心理、失落心理等心理特征。因此，我们可以将上述三条主线结合起来考虑，形成一条新的主线，即未成年人、大学生、老年人、工人、农民、商人、教师、军人、公务员等。

按照马克思主义的观点，实现人的全面发展的主要方式是教育。教育"不仅是提高社会生产的一种方法，而且是造就全面发展的人的唯一方法"③。因而，以网络主体为中心的模式，主要根据不同主体建立起不同的网上学校，开展网上教育。即建立起网上未成年人学校、网上老年人学校、网上工人学校、网上农民学校、网上商人学校、网上教师学校、网上军人学校和网上公务员学校等。上述网上学校不同于现代远程教育，它远远超出专业授课的范畴，而是

---

① 《马克思恩格斯全集》第4卷，人民出版社1958年版，第160页。
② 《马克思恩格斯选集》第3卷，人民出版社1995年版，第642页
③ 《马克思恩格斯全集》第23卷，人民出版社1972年版，第530页。

为同类主体提供知识、技术、信息等各种服务，以满足同类主体的需要。

建立网上学校，开展网上教育，要着重把握三个层面的问题：一是同类主体具有相同的需要，不同类型主体具有不同的需要。需要是人的全面发展的原动力，"任何人如果不同时为了自己的某种需要和为了这种需要的器官而做事，他就什么也不能做"①。所谓需要，是指主体对客体的依赖和摄取状态，是个体对延续和发展自身的稳定要求在人脑中的反映。人的需要既是人自身存在与发展的必然，也是客观生活条件的反映。由于同类主体具有内在要求或客观生活条件的相对一致性，不同类型主体具有内在要求或客观生活条件的相对差异性，因而同类主体具有相同的需要，不同类型主体具有不同的需要。网上学校要立足于同类主体的相同需要，使各类网上学校各具特色。二是在同一类主体中，不同的个体具有不同的需要。由于个体的差异性和特殊性以及在智力、思想、道德等方面发展水平的不平衡性，也由于社会经济发展水平的不平衡性和客观生活条件变化发展的无限多样性，因而同类主体中不同个体的需要也是不同的。网上学校应充分考虑这种差异性、不平衡性和多样性。三是主体的需要是有层次的。人的需要有物质需要，也有精神需要。物质需要和精神需要也有高低层次之分。人的需要遵循从物质到精神、从低级到高级、从片面到全面的规律。美国著名哲学家、人本主义心理学的主要创始人马斯洛认为，当人们必需的物质产品得到满足以后，对精神生活的需要就会迅速增长，甚至超过物质生活需要增长的速度。网上学校只提供精神需要，不提供物质需要，因而这里讲的层次性，就是指网上学校要考虑精神生活的层次性。总之，以网络主体为中心的模式，在设计网上学校的内容结构时，不仅要考虑不同类主体的不同需要，而且要考虑到同一类主体中不同个体的不同需要，特别是随着我国人民物质生活水平的迅速提高，应大力培育高层次精神文化，以不断满足人民对精神生活的需要。

根据不同类型的主体建立不同的网上学校，这是以网络主体为中心的模式的基本形式，较好地反映了不同类型主体的特殊需要。但是，无论怎样构建这类学校，都不可能充分满足这类主体发展的需要。尤其是不同类型主体文化之

---

① 《马克思恩格斯全集》第 3 卷，人民出版社 1960 年版，第 286 页。

间的交融,是主体从片面发展走向全面发展的必由之路,对任何类型主体的发展都具有特别积极的意义,因此,对各类主体的网上学校应实现链接,以方便各类主体之间的文化交流与共享。同时,还要根据不同类型主体的需要,充分利用其他网站的文化资源。换句话说,就是从不同类型主体的需要出发,对其他网站的有关资源实行超链接。

以网络主体为中心的模式,开展虚拟现实活动同样是不可或缺的。前面对此已经作过一些介绍,后面还将作进一步的阐释。在这里,所要特别强调的是,既要根据不同主体的不同需要,构造不同的网络虚拟现实活动的平台,又要根据不同主体的共同需要,构建他们共同的基础平台——公共虚拟现实活动平台,从而使这些平台既相互联系,又相互区别,更好地满足不同主体对虚拟现实活动的需要。

(三) 以人的全面发展内容为中心的模式

以人的全面发展内容为中心的模式,就是把人的全面发展内容置于指向人的全面发展之网络文化体系的中心地位,而将网络媒介和网络主体置于服从"中心"的地位。在这种模式中,可以充分照顾到指向人的全面发展之网络文化内容的整体性和结构性,为网民的全面发展提供较为全面的需求。

在这种模式中,促进人的能力发展之网络文化、丰富人的社会关系之网络文化和彰显人的主体性之网络文化构成了内容的基本结构。如下图所示:

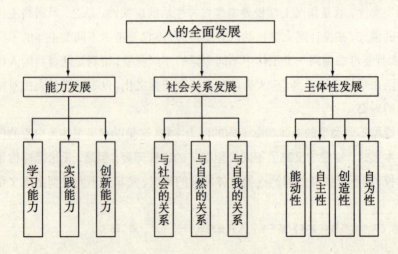

以人的全面发展内容为中心的模式与以网络主体为中心的模式和以网络媒介为中心的模式，是既有联系又有区别。它们的落脚点是相同的，都是促进人的全面发展。但是，它们的出发点却是不同的。以网络媒介为中心的模式是从网络功能出发，以网络主体为中心的模式是从不同类型的主体需要出发，而以人的全面发展内容为中心的模式则是从整个现代人的需要出发。因此，以人的全面发展内容为中心的模式较之其他两种模式，具有自己鲜明的特征：一是全面性。全面性是指人的全面发展需要的全面性，包括人的能力发展、社会关系发展、主体性发展等几个方面的内容，即要满足整个现代人发展的全面需要；二是复杂性。复杂性是指人的全面发展需要的复杂性。由于人类生存的自然环境、社会经济发展状况的差异，使人类发展极不平衡，不同国家、不同地区、不同人种乃至人与人之间千差万别，要满足这千差万别人的发展的需要，是极其复杂的；三是稳定性。稳定性是指人的全面发展的同一需求具有相对的稳定性。人的发展的进程不一，有先有后，有快有慢，因而对人的发展的同一需求是相对稳定的。基于上述特征，以人的全面发展内容为中心的模式主要应构建三大平台：

1. 网络学习平台

构建网络学习平台，主要目的在于提供人的发展所需要的知识和获取知识的能力。由于在网络虚拟环境下的学习是一种自主性的学习，因而也能提升人的主体性。前面已经阐述过，人的能力的发展、社会关系的发展和主体性的发展都是以知识为基础的，促进人的全面发展，就要提供一个相关的知识平台。构建网络学习平台，主要通过以下途径实现：一是建立关于人的全面发展的知识网站。首先，要科学设置网站的知识板块。一般来说，知识板块要按照人的全面发展的内容结构来设计，以体现知识的系统性；其次，要坚持知识形态的多样性。互联网实现了文字、声音、图片、影像等多种形态的传播，我们应充分利用互联网的这一优势。二是利用其他网站的知识传播功能。除了促进人的全面发展的专门网站外，许多其他网站所承载的知识信息都与人的全面发展密切相关，我们应加强对这些网站的研究和利用，为人的全面发展服务。三是开发以人的全面发展为主题的网络学习系列软件。开发这种软件，要以人的全面发展需求为主线，坚持渐进性、层次性和系统性。

2. 网络交往平台

构建网络交往平台，主要目的是为了拓展人的社会关系，同时提升人的主体性。网络交往打破了传统交往对时空和社会关系的局限，随着互联网的迅速发展，网络交往正在成为现代社会交往的主要方式。构建网络交往平台，主要通过以下途径实现：一是整合网络交互工具。每种网络交互工具都有自己的特点和优势，整合它们的优势，是提高网络交互效果的有效途径。要在正确把握各种网络交互工具特点和优势的基础上，进行网络交互工具的优化，通过相关的软件实现整合。二是开发新的交互软件。这一点与前面提到的科学开发网络交互系统具有一致性。这里所要强调的是，要从人的全面发展需要出发，从私密性交往和公共性交往两个基本方面开发系列的多功能交互软件，努力提高交互软件的技术含量，逐步实现交互工具的一体化和便捷性。三是引导和规范网络语言。网络语言同网络交互工具一样，都是网络交往的中介，是主体沟通交流的桥梁，它打破了传统语言交流的局限性，为网络交往带来了蓬勃生机与活力，经过近几年的快速发展，已初步形成了网络语言特色。但是，迅速膨胀的网络语言五花八门，千奇百怪，如不尽快加以规范和引导，则会成为网络交往的障碍因素。规范和引导网络语言，应坚持正确的指导原则，不仅要考虑到本民族的文化传统，更要有世界眼光，逐步实现世界通用网络语言的目标。

3. 网络虚拟现实平台

构建网络虚拟现实平台，主要目的在于提升人的实践能力和创新能力，同时提升人的主体性。构建网络虚拟现实平台是开展网络虚拟现实活动的基础，科学构建网络虚拟现实平台是实现网络虚拟现实目的的根本保障。构建网络虚拟现实平台应从两个方面着手：一是构建网络虚拟现实的系列平台。要坚持从简单到复杂、从低级到高级的原则，通过计算机技术、虚拟现实技术与网络技术的高度融合，充分利用网络虚拟空间，构建若干不同层次的网络虚拟现实平台，以满足人的全面发展对网络虚拟现实的需要。二是围绕人的全面发展开发系列的网络虚拟现实产品。一般来说，可按照人的能力的发展、人的社会关系的发展、人的主体性的发展等几个视角来开发网络虚拟现实产品。但由于人的能力的发展、社会关系的发展和主体性的发展是紧密联系、相辅相成的，因此，在开发这些网络虚拟现实产品时，不可截然分开，只是应有所侧重而已。

以上三种模式各有其优势与不足，但是，网络文化是一种开放文化，它不仅向时空开放，也向所有人开放，因此，对于每个人来说，不会受到某个模式的局限。相反，三种模式可以融会贯通，互为补充，相得益彰，共同促进人的全面发展。在这里，还需要特别指出的是，由于网络是一个虚拟空间，主体在网络中形成的社会关系只是现实社会关系的延伸，并不是社会关系的全部。主体在网络中表现出来的能力、主体性虽然是真实的，但都具有虚拟性特征，因而指向人的全面发展的网络文化不可能全面促进人的发展，只能是部分的促进人的发展，也因此培育促进人的全面发展的网络文化只是一种"指向"而已，并非最终结果。但随着网络信息技术的发展，网络社会将与现实社会逐步走向融合，培育指向人的全面发展之网络文化将越来越接近人的全面发展的需要。

三、培育的机制选择

"机制"一词源于希腊文，原指机器的构造和运作原理，借指事物的内在工作方式，包括有关组成部分的相互关系以及各种变化的相互联系。"现已广泛应用于各学科的研究。在自然科学领域里，机制引申为事物或自然现象的作用原理、作用过程及其功能。应用到社会科学领域中，机制用以表示社会的政治、经济、文化活动各要素之间的相互关系、运行过程及其形成的综合效应或社会组织、机构的内部结构及其运行原理。"[①]"机制包含如下基本含义：机制是由要素按一定组合方式构成的整体，各构成要素的功能状况及其组合方式决定着整个机制的功能；各要素功能的发挥通过与其他要素的相互作用而在整个机制的运行过程中实现。因此，机制是有机体事物各要素之间相互适应、相互制约、自行调节的自组织，其功能是耦合的，其形式是动态的。"[②]

培育指向人的全面发展的网络文化机制是指在该网络文化培育过程中各构成要素按一定的组合方式而形成的因果联系和运行方式。培育指向人的全面发展的网络文化机制的主要含义是：其一，它是各构成要素的总和；其二，它的

---

① 邱伟光、张耀灿：《思想政治教育学原理》，高等教育出版社 1999 年版，第 205 页。
② 张耀灿：《思想政治教育学前沿》，人民出版社 2006 年版，第 257—258 页。

功能是各相关因素功能的耦合,其功能的发挥依赖于各构成要素之间的相互衔接、相互协调,依赖于各构成要素功能的健全;其三,它是一个按一定方式有规律地运行着的动态过程。

培育指向人的全面发展的网络文化机制是由其组成要素相互作用、相互影响而构成的一个有机的整体。培育指向人的全面发展的网络文化机制由四个要素构成:其一,培育指向人的全面发展的网络文化的主体。这里的主体是多层次的,主要包括:决策主体,即在培育指向人的全面发展的网络文化中起决策作用的主体;实施主体,即实施培育指向人的全面发展的网络文化的主体;参与主体,即参与培育指向人的全面发展的网络文化的主体。其二,培育指向人的全面发展的网络文化的方法。由于培育指向人的全面发展的网络文化具有技术性强的特点,因而在培育过程中,主要使用相关的技术手段,包括计算机技术、网络技术、虚拟现实技术等。其三,培育指向人的全面发展的网络文化的环境。这里的环境主要包括网络基础设施环境和网络人文环境。网络基础设施环境是培育指向人的全面发展的网络文化的硬环境,网络人文环境是培育指向人的全面发展的网络文化的软环境。其四,培育指向人的全面发展的网络文化的动力。培育指向人的全面发展的网络文化的动力是多层面的,主要包括目标激励、政策激励、评估激励等,促使"培育主体"不断产生新的动力。

以上四个要素按照一定的方式构成了指向人的全面发展的网络文化培育机制,这个机制实质上是一个封闭的系统。根据系统论的观点,这个系统又是由若干子系统构成,即由主导机制、监管机制、创新机制、保障机制、评估机制等构成。

(一) 主导机制

网络文化的迅速崛起,正在深刻改变着人的生产方式、生活方式、交往方式、组织方式和思维方式,正在深刻影响着人的存在与发展。培育指向人的全面发展的网络文化,对于促进人的全面发展、实现人的发展目标具有极其深远的意义。因此,培育指向人的全面发展的网络文化是政府的一项重大战略任务,政府应该发挥主导作用。政府的主导作用主要体现在以下几个方面:

1. 明确责任主体

促进人的全面发展的网络文化培育是一项长期的艰巨的任务，明确责任主体是完成该项任务的关键所在。政府应该统筹社会发展目标和人的发展目标，使社会发展与人的发展相协调，并最终落实到人的发展上来。要把长期目标和阶段目标结合起来，并根据发展目标，制订促进人的全面发展的网络文化发展规划。同时，明确所有网络管理者、网络运营商的责任，逐步建立起中央、地方以及各部门等责任主体之间规范协调地促进人的全面发展的网络文化主导机制，确保促进人的全面发展的网络文化发展规划的顺利实施。

2. 制定相关政策

培育指向人的全面发展的网络文化，从根本上来说要发挥政策的激励与制约作用。近几年来，我国网络文化建设取得了显著的成就，但还存在着网络基础设施滞后、国民网络信息素养普遍欠缺、网络文化产品质量不高等严重问题，政府应通过制定和完善相关的政策，通过政策进一步加快网络基础设施建设的步伐；更好地调动国民接受信息素质教育的积极性；大力支持和鼓励网络信息技术的自主创新与成果的转化，形成产、学、研、用相结合的创新体系。

3. 正确引导社会

培育指向人的全面发展的网络文化是一个庞大的系统工程，没有广大群众的参与是不行的，政府要用正确的舆论引导社会，要鼓励和支持高等学校、企业、研究机构以及社会团体积极参与网络文化的培育，动员社会各方面的力量共同培育指向人的全面发展的网络文化。同时，广大网民的网络文化实践也是广大网民走向全面发展的重要条件，对增强自身能力、拓展社会关系、提升主体性都具有重要意义。

（二）监管机制

互联网的开放性和虚拟性，使互联网成为了国际国内政治斗争的新阵地，特别是以美国为首的西方国家，抢先占领思想文化阵地，利用他们的网上优势，大肆兜售西方的意识形态和价值观念，大力传播各种非马克思主义、反马克思主义的政治文化，以影响包括中国在内的其他国家和地区的网民，使他们在不自觉中认同、接受西方价值观，动摇他们的既有信仰追求和行为准则，造成精神困惑和价值标准混乱。同时，国内的不法分子利用网络制黄贩黄、宣传封建迷信和邪教，对人的发展特别是青少年的成长造成了不可低估的严重后果。因此，建立起网络文化的监管机制，是净化网络文化环境，促进人的全面发展的需要。

构建网络文化的监管机制，应该坚持技术监管和人员监管并重的方针，从两个方面入手：

1. 制定监管的内容和标准

明确哪些内容属监管的对象或范围，这是实施监管的前提条件。目前，还没有制定出科学的网络文化的监管标准，往往是将明显违法违纪的内容列为监管的内容，缺乏前瞻性和预见性，结果使许多其他应该受到监管的内容没有受到监管，从而影响了人的健康成长。因此，我们应根据我国现阶段社会发展和人的发展的实际情况，将监管内容分为法律方面、纪律方面和道德方面等几个不同的层次，建立起监管标准体系。

2.实行技术监管与人员监管相结合

网络文化是以网络信息技术为支撑的，网络文化中存在的许多问题，也同样需要依靠技术的进步和应用，对网络文化的监管也是如此。目前，已开发出一批可以过滤或阻挡不良信息的软件和数据库，它们虽然不能对网络噪音进行直接的控制，但是可以起到间接控制的作用。比如，Smartfilter可以过滤色情、暴力等27类网站；在美国知名度很高的X-Stop、X-Shadow，具有庞大的色情网站数据库，搜索速度快，具有很好的防堵功能；Net Nanny 可以对网络上的已知色情网站进行阻绝，对网络文字进行监控，还会记录计算机曾经访问过的站点，这对于防止不良信息影响人的健康发展是很有意义的。我国应加大对网络监管技术的应用，大力开发适应网络文化监管的软件。但是，人的发展问题是一个十分复杂的问题，指向人的全面发展的网络文化是一个十分复杂的体系，因而对有些不良信息的监管，在现有的技术水平情况下是无法实现的。因此，我们要在搞好技术监管的同时，还要加强人员监管，只有这样，才能互为补充、相得益彰。加强人员监管，首先要有网络文化的专职监管员，定岗定责，实行责任制和责任追究制，同时，要加强网络通讯、新闻、出版、文化、公安等相关职能部门的配合。其次，要在各类网站或主页上设置监督窗口，接受广大网民的监督。

（三）创新机制

人的全面发展是一个动态的概念，它随着经济、政治、文化、社会的发展而发展。因此，培育指向人的全面发展的网络文化不是一劳永逸的事情，而是一个渐进的过程，是一个不断适应社会发展、不断满足人们对文化需求的过程，更是一个不断探索、不断创新的过程。建立指向人的全面发展的网络文化的创新机制是实现其目标的必然选择。

1. 设立专门的研究机构

互联网已经成为经济社会发展、思想文化碰撞、战略资源争夺、政治军事较量的新舞台，成为人类生存的新空间，对人的生存与发展产生着极其深刻的影响。因此，设立专门的研究机构，使之成为网络文化与人的发展的研究平台，系统地、深入地研究网络文化与人的发展的一系列重大理论与实践问题，对于培育指向人的全面发展的网络文化，促进人的全面发展具有重大意义。

2. 建立专兼结合的创新团队

培育指向人的全面发展的网络文化具有理论性、技术性和探索性强的特点。只有不断实现理论上、技术上的突破，网络文化才能不断促进人的全面发展。因此，建立一支政治思想素质好、专业知识功底深、创新协作意识强、知识结构合理、专兼结合的创新团队是培育指向人的全面发展之网络文化的关键所在。

3. 制定相关的激励政策

政策的引导作用和激励作用往往具有决定性的作用，创新指向人的全面发展的网络文化，同样也需要政策的引导和激励。国家应该把创新指向人的全面发展的网络文化纳入国家重点创新工程的范畴，像其他重点工程一样给予政策上的扶持。同时，创新指向人的全面发展的网络文化又是一个千万人的工程，应通过政策引导和政策激励，鼓励千万人投入到创新指向人的全面发展的网络文化的实践中来，共同推动这一创新工程持续向前发展。

（四）保障机制

培育指向人的全面发展的网络文化是一项庞大的系统工程，是一项长期的根本任务，需要有良好的环境和条件，特别需要有与之相适应的资金投入、法律法规的支持和网络道德自律，建立起长期发挥作用的保障机制。

1. 提供资金保障

培育指向人的全面发展的网络文化，如果没有一定资金投入是无法开展的，因此，应积极探索和努力形成以国家投入为主导的多元投入机制。根据我国当前的实际情况，可以从以下几方面入手：一是建立专项拨款制度。根据网络文化的培育目标，明确中央和地方应承担的责任，订立合理比例，编入专项预算。二是国家通过制定相关政策筹集社会资金。可借鉴西方国家的一些经验，减免相关税种或提供相关服务等优惠政策。

2. 完善信息网络的法律保障

社会生活的有序进行需要法律法规的"硬性"保障，培育指向人的全面发展的网络文化也必须有相应的法律法规来保障。为适应网络文化发展的需要，我国信息网络立法应注意以下问题：一是在立法时间上要坚持适度性。即当某种涉法的网络事实发生或网络关系出现而需要法律规范去调整时，在一个合理的时间区内要依据网络环境和现实要求，相关的网络法律法规应予以制定和颁布实施。二是在立法过程中要注意整体协调性。即针对网络侵权、犯罪的立法要相对完整、系统、全面，自成体系；同时针对网络的立法要注意与原有的刑法、民法、行政法等法律法规相协调、相补充。三是在制定网络法律时要注意针对性和准确性，力求避免似是而非、含混不清以致难以实施。

3. 强化网络主体的道德自律

培育指向人的全面发展的网络文化，不仅需要法律法规的"他律"，而且需要网络主体的道德"自律"，建立起网络主体的自律机制，是培育指向人的全面发展的网络文化的又一重要保障。网络主体的自律机制包括两个方面的内容，首先是要制定完善的网络道德规范。网络道德规范应由国家有关部门主导，按照"全面、规范、易操作"的基本要求制定。其次是要建立网络道德规范的教育制度。应将网络道德规范的内容纳入全民教育内容，并采取多种形式加大对网络道德规范的宣传力度，不断强化网络主体的道德自律意识。

（五）评估机制

构建指向人的全面发展之网络文化的评估机制，是科学培育网络文化、不断促进人的全面发展的需要。指向人的全面发展的网络文化评估机制主要包含评估指标体系、评估主体、评估方法以及评估结果的运用等。

1. 建立科学的评估指标体系

建立评估指标体系是搞好评估的基础。指向人的全面发展之网络文化评估指标体系的确立是十分困难的，因为检验指向人的全面发展的网络文化是否科学，最终要落实到人的发展上，而人的发展是一个极其缓慢的过程。因此，我们只能借助与人的发展相关联的指标体系进行评估，主要包括两个方面：一是从培育指向人的全面发展的网络文化的客观条件进行评估；二是从网络文化对人的发展产生的影响进行评估。

第一，从培育指向人的全面发展的网络文化的客观条件确立评估指标体系。主要包括以下内容：一是对网站建设状况的评估。培育网络文化主要是通过建立网站或网页来实现的，网站建设的水平与对人的发展影响成正相关。对网站或网页建设状况的评估着重是对所建网站或网页的功能、设计的科学性等方面进行评估。二是对专业技术队伍状况的评估。专业技术队伍是培育指向人的全面发展之网络文化的关键。对专业技术队伍的评估主要是对专兼职队伍的数量、知识结构，个体的综合素质特别是履行岗位职责的情况等方面进行评估。三是对相关理论与应用研究水平的评估。开展网络文化与人的发展的系统深入研究及相关研究，是推动培育指向人的全面发展的网络文化不断向纵深发展的重大举措。此项评估主要是对研究成果的价值及其应用情况进行评估。

第二，从网络文化对人的发展产生的影响确立评估指标体系。主要包括以下内容：一是对人的能力发展的评估。这里所指的能力包括与网络文化有关的学习能力、实践能力、创新能力等。人的能力发展受多方面因素的影响和制约，在这里，主要对网络文化给人的能力发展带来的影响进行评估。二是对人的社会关系发展的评估。人的社会关系发展包括多个方面，即包含人与社会的关系、人与自然的关系、人与自我的关系等。对人的社会关系发展进行评估，既要考虑上述关系的全面性，又要考虑这些关系发展的深度。三是对人的主体性发展的评估。人的主体性具体表现为人的能动性、自主性、创造性、自为性等特性，网络文化对人的主体性的发展具有独特的功能。在这里，主要指网络文化对人的主体性发展的促进作用。

2. 组成独立的评估主体

评估主体是指评估的实施者。对培育指向人的全面发展的网络文化产生的效果进行评估是一项十分复杂和难度很大的工作，同时，由于不同的评估主体对同一评估对象往往有不尽相同的认识，从而形成不同的评估价值理念，这样就使得不同的评估主体对同一评估对象得出不同的评估结论。因此，评估主体组成是否科学，对评估结果影响很大。确定评估主体应注意以下几点：一是评估主体组成要多元化，既要有政府主管官员，又要有专家；既要有理论工作者，又要有实际工作者。一般来讲，评估主体应由人学专家、社会学专家、文化学专家、教育学专家、网络工程专家等相关的专家为主组成。二是评估主体数量要充足，以确保各项评估任务的落实。三是评估主体素质要优良，既要有良好的思想道德素质，又要有良好的专业素质。评估主体主要负责制定评估的具体方案并组织实施。

3. 实行正确的评估方法

评估方法是评估结果是否客观的重要保证。评估方法应体现全面、科学、民主、公开的原则。所谓全面，就是要全面考核指标体系；所谓科学，就是要科学制订评估方案；所谓民主，就是要注意走群众路线，广泛获取网民的意见；所谓公开，就是要将评估的内容与评估结果在一定的范围内公开，接受群众的监督。同时，由于评估内容是一个复杂的体系，因而评估方法也应是由多种方法构成的方法体系。这些方法主要是比较研究法、访问研究法和统计分析法等。在评估过程中，还要坚持定性评价和定量评价相结合、动态评价和静态评价相结合、全面评价和重点评价相结合，以确保评估结果的客观真实性。

4. 正确运用评估结果

评估结果的运用是评估的目的所在。评估主体应根据评估的结果，进行认真地分析和研究，总结成功的经验，找出存在的问题，提出改进意见，并形成书面评估报告。评估结果的运用主要体现在以下四个方面：一是作为政府及有关部门进行奖惩的重要依据,特别是要作为兑现目标责任制的依据;二是作为领导进一步决策的依据,为修订和完善规划服务;三是作为下一次评估的参考,以利于不断总结经验、探寻规律;四是作为政府向公众发布此项信息的依据,使广大公民通过了解相关信息而更多地参与到培育指向人的全面发展的网络文化中来。总之,应充分利用评估结果,努力提高评估的价值量。

网络文化与人的发展

参考文献

一、著作

1. 《马克思恩格斯选集》第1—4卷，人民出版社1995年版。

2. 《马克思恩格斯全集》第1、2、3、4、20、23、42、46、47卷，人民出版社第1版。

3. 《列宁选集》第1—4卷，人民出版社1995年版。

4. 《列宁全集》第2、39、55卷，人民出版社第1版。

5. 《毛泽东选集》第2卷，人民出版社1991年版。

6. 《毛泽东早期文稿》，湖南出版社1990年版。

7. 《邓小平文选》第2卷，人民出版社1994年版。

8. 《江泽民文选》第3卷，人民出版社2006年版。

9. 胡锦涛：《高举中国特色社会主义伟大旗帜，为夺取全面建设小康社会新胜利而奋斗》，人民出版社2007年版。

10. 郑永廷：《人的现代化理论与实践》，人民出版社2006年版。

11. 韩庆祥、亢安毅：《马克思开辟的道路——人的全面发展研究》，人民出版社2005年版。

12. 袁贵仁：《马克思的人学思想》，北京师范大学出版社1996年版。

13. 张治库：《人的存在与发展》，中央编译出版社2005年版。

14. 常晋芳：《网络哲学引论：网络时代人类存在方式的变革》，广东人民出版社2005年版。

15. 张明仓：《虚拟实践论》，云南人民出版社2005年版。

16. 李超元：《凝视虚拟世界》，天津社会科学院出版社2004年版。

17. 孙伟平：《猫与耗子的新游戏——网络犯罪及其治理》，北京出版社1999年版。

294

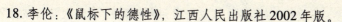

18. 李伦：《鼠标下的德性》，江西人民出版社2002年版。

19. 鲍宗豪：《数字化与人文精神》，上海三联书店2003年版。

20. 张耀灿：《思想政治教育学前沿》，人民出版社2006年版。

21. 陈序经：《文化学概论》，中国人民大学出版社2005年版。

22. 李燕：《文化释义》，人民出版社1996年版。

23. 衣俊卿：《文化哲学十五讲》，北京大学出版社2004年版。

24. 鲍宗豪：《网络与当代社会文化》，上海三联书店2001年版。

25. 许苏民：《文化哲学》，上海人民出版社1990年版。

26. 蔡俊生：《文化论》，人民出版社2003年版。

27. 司马云杰：《文化社会学》，中国社会科学出版社2001年版。

28. 王海龙、何勇：《文化人类学历史导论》，学林出版社1992年版。

29. 许明、花建：《文化发展论》，北京大学出版社2005年版。

30. 李德顺：《价值论》，中国人民大学出版社1987年版。

31. 衣俊卿：《文化哲学：理论理性和实践理性交汇处的文化批判》，云南人民出版2005年版。

32. 李鹏程：《当代文化哲学沉思》，人民出版社1994年版。

33. 金振邦：《从传统文化到网络文化》，东北师范大学出版社2001年版。

34. 董焱：《信息文化论：数字化生存状态冷思考》，北京图书馆出版社2003年版。

35. 李钢、王旭辉：《网络文化》，人民邮电出版社2005年版。

36. 钟明华：《人学视域中的现代人生问题》，人民出版社2006年版。

37. 齐鹏：《当代文化与感性革命》，文化艺术出版社2006年版。

38. 陆俊：《重建巴比塔：文化视野中的网络》，北京出版社1999年版。

39. 黎军：《网络学习概论》，上海人民出版社2006年版。

40. 高绍君：《意义与自由》，湖南人民出版社2005年版。

41. 王东莉：《德育人文关怀论》，中国社会科学出版社2005年版。

42. 汪天文：《社会时间研究》，中国社会科学出版社2004年版。

43. 胡德池：《网络时代的宣传思想工作》，湖南人民出版社2003年版。

44. 项久雨：《思想政治教育价值论》，中国社会科学出版社2003年版。

45. 赵兴宏、毛牧然：《网络法律与伦理问题研究》，东北大学出版社2003年版。

46. 黄楠森：《人学原理》，广西人民出版社2000年版。

47. 李彬：《符号透视：传播内容的本体诠释》，复旦大学出版社2003年版。

48. 马和民：《网络社会与学校教育》，上海教育出版社2002年版。

49. 刘文富：《网络政治》，商务印书馆2002年版。

50. 刘云章：《网络伦理学》，中国物价出版社2001年版。

51. 田胜立：《网络传播学》，科学出版社2001年版。

52. 刘文富：《全球化背景下的网络社会》，贵州人民出版社2001年版。

53. 叶琼丰：《时空隧道：网络时代话传播》，复旦大学出版社2001年版。

54. 张远鑫：《一网打尽》，哈尔滨出版社2000年版。

55. 张久珍：《网络信息传播的自律机制研究》，北京图书馆出版社2005年版。

56. 吴爱明：《政府上网与公务员上网》，中国社会科学出版社1999年版。

57. 邱伟光、张耀灿：《思想政治教育学原理》，高等教育出版社1999年版。

58. 吴伯凡：《孤独的狂欢：数字时代的交往》，中国人民大学出版社1998年版。

59. 郭良：《网络创世纪——从阿帕网到互联网》，中国人民大学出版社1998年版。

60. 孙铁成：《计算机与法律》，法律出版社1998年版。

61. 罗伊：《无"网"不胜》后记，兵器工业出版社1997年版。

62. 倪波、霍丹：《信息传播原理》，书目文献出版社1996年版。

63. 肖川：《教育与文化》，湖南教育出版社1990年版。

64. 吴克明：《网络文明教育论》，湖南师范大学出版社2005年6月版。

65. 孙孔懿：《教育时间学》，江苏教育出版社1993年版。

66. 美国信息研究所编，王亦楠译：《知识经济：21世纪的信息本质》，江西教育出版社1999年版。

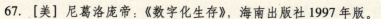

67. ［美］尼葛洛庞帝：《数字化生存》，海南出版社1997年版。

68. ［美］曼纽尔·卡斯特著，夏铸九等译：《网络社会的崛起》，社会科学文献出版社2001年版。

69. ［美］克拉克·威斯勒：《人与文化》，商务印书馆2004年版。

70. ［美］迈克尔·海姆著，金伦吾、刘刚译：《从界面到虚拟空间——虚拟实在的形而上学》，上海科技教育出版社2000年版。

71. ［美］马尔库塞著，张峰等译：《单向度的人》，重庆出版社1988年版。

72. ［德］哈贝马斯著，曹卫东译：《交往行为理论：行为合理性与社会合理化》，上海人民出版社2004版。

73. ［德］蓝德曼：《哲学人类学》，工人出版社1988年版。

74. ［美］比尔·盖茨著，蒋显璟等译：《未来时速》，北京大学出版社1999年版。

75. ［美］比尔·盖茨：《未来之路》，北京大学出版社1996年版。

76. ［美］摩尔根：《古代社会》（上），商务印书馆1983年版。

77. ［美］L.怀特：《文化科学》，杭州人民出版社1988年版。

78. ［英］马林诺夫斯基：《文化论》，中国民间文艺出版社会1987年版。

79. ［德］哈贝马斯著，张博树译：《交往与社会进化》，重庆出版社1989年版。

80. ［美］凯斯·桑斯坦著，黄维明译：《网络共和国——网络社会中的民主问题》，上海人民出版社2003年版。

81. ［美］赖特·米尔斯：《社会学的想象力》，三联书店2002年版。

82. ［英］雷·海蒙德著，周东等译：《数字化商业》，中国计划出版社1998年版。

83. ［美］弗洛姆著，李月才等译：《逃避自由》，工人出版社1987年版。

84. ［美］奈斯比特著，梅艳译：《大趋势：改变我们生活的十个新方向》，中国社会科学出版社1984年版。

85. ［英］蒂姆·伯纳斯-李：《编织万维网》，上海译文出版社1999年版。

86. ［英］约翰·诺顿著，朱萍等译：《互联网：从神话到现实》，江苏人民出版社 2000 年版。

87. [美] 丹·希勒著，杨立平译：《数字资本主义》，江西人民出版社 2001 年版。

88. [美] 卡什著，刘晋等译：《创建信息时代的组织：结构、控制与信息技术》，东北财经大学出版社 2000 年版。

89. [美] 约翰·奈斯比特：《高科技思维》，新华出版社 2000 年版。

90. [美] 罗杰·菲德勒著，明安香译：《媒介形态变化：认识新媒介》，华夏出版社 2000 年版。

91. [美] 塞缪尔·亨廷顿《文明的冲突与世界秩序的重建》，新华出版社 1999 年第 2 版。

92. [美] 迈克尔·德图佐斯著，周昌忠译：《未来会如何》，上海译文出版社 1999 年版。

93. [美] 查尔斯·霍顿·库利：《人类本性与社会秩序》，华夏出版社 1999 年版。

94. [美] 摩尔著，王克迪等译：《皇帝的虚衣：因特网文化实情》，河北大学出版社 1998 年版。

95. [美] 埃瑟·戴森：《2.01 版：数字化时代的生活设计》，海南出版社 1998 年版。

96. [美] 霍夫施塔特、丹尼特：《心我论：对自我和灵魂的奇思冥想》，上海译文出版社 1988 年版。

97. [美] 马丁·李普赛特：《政治人》，上海人民出版社 1997 年版。

98. [美] 弗洛姆著，孙恺祥译：《健全的社会》，贵州人民出版社 1994 年版。

99. [美] 伯纳德·巴伯：《科学与社会秩序》，三联书店 1991 年版。

100. [美] 亨廷顿著，王冠华等译：《变化社会中的政治秩序》，三联书店 1988 年版。

101. [美] 加布里埃尔·阿尔蒙德、宾厄姆·鲍威尔：《比较政治学：体系、过程和政策》，上海译文出版社 1987 年版。

102. [英] 戴安·科伊尔：《无重的世界——管理数字化经济的策略》，上海人民出版社 1999 年版。

103. ［英］安东尼·吉登斯：《现代性与自我认同》，生活·读书·新知三联书店1988年版。

104. ［德］赫尔巴特：《普通教育学·教育学讲授纲要》，浙江教育出版社2002年版。

105. ［德］马克斯·韦伯著，冯克利译：《学术与政治》，三联书店1998年版。

106. ［德］黑格尔：《小逻辑》，商务印书馆1980年版。

107. ［德］黑格尔：《历史哲学》，商务印书馆1962年版。

108. ［德］康德：《判断力批判》（上），商务印书馆1964版。

109. ［法］帕斯卡尔：《思想录》，商务印书馆1987年版。

110. ［法］柏格森：《笑》，中国戏剧出版社1980年版。

111. ［苏］苏霍姆林斯基著，杜殿坤译：《给教师的建议》，人民教育出版社1980年版。

112. ［加］马歇尔·麦克卢汉：《理解媒介》，商务印书馆2001年版。

113. ［俄］索罗金：《整合哲学的信念》，《危机时代的哲学》，台湾志文出版社1985年版。

114. ［希腊］波朗查斯著，叶林等译：《政治权力和社会阶级》，中国社会科学出版社1982年版。

115. ［俄］《普列汉诺夫哲学著作选集》，上海三联书店1962年版。

116. Muthiah Alagappa, *Political Legitimacy in Southeast Asia ——The Quest for Moral Authority*, California: Stanford University Press, 1995.

117. J. Rothschild, *Political Legitimacy in Contemporary Europe, in B. Benith (ed), Legitimation of Regimes*, Beverly Hills: Sage Publications Inc., 1979.

118. Carl Friedrich, *Man and His Government: An Empirical Theory of Politics*, NY: McGraw — Hill, Book Company, Inc., 1963.

119. Graham, S. & S. Marvi, *Splintering Urbanism: Networked Infrastructures, Technological Mobilities and the Urban Condition*, London: Routledge, 2001.

120. OECD, *Understanding the Digital Divide*, Paris: OECD, 2001.

121. *Falling Through The Net: Defining The Digital Divide*, National Tele-communications and Information Administration, U. S. Department of Commerce, 1999.

122. Flanigan, Eleanor. Clarry, John. Peterson, Richard, *Impact of Economic, Cultural, and Social Factors on Internet Usage in Selected European and Asian Countries*, Proceedings — Annual Meeting of the Decision Sciences Institute, Atlanta, GA, USA.1998.

123. Martin Heidegger, *Preface to Wegmarken*, Frankfurt: Klostermann, 1967.

二、论文

1. 胡锦涛："以创新的精神加强网络文化建设和管理 满足人民群众日益增长的精神文化需要",《光明日报》, 2007 年 1 月 25 日, 第 1 版。

2. "我下一代互联网技术居世界前列",《光明日报》, 2007 年 6 月 10 日, 第 6 版。

3. 盛卫国："科学发展观: 时间维度的解读",《毛泽东邓小平理论研究》2007 年第 6 期。

4. 宋吉鑫、杨丽娟："论网络伦理建构中的法律协同",《社会科学辑刊》2007 年第 1 期。

5. 孙玉祥："网络时代"与人的存在方式变革",《求是学刊》2001 年第 1 期。

6. 赵前苗："论哈贝马斯对道德规范建构",《道德与文明》2005 年第 5 期。

7. 谢小英、施敏:"电脑网络技术与人的全面发展",《社会主义研究》2002 年第 1 期。

8. 齐鹏:"21世纪人类感性方式的变革趋势",《哲学动态》2004 年第 2 期。

9. 阎杨凤:"马克思论域中自由时间与人的发展",《学术论坛》2005 年第 11 期。

10. 金文朝、金锺吉:"数字鸿沟的批判性再检讨",《学习与探索》2005 年第 1 期。

11. 李长虹:"交往方式的变革与网络主体的伦理倾向",《理论学刊》2005

年第 8 期。

12. 张君：“现代传媒技术对审美文化的影响及反思”，《理论导刊》2006 年第 6 期。

13. 李菓：“网络虚拟主体对其现实本人思想道德的挑战及对策探析”，《西南民族大学学报（人文社科版）》2003 年第 6 期。

14. 田慧：“论网络与人的个性发展”，《西华师范大学学报（哲学社会科学版）》2003 年第 5 期。

15. 董少华：“论网络空间的人际交往”，《社会科学研究》2002 年第 4 期。

16. 胡鞍钢、周绍杰：“新的全球贫富差距：日益扩大的‘数字鸿沟’”，《中国社会科学》2002 年第 3 期。

17. 李升：“数字鸿沟：当代社会阶层分析的新视角”，《社会》2006 年第 6 期。

18. 陈艳红：“基于信息素质差异性视角的数字鸿沟成因分析”，《湘潭大学学报（哲学社会科学版）》2006 年第 6 期。

19. 肖华：“信息交往的伦理研究”，《江苏社会科学》2006 年第 5 期。

20. 齐鹏：“人的感性解放与精神发展”，《哲学研究》2004 年第 4 期。

21. 贺善侃：“虚拟主体性：主体性发展的新阶段”，《东北大学学报（社会科学版）》2006 年第 3 期。

22. 王刊良、刘庆：“从因特网应用看中国大陆的数字鸿沟”，《管理学报》2004 年第 2 期。

23. 俞吾金：“从‘道德评价优先’到‘历史评价优先’——马克思异化理论发展中的视角转换载”，《中国社会科学》2003 年第 2 期。

24. 姚敏、张亚林：“虚拟空间的语言结构分析”，《河海大学学报（哲学社会科学版）》2006 年第 3 期。

25. 施维树、甘再清：“网络交往自由时间与人的全面发展”，《西华大学学报（哲学社会科学版）》2005 年第 6 期。

26. 黄文玲、李锐锋：“网络文化的价值特性及其发展路径”，《华中农业大学学报（社会科学版）》2005 年版第 2 期。

27. 曹爱娟、刘宝旭、许榕生：“网络陷阱与诱捕防御技术综述”，《计算机工程》2004年第5期。

28. 米平治："网络时代社会交往的变化以及问题初探"，《大连理工大学学报（社科版）》2002年第1期。

29. 梁秀萍："试析网络给社会和人的发展带来的影响力"，《石油大学学报（社科版)》2001年第2期。

30. 年仁德："网络文化的特征"，《教育探索》2003年第8期。

31. 杨立英："论网络化生存对中国传统伦理精神的消解"，《中国青年政治学院学报》2003年第4期。

32. 周克武："网络时代人的发展"，《襄樊学院学报》2002年第6期。

33. Cullen, Rowena, *Addressing the Digital Divide*, Online Information Review, 2001: 25（5）.

34. Venkat, Kumar, *Delving into the Digital Divide*, IEEE Spectrum [H. W. Wilson — AST]. Feb 2002: 39（2）.

35. Wilson KR, Wallin JS, Reiser C, *Social Stratification and the Digital Divide*, Social Science Computer Review, 2003: 21（2）.

三、网站

1. 互联网实验室（chinalabs.com）：http：//www.chinalabs.com

2. 网络文化研究网：http：//www.network-culture.cn

3. 新华网：http：//www.xinhuanet.com

4. 新浪网：http：//www.sina.com.cn

5. 中国互联网络信息中心（CNNIC）：http：//www.cnnic.net.cn

6. 中国文化市场网：http：//www.ccm.gov.cn

7. 中国电子政务网：http：//www.e-gov.org.cn

8. 天津北方网：http：//www.enorth.com.cn

9. 中青网：http：//www.youth.cn

10. 红色中关村：http：//www.redzgc.net

11. 博客网：http：//www.bokee.com

后 记

人的发展蕴含人与文化的互动，人是在与文化的相互作用、相互影响中逐步实现全面发展的。在网络文化条件下，人的全面发展的内涵及其实现途径都得到了极大拓展，同时，人的发展也面临着严峻挑战。因此，如何扬长避短，培育指向人的全面发展的网络文化，已成为网络时代的重要课题。

呈现给读者的这本书是国家社会科学基金项目——《网络文化与人的发展研究》(05BZX010) 和湖南省哲学社会科学成果评审委员会项目——《网络文化与人的全面发展研究》(0402001) 的最终成果。

本书由课题主持人宋元林具体负责写作大纲的提出、全书的修改和统稿定稿。参与本书撰写的作者及分工如下：关洁博士撰写第一章；吴克明教授撰写第二、三、六章；陆自荣教授撰写第四、五章；赵惜群博士撰写第七章；宋元林教授撰写第八章。李琳教授、徐建波教授、廖志鹏副教授参与了课题研究，研究生唐佳海、黄娜娜、蔡继红、王艳、李淼参与了调查研究并具体负责资料收集整理工作。

在本书撰写过程中，参考了国内外同行专家、学者的有关著作，吸收了许多有益的研究成果；湖南科技大学法学院吴畏教授、罗建文教授、朱春晖教授、尹杰钦教授、陈春萍教授、吴毅君教授、禹旭才博士为本课题的研究给予了热情的帮助；人民出版社姚劲华博士、车金凤编辑为本书的出版付出了大量的心血。在书稿即将付梓之际，一并表示真诚的感谢！

由于我们的研究水平有限，书中难免有疏漏与不足，敬请各位专家、学者和广大读者批评指正。

宋元林

2009 年 6 月 8 日

图书在版编目（CIP）数据

网络文化与人的发展／宋元林 著. －北京：人民出版社，2009.8
ISBN 978-7-01-007970-7
Ⅰ.网… Ⅱ.宋… Ⅲ.计算机网络－文化－研究
Ⅳ.TP393－05
中国版本图书馆 CIP 数据核字（2009）第 087871 号

网 络 文 化 与 人 的 发 展
WANGLUO WENHUA YU REN DE FAZHAN

作者署名　宋元林
责任编辑　姚劲华　车金凤
出版发行　人民出版社
　　　　　（北京朝阳门内大街 166 号）
邮　　编　100706
网　　址　http://www.peoplepress.net
经　　销　新华书店总店北京发行所
印　　刷　北京瑞古冠中印刷厂
版　　次　2009 年 8 月第 1 版 2009 年 8 月第 1 次印刷
开　　本　710 毫米×1000 毫米 1/16　印张 19.5
字　　数　310 千字
印　　数　0,001 — 3,000 册
书　　号　ISBN 978-7-01-007970-7
定　　价　42.00 元

总经销　人民出版社发行部

发行部一科　010-65257256　65244241　65246660

发行部二科　010-65243313　65123140　65136418

人民东方图书销售中心　010-65250042　65289539